Gestaltung

Physikalische Grundlagen

Informationstechnologie

Medienkonzeption

Medienproduktion – allgemein

Medienproduktion – Print

Medienproduktion – nonPrint

Kommunikation

Medienrecht

Lösungswege

Prüfungsvorbereitung

Prüfungsbuch Mediengestalter

digital/print

Armin Baumstark
Joachim Böhringer
Peter Bühler
Franz Jungwirth

2., überarbeitete Auflage

Best.-Nr. 6060
Holland + Josenhans Verlag Stuttgart

2., überarbeitete Auflage 2003

Dieses Werk folgt der reformierten deutschen Rechtschreibung und Zeichensetzung.

Dieses Buch ist auf Papier gedruckt, das aus 100 % chlorfrei gebleichten Faserstoffen hergestellt wurde.

Abbildungen: Autoren; Hans Hermann Kropf, 89428 Syrgenstein;
Angelika Kramer, 70178 Stuttgart
Satzherstellung: Werbeservice Lutz, 72768 Reutlingen
Druck: TC DRUCK, Verlagsgenossenschaft eG., 72072 Tübingen
Bindearbeit: Industrie- und Verlagsbuchbinderei Dollinger GmbH, 72555 Metzingen

ISBN 3-7782-6060-X

Vorwort

Der komplexe, umfassende und hochaktuelle Beruf des Mediengestalters mit seinen vielfältigen Fachrichtungen benötigt ein breites Grundwissen für die verschiedenen Bereiche der Print- und Nonprintmedien. Die Lehr- und Prüfungsinhalte der einzelnen Fachrichtungen wie Medienberatung, Mediendesign, Medienoperating und Medientechnik mit den Ausprägungen Print und Nonprint sind von einer extremen Vielfalt geprägt. Dabei vergisst man leicht, dass der Beruf des Mediengestalters, trotz aller Vielfalt, ein gemeinsames berufliches Grundwissen aufweist, das in allen Fachrichtungen notwendig ist. Als Beispiel sei hier die Bearbeitung von Bildern genannt.

Unter diesem Aspekt eines breiten Grundlagenwissens wurden die vorliegenden Fragen so ausgewählt und gestellt, dass dieses Grundwissen die theoretischen Bereiche der Prüfung weitgehend abdeckt. Die Inhalte der Pflichtlernfelder entsprechen den betrieblichen und schulischen Rahmenlehrplänen und jeder Leser kann mit Hilfe dieses Prüfungsbuches sein Wissen so erweitern und kontrollieren, dass eine erfolgreiche Teilnahme an der Prüfung ermöglicht wird. Die Struktur des Prüfungsbuches orientiert sich an einer fachlichen Systematik. Damit ist das Auffinden und Lernen für bestimmte Bereiche leichter zu leisten. Dies wird unterstützt durch das Sachwortverzeichnis. Damit können sie schnell auf die gesuchten Wissensgebiete zugreifen. Dieses Prüfungsbuch bietet Ihnen die Möglichkeit, sich Fachwissen und Fachkompetenz anzueignen und diese in entsprechenden beruflichen Situationen anzuwenden.

Das Buch ist nahezu durchgängig in zwei Spalten aufgeteilt. Die linke Spalte ist die Frage- bzw. Aufgabenspalte, in der rechten Spalte finden Sie die dazugehörigen Antworten. Durch diese Anordnung kann jeder Prüfungskandidat seinen jeweiligen Wissenstand selbst überprüfen, indem er die rechte Spalte abdeckt und die mögliche Antwort erst nach der Bearbeitung durch das Aufdecken der Antwortspalte kontrolliert. Für manche Fragen ist eine umfassende Antwort notwendig. Dadurch lässt es sich nicht immer vermeiden, dass ein Teil der Lösung auf der nächsten Seite zu finden ist. Solche Lösungen erkennen Sie daran, dass die Seite mit einem Hinweispfeil (→) endet. Auf der folgenden Seite finden Sie dann den Vermerk „▷ *Fortsetzung der Antwort* ▷“.

Bei manchen Fragestellungen erschien es uns unumgänglich, die Systematik der zwei Lernspalten aufzugeben. Meist ist dies am Ende eines Kapitels notwendig geworden, wenn Fragen mit übergreifenden Inhalten gestellt werden, die in der Fragestellung und der dazugehörenden Antwort über den normalen Umfang hinausgehen. Diese komplexen Fragen und Antworten entsprechen in ihrer Art und in ihrem Umfang den Prüfungsfragen bei der Abschlussprüfung und sollten von Ihnen intensiv und vollständig bearbeitet werden.

In nahezu jedem Kapitel sind mathematische Fragestellungen integriert und mit den Lösungen versehen. Die Lösungswege befinden sich in einem eigenen Kapitel am Ende des Buches. Hier können Sie nachschauen, wenn Ihnen ein Lösungsansatz oder ein Weg zum Ergebnis unklar ist.

Für Anregungen, Ergänzungen und Kritik sind wir Autoren dankbar. Wir werden diese in weiteren Auflagen berücksichtigen und einarbeiten. Da ein derartiges Werk ständig aktualisiert, verbessert und den aktuellen Entwicklungen angepasst werden muss, sind wir für jede Anregung dankbar.

Für die Arbeit mit diesem Buch wünschen wir allen Prüfungskandidaten und -kandidatinnen viel Erfolg und ein gutes Ergebnis für anstehende Prüfungen.

Stuttgart, im Februar 2003
Armin Baumstark, Joachim Böhringer, Peter Bühler, Franz Jungwirth

Inhaltsverzeichnis

1 Gestaltung 9
1.1 Wahrnehmung 9
1.2 Format und Proportionen 11
1.3 Layout 16
1.4 Typografie 20
1.5 Bildgestaltung 39
1.6 Screendesign 46

2 Physikalische Grundlagen 57
2.1 Optik 57
2.2 Farbtheorie 64
2.3 Akustik und Sound 68

3 Informationstechnologie 79
3.1 Informatik – Hard- und Softwaretechnik 79
3.2 Drucker 91
3.3 Netzwerktechnik 93
3.4 Monitor 100
3.5 Dateiformate 111

4 Medienkonzeption 129
4.1 Briefing 129
4.2 Kalkulation 131
4.3 Struktur + Planung MM 143
4.4 Abwicklung + AV Druckauftrag 153
4.5 CIP + Jobticket – vernetzte Druckerei 159

5 Medienproduktion – allgemein 167
5.1 Farbtechnologie 167
5.1.1 Farbauswahlsysteme 171
5.1.2 Farbmaßsysteme 174
5.1.3 Farbmetrik 178
5.1.4 Color-Management 180
5.2 Bilddatenerfassung 185
5.2.1 Vorlagen 185
5.2.2 Scanner und Digitalkameras 188
5.3 Bildbearbeitung 194
5.3.1 Retusche und Composing 194
5.3.2 Format- und Maßstabsänderungen 199
5.3.3 Densitometrie 200
5.4 Schrifttechnologie 202

5.5 Database Publishing ... 206
5.6 Medienintegration ... 210

6 Medienproduktion – print ... 213
6.1 RIP und Belichtungstechnologie ... 213
6.1.1 Belichtung ... 213
6.1.2 Rasterung ... 216
6.1.3 Filmmaterial ... 218
6.1.4 Ausgabeberechnungen ... 219
6.2 Drucktechnik und Proof ... 222
6.2.1 Werkstoffe ... 222
6.2.2 Andruck/Proof ... 228
6.2.3 Druckverfahren ... 230
6.2.4 Druckkontrolle ... 238
6.3 Druckweiterverarbeitung ... 239

7 Medienproduktion – NonPrint ... 249
7.1 Internet ... 249
7.2 CD-ROM und DVD ... 258
7.3 Video ... 267
7.4 QTVR-Technologie ... 277

8 Kommunikation ... 279
8.1 DIN 16 511 ... 279
8.2 Ablaufpläne beschreiben ... 283
8.3 Textzusammenfassung ... 285
8.4 Matrix-Erstellung ... 287
8.5 Englisch: Übersetzungen und Fragen ... 287
8.6 Präsentation ... 291

9 Medienrecht ... 297

10 Lösungswege ... 311

11 Prüfungsvorbereitung ... 329
11.1 Handlungskompetenz ... 329
11.2 Handlungsorientierung ... 330
11.3 Lernfelder ... 330
11.4 Prüfungsstruktur ... 331
11.4.1 Struktur der Zwischenprüfung: Mediengestalter/in für Digital- und Printmedien ... 331
11.4.2 Struktur der schriftlichen Abschlussprüfung: Mediengestalter/in für Digital- und Printmedien – Teil B ... 332
11.4.3 Struktur der praktischen Abschlussprüfung: Mediengestalter/in für Digital- und Printmedien – Teil A ... 333
11.5 Leitlinien zur Prüfungsvorbereitung ... 335

12 Sachwortverzeichnis ... 339

1 Gestaltung

1.1 Wahrnehmung

1 Wie wird in der Wahrnehmungspsychologie der Begriff Wahrnehmung meist definiert?

Mit Wahrnehmung wird i. d. R. die Aufnahme und Verarbeitung von Informationen über Gegenstände und Ereignisse beschrieben, die sich außerhalb des Körpers des Rezipienten befinden bzw. sich dort abspielen.

2 Welche Bedeutung hat die Beziehung zwischen Farbe und Gegenstand für die Farbwahrnehmung?

Gegenstände werden in satteren Farben gesehen, wenn man sie erkennt. So wird z. B. Gelb als Gold gesehen, wenn der Gegenstand als goldener Ring erkannt wird.

3 Sind alle wahrgenommenen Dinge wahr?

Nein. Wahrnehmung beruht u. a. immer auf subjektiven Erfahrungen und Einschätzungen. Hinzu kommen Phänomene der Sinnestäuschung.

4 Was ist mit den „fünf Sinnen" des Menschen gemeint?

Die fünf Sinne des Menschen sind Sehen, Hören, Riechen, Fühlen und Schmecken, also die Möglichkeit mit den fünf Sinnesorganen Auge, Ohr, Nase, Haut und Mund Informationen aufzunehmen.

5 Erklären Sie den Begriff selektive Wahrnehmung.

Auswahl der rezipierten Informationen aus der angebotenen Information. Die Auswahl in der Wahrnehmung erfolgt u. a. auf Basis der Relevanz.

6 Was versteht man unter intermodaler Wahrnehmung?

Das Zusammenwirken verschiedener Sinne, z. B. Sehen und Hören, bei der Wahrnehmung.

7 Welche Bedeutung hat das Gesetz des gemeinsamen Schicksals für die Wahrnehmung?

Das gemeinsame Schicksal von Objekten ist ein Ordnungsprinzip wie z. B. die Geschlossenheit oder die Nähe. Elemente, die einem Gegenstand angehören oder sich gemeinsam bewegen, werden als ein Objekt gesehen.

8 Erklären Sie die Begriffe in Zusammenhang mit der Wahrnehmung
a) Segmentierung
b) Lokalisation
c) Identifikation

a) Segmentierung ist die Untergliederung des Wahrnehmungsfeldes in unterschiedliche Bereiche, z. B. Vordergrund und Hintergrund.
b) Unter Lokalisation versteht man das Wahrnehmen der Lage des Wahrnehmungsgegenstandes, z. B. Neigung und Entfernung.
c) Identifikation, Wiedererkennung, ist die Einordnung des Wahrnehmungsergebnisses in Kategorien.

9 Was versteht man in der visuellen Wahrnehmung unter Nachbildern?

Das Auge nimmt direkt nach der Betrachtung eines Gegenstandes oder einer Fläche auf neutralem Hintergrund noch einige Zeit ein Abbild wahr, obwohl dieses objektiv nicht vorhanden ist.

10 Wie ist das Entstehen von Nachbildern zu erklären?

Die fotochemischen Substanzen der Rezeptoren auf der Netzhaut brauchen einige Zeit um sich zu regenerieren und liefern so lange noch Informationen an das Gehirn.

11 Wahrnehmung und Wahrnehmbarkeit stehen in engem Zusammenhang. Definieren Sie den Begriff Auflösungsvermögen.

Das Auflösungsvermögen beschreibt die Fähigkeit zwei Informationen getrennt wahrnehmen zu können.

12 Grenzen Sie visuelle Wahrnehmung und Sehen voneinander ab.

Das menschliche Auge wird oft mit einer Kamera verglichen. Die Linse mit der Irisblende entspricht dem Objektiv, die Netzhaut findet ihre technische Entsprechung im fotografischen Film bzw. dem CCD-Element. Die visuelle Wahrnehmung wird aber nicht nur durch das auf der Netzhaut abgebildete Reizmuster bestimmt, vielmehr ist die Wahrnehmung das Ergebnis der Interpretation der jeweils verfügbaren Sinnesreize. Dies bedeutet, dass Sehen gelernt werden kann bzw. gelernt werden muss.

13 Wie groß ist das menschliche Gesichtsfeld?

Das menschliche Gesichtsfeld erfasst in der Horizontalen einen Bereich von ca. 180°, in der Vertikalen von ca. 120°. Der tatsächlich scharf abgebildete Bildwinkel ist allerdings nur 1,5°.

1.2 Format und Proportionen

1 Das Format ist die Basis jeglicher Gestaltung. Nennen Sie die Maße in Millimeter von
a) DIN A4 (Hochformat)
b) Kleinbilddia (Hochformat)

a) 210 mm × 297 mm
b) 24 mm × 36 mm

2 Welches Seitenverhältnis haben die Formate
a) DIN A-Reihe
b) Monitor
c) Kleinbilddia

a) $1 : \sqrt{2}$ (Hochformat), $\sqrt{2} : 1$ (Querformat)
b) 4 : 3
c) 2 : 3 (Hochformat), 3 : 2 (Querformat)

3 Beim Format spricht man vom „unbestechlichen Format“. Welches Format ist damit gemeint?

Das einzig unbestechliche Format ist das Quadrat.

4 Wir bezeichnen das Briefblatt als Briefbogen. Warum ist die Bezeichnung Briefbogen laut DIN falsch?

Ein Bogen hat nach der Norm das Format 420 mm × 594 mm und entspricht somit vier Blatt DIN A4. Dies wäre ein sehr umfangreicher Briefbogen!

5 Das Briefblatt wird zwischenzeitlich immer nach DIN eingeteilt, so dass das Briefblatt in eine Fenster-Briefhülle passt. Welche Vorteile ergeben sich bei Verwendung von Fenster-Briefhüllen?

Die Vorteile bei Verwendung einer Fenster-Briefhülle sind:
- die Briefhülle muss nicht beschriftet werden
- die Briefhülle muss nicht mit Absenderangaben versehen werden
- der Brief kann nicht falsch kuvertiert werden, da die Anschrift die des Briefblattes ist. Im Zuge der personalisierten Werbung sehr bedeutend.

6 Skizzieren Sie mit Vermaßung ein DIN A4-Normbriefblatt (DIN 676).

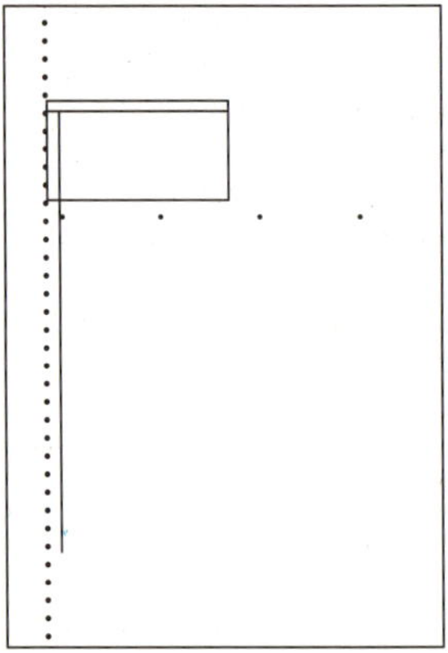

20 mm Heftrand für Falt-, Loch- und Warnmarke. Auf Warnmarke verzichtet man.
Schreibbeginn 24 mm von links.
Absenderfeld: 5 mm hoch, 85 mm breit, 20 mm von links, 45 mm von oben.
Anschriftenfeld: 40 mm hoch, 85 mm breit, 24 mm von links, 50 mm von oben.

7 Welche Aufgabe hat die Proportion?

Sie soll Beziehungen und Zusammenhänge visualisieren.

8 Beschreiben Sie das Prinzip der Proportionsregeln:
a) arithmetische Folge/Reihe
b) geometrische Folge/Reihe
c) goldener Schnitt

a) Bei einer arithmetischen Folge oder Reihe ist die Differenz zweier aufeinanderfolgender Glieder immer gleich groß: a; $a + d$; $a + 2d$; $a + 3d$; $a + (n-1)d$.
Bei $d = 2 : 1$; 3; 5; 7

b) Der Quotient zweier aufeinanderfolgender Glieder ist immer gleich groß: a; $a \times q$; $a \times q^2$; $a \times q^{(n-1)}$.
Bei $q = 2 : 1$; 2; 4; 8; 16

c) Das Verhältnis der ganzen Strecke zum größeren Teil ist gleich dem Verhältnis der größeren zur kleineren Teilstrecke: 5 : 8; 8 : 13; 21 : 34, also 1 : 1, 618

9 Nennen Sie die drei geometrischen Grundformen des grafischen Gestaltens.

1. Punkt
2. Linie
3. Fläche

10 Wie kann durch die Positionierung eines Punktes im Format
a) Ruhe
b) Bewegung
erzeugt werden?

a) Der Punkt in der Mitte des Formats strahlt Ruhe aus. Durch die gleichwertigen Abstände ergibt sich keine Bewegungsrichtung. Die Größe des Punktes im Verhältnis zum Format zeigt die Bedeutung bzw. Dominanz.

b) Je unterschiedlicher die Abstände zur Formatbegrenzung, desto mehr wird Bewegung und Spannung erzeugt.

11 Visualisieren Sie die geometrische und die optische Mitte einer querformatigen Fläche in einem Scribble.

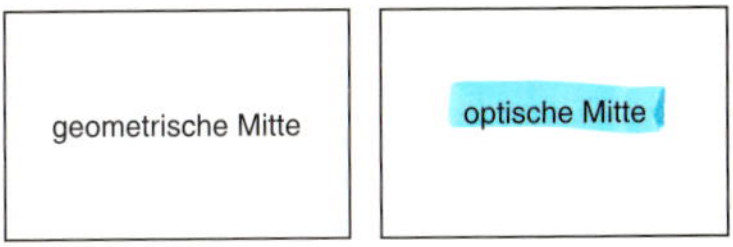

12 Bei der Gestaltung sind optische Wahrnehmungen wichtiger als genaue Messgeräte. Erklären Sie anhand von Beispielen diese Aussage.

Halbiert man eine Fläche in der Waagerechten, so ergibt sich, dass die obere Hälfte optisch größer wirkt als die untere. Hätten bei der Schrift die eckigen Zeichen (z. B. M) die gleiche Höhe wie runde Zeichen (z. B. O) so würde das eckige Zeichen größer wirken. Des Weiteren tritt dieselbe Wirkung bei gleicher Strichstärke bei Schriftzeichen auf – waagerechte Striche wirken breiter als senkrechte.
Die optische Wahrnehmung ist daher wichtiger als die messtechnische Richtigkeit!

13 Warum erzeugt eine asymmetrische Anordnung in der Regel mehr Spannung als eine symmetrische Anordnung?

Die einzelnen Gestaltungselemente können als unterschiedliche Massen angesehen werden. Sie werden optisch auf der Seite balanciert.

14 Weshalb sollte eine asymmetrische Anordnung deutlich von einer symmetrischen Anordnung abweichen?

Knapp außerhalb der Symmetrie liegende Objekte werden vom Betrachter immer als knapp daneben, d. h. als falsch positioniert, empfunden.

15 In der gestalterischen Umsetzung von Gegenständen spricht man von
a) Stilisierung
b) Verfremdung
c) Abstraktion
Erklären Sie die wesentlichen Kennzeichen dieser Techniken.

a) Stilisierung betont das Wesentliche und vernachlässigt das Unwesentliche. Die Wesensmerkmale kommen zum Ausdruck.
b) Die Verfremdung geht über die Stilisierung hinaus. Die Form weicht vom Bekannten ab. Ein Wesensmerkmal wird z. B. durch die Veränderung der Proportionen überbetont.
c) In der Abstraktion löst sich die Darstellung vom Gegenstand, nur das Wesen des Elementes wird abgebildet.

16 **Sie haben eine Textzeile in 8 pt und vergrößern diese auf 1000 % am Scanner.**
a) Welche Schriftgröße ergibt sich nach der Vergrößerung?
b) Ist diese Textzeile typografisch brauchbar? Begründen Sie ihre Antwort.

a) 100 % = 8 pt
1000 % = 8 pt × 1000 % / 100 % = 80 pt

b) Diese Textzeile ist typografisch unbrauchbar, da große Schriftgrade im Vergleich zu kleinen Schriftgraden schmäler sein müssen. Diese optische Erfordernis wird von den Schriftkünstlern realisiert, indem mehrere Schriftschnitte erstellt werden.
Hinweis: Prüfen Sie es an ihrer eigenen Handschrift. Je größer Sie schreiben, desto schlanker werden im Verhältnis die einzelnen Zeichen.

17 **Nennen und definieren Sie drei Variablen des visuellen Gewichts.**

- Größe: die Abbildungsgröße ist maßgebend, nicht die reale Größe.
- Allgemeine Formatlage: die Spannung steigt mit dem Abstand zum Formatmittelpunkt.
- Vertikale Formatlage: oben hat mehr Gewicht als unten.
- Horizontale Formatlage: der Blick fällt zuerst nach links, allerdings erscheint links leichter als rechts.
- Helligkeit und Farbe: helle Flächenelemente haben mehr Gewicht als dunkle Elemente, warme Farben wie rot, orange oder gelb wiegen schwerer als kalte Farben wie blau oder türkis. Intensive leuchtende Farben sind gewichtiger als zarte oder blasse Farben.
- Form: runde geschlossene Formen wirken schwerer als eckige Formen und senkrechte Ausrichtungen haben ein höheres →

▷ *Fortsetzung der Antwort* ▷

Gewicht als waagerechte Ausrichtungen.

18 Wodurch kann in der visuellen Gestaltung ein Spannungsfeld erzeugt werden?

Durch verschiedene Reizanordnungen kann ein intensives Spannungsmuster erzeugt werden:
- prägnant abgestufte Spannungshierarchie,
- unterschiedliche Spannungsdichte,
- entgegengesetzt orientierte Spannung.

1.3 Layout

1 Was versteht man unter einem Layout?

Ein Layout ist die gestaltete Seite einer Publikation, sei es für den Druck, für das Internet oder CD-ROM. Das Layout wird auch Kundenskizze genannt und muss dem künftigen Ergebnis entsprechen.

2 Ordnen Sie die Begriffe: Reinlayout, Scribble und Rohlayout in die richtige Reihenfolge und erklären Sie diese Begriffe.

1. Scribble: Das Scribble ist eine Ideenskizze, die erste Gedanken visualisiert.
2. Rohlayout: Das Rohlayout ist die Umsetzung des Scribbles. Das Format und die Verhältnisse innerhalb der gestalteten Seite sind stimmig.
3. Reinlayout: Das Reinlayout ist die Verfeinerung des Rohlayouts. Es werden Schriftart, -größe, Laufweite, Zeilenabstand, Satzart, Anordnung der Texte, Bilder usw. eindeutig ersichtlich.

3 **Beschreiben Sie den sinnvollen Ablauf beim Entwurf einer Publikation.**

Es werden zuerst mehrere Scribbles in verkleinertem Format erstellt. Danach werden zur Präsentation maximal drei Layouts erstellt, je nach Anforderung des Kunden als Roh- oder Reinlayout.

4 **Bei der Layouterstellung verwendet man häufig Blindtext. Was versteht man darunter?**

Blindtext ist ein willkürlicher Text, der mit dem tatsächlichen Text nichts zu tun hat. Die Textmenge, Schriftart, -größe, Laufweite, Zeilenabstand und Satzart stimmen mit dem späteren Originaltext überein.

5 **Ist die Erstellung von Scribbles am Rechner oder herkömmlich auf Papier sinnvoller? Begründen Sie.**

Am Monitor ist man immer eingeschränkt und nicht frei genug. Deshalb empfiehlt es sich, dass man zuerst Scribbles auf Papier erstellt und danach am Rechner umsetzt.

6 **Erklären Sie den Begriff Satzspiegel.**

Der Satzspiegel ist die beschriebene bzw. bedruckte Fläche einer Seite, die in gutem Verhältnis zum Papier- oder Bildschirmformat stehen soll.

7 **Welche Teile kann ein Satzspiegel beinhalten?**

Der Satzspiegel kann folgende Teile beinhalten:
- Text (Grundtext und Haupt- als auch Zwischenüberschriften),
- Fußnoten,
- Abbildungen und Grafiken,
- Lebende Kolumnentitel (Text, der sich direkt auf den Inhalt dieser Seite bezieht.),

8 **Woraus ergibt sich die Größe eines Satzspiegels?**

Papierformat bzw. Bildschirmformat abzüglich den Räumen von Kopf, Bund bzw. Außenrand, Fuß und Außenrand.

9 Nennen Sie Methoden zur Ermittlung eines Satzspiegels.

a) Klassische Methode, d.h. entwerfen mittels Lineal, „Goldener Schnitt“ oder Teilung durch große und kleine Diagonalen.
b) Freie Methode, d. h. nach Gutdünken des Gestalters.

10 Wie erstellen Sie einen Satzspiegel mit den Randverhältnissen des Goldenen Schnitts?

Eine Seite wird durch eine Diagonale geteilt. Danach wird der linke Seitenrand bestimmt. Die Größe des linken Seitenrands sind dann 2 Anteile. Die Abstände zum Satzspiegel am Kopf, Außen und Fuß müssen danach ermittelt werden. Es ergibt sich daraus die Satzspiegelhöhe und die Satzspiegelbreite. Anteile: s. Antwort zu 11 .

11 Wie erstellen Sie einen Satzspiegel mittels großer und kleiner Diagonalen-Teilung?

Eine Doppelseite wird durch eine Diagonale über beide Seiten und eine Diagonale über eine Seite eingeteilt. Die gewünschte Satzbreite wird waagerecht zwischen die beiden Diagonalen eingezeichnet. Die Satzspiegelhöhe ergibt sich durch das Fällen des Lots.

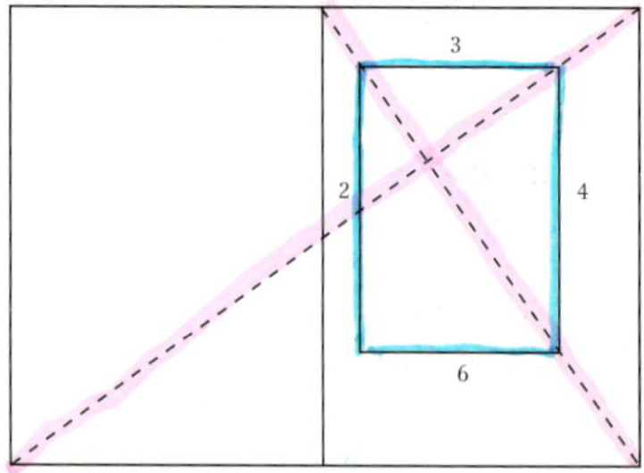

12 Was versteht man unter einem Gestaltungsraster?

Satzspiegel-Schema, worin der Satzspiegel in gleichartige Flächen zerlegt wird. Texte und Abbildungen werden somit einheitlich angeordnet.

13 **Weshalb werden Gestaltungsraster angewendet?**	Zur einheitlichen und übersichtlichen Gestaltung und um Anzeigen, Bilder und Texte besser austauschen zu können.
14 **Erklären Sie die Begriffe** **a) Headline,** **b) Subline und** **c) Rubriktitel.**	a) Die Headline ist die Hauptüberschrift, welche als Blickfang dient. b) Die Subline ist die Zwischenüberschrift bzw. Unterüberschrift. c) Der Rubriktitel ist ein toter oder lebender Kolumnentitel.
15 **Welche Aufgabe hat eine Satzanweisung?**	Eine Satzanweisung soll die reibungslose Herstellung in der Electronic-Publishing-Abteilung sicher stellen.
16 **Welche Angaben enthält eine Satzanweisung?**	Eine Satzanweisung enthält Angaben über Schriftart, Schriftgröße, Zeilenabstand, Einzüge usw.
17 **Welche Eigenschaft sollte eine Headline haben?**	Eine Headline sollte kurz und klar verständlich sein.
18 **Welche Funktion hat die Subline?**	Die Subline erklärt bzw. ergänzt die Hauptüberschrift.
19 **Wie sollte sich die Headline typografisch von der Subline unterscheiden.**	Deutlicher Schriftgrößenunterschied zwischen Haupt- und Zwischenüberschrift.
20 **Sie sollen eine Werbeanzeige entwickeln. Welche Grundüberlegungen sind bei der Gestaltung anzustellen?**	Es sind Grundüberlegungen hinsichtlich Textmenge, Textanordnung, Bildmaterial, Bildausschnitte, Format, Satzart, Farbigkeit, Schriftwahl usw. anzustellen.

21 Sie sollen zur Analyse von Druckerzeugnissen ein Formblatt entwickeln. Nennen sie wesentliche Inhalte eines Formblattes.

- Einordnung in eine bestimmte Kategorie nach Art und Funktion. Zum Beispiel gedrucktes Werbemittel, Prospekt.
- Endformat, Umfang, Größe in bezug auf Funktion und Formgebung.
- Gestaltungsmittel wie Format, Bedruckstoff, Schrift, Gestaltungsraster, Bild und Farbe.
- Bedruckstoff
- Druckweiterverarbeitung

22 Analysieren Sie ihr vorliegendes Prüfungsbuch und nennen Sie wesentliche Merkmale.

- Verlagsprodukt, Broschur
- 95 mm × 150 mm, 348 Seiten, Inhalt zweifarbig schwarz und blau HKS 48,
- Seiten mit lebendem Kolumnentitel, i. A. zweispaltiger Inhalt, halbfette Auszeichnungen, Serifenschrift, Überschriften 11 pt, Grundschrift 8,5 pt, Kapitelüberschriften 14 pt HKS 48, jeweils neue rechte Seite bei Kapitelbeginn, ...
- chlorfrei gebleichtes Bilderdruckpapier mit 80 g/m^2
- Klebegebundene Broschur

1.4 Typografie

1 Erklären Sie den Begriff Typografie.

Typografie ist das Gestalten von Text, um die bestmögliche Lesbarkeit, Funktionalität und Ästhetik zu erzeugen.

2 Man unterscheidet die Begriffe Mikro- und Makrotypografie. Erklären Sie die Begrifflichkeiten.

Unter Makrotypografie versteht man die Großtypografie, die sich mit dem Format, der Größe, Platzierung von Text und Abbildungen, →

▷ *Fortsetzung der Antwort* ▷

Organisation der Titelanordnung, Legenden usw. auseinandersetzt. Unter Mikrotypografie versteht man die Wahl der Schriften, der Schnitte, der Satzart, der Schriftzurichtung usw.

3 Die Gestalter sprechen bei der Mikrotypografie von „quantité négligeable“. Was versteht man darunter?

Unter quantité négligeable versteht man, dass der Bereich der Mikrotypografie keiner kreativen Leistung unterliegt.
Das Ziel der Mikrotypografie ist vorrangig die Lesbarkeit. Es entscheidet die Psychologie des menschlichen Auges – es sind also keine Experimente bei größeren Textmengen erwünscht.

4 Nennen Sie fünf typografische Gestaltungsmittel.

Schrift, Punkt, Linie, Fläche, Farbe, Weißraum, Kontrast usw.

5 Was ist das Ziel guter Typografie?

Gute Typografie soll zum Lesen anregen, indem Aufmerksamkeit geweckt wird. Zudem sollte Klarheit und Übersichtlichkeit entstehen.

6 Muss Typografie auf die Lesergruppe Rücksicht nehmen? Begründen Sie.

Ja, da die Aufmerksamkeit der verschiedenen Altersgruppen, Bevölkerungsschichten usw. unterschiedlich in Anspruch genommen wird. So müssen z. B. unterschiedliche Leseerfahrungen (Vielleser, Wenigleser) oder bekannte Lesegewohnheiten (etwa Informationsbedarf unter Zeitmangel) in der Gestaltung berücksichtigt werden.

7 Zählen Sie fünf typografische Gestaltungsgrundsätze auf.

Kontrast, Proportion, unterschiedliche Schriftcharaktere (Schriftgruppen), Schriftart passend, Harmonie, Rhythmus, deutliche Schriftgrößenunterschiede usw.

8 Unterliegt Typografie Modetrends? Begründen Sie.	Ja, da Stilrichtung und Gestaltungsempfinden einem Wandel unterliegen.
9 In der Typografie unterscheidet man den Druckbereich nach Bereichen. Zählen Sie drei Bereiche auf.	Verlagserzeugnisse, Werbemittel, Verpackung, Display, Geschäftsdrucksachen, Privatdrucksachen, Formulare und Vordrucke.
10 Nennen Sie Beispiele für Verlagserzeugnisse.	Verlagserzeugnisse sind Bücher, Zeitschriften, Zeitungen, Kalender, Ansichtskarten, Landkarten, Poster, Spiele, ...
11 Nennen Sie Beispiele für gedruckte Werbemittel.	Gedruckte Werbemittel sind z. B. Prospekte, Preislisten, Verkaufs- und Angebotskataloge, Plakate, Anzeigen, Beilagen, Beihefter, Handzettel, ...
12 Nennen Sie Beispiele für Verpackung und Display.	Verpackung und Display sind z. B. Verkaufsverpackungen (Verpackung von Klebstofftube), Sammelverpackung (Verpackung von mehreren Picolos), Einschläge (Verpackung von Butter), Aufsteller (Fensterdekoration in Schaufenstern), Plastiktüten, Etiketten ...
13 Nennen Sie Beispiele für Geschäfts- bzw. Privatdrucksachen.	Geschäfts- bzw. Privatdrucksachen sind z. B. Briefblatt, Visitenkarten, Bekanntmachungen, ...
14 Größe und Proportion sind Eigenschaften eines Informationsträgers. Haben diese Eigenschaften wesentlichen Einfluss auf die Typografie? Begründen Sie.	Ja, da Bildschirmgröße bzw. Papierformat, -art und -farbe bedeutend für den visuellen Eindruck sind.

15 **Steht bei jedem Produkt gute Lesbarkeit im Vordergrund? Begründen Sie.**

Prinzipiell ja, jedoch gibt es auch Produkte, die nicht gelesen werden sollen (z.B. Allgemeine Geschäftsbedingungen).

16 **Warum kann man eine Schriftart nicht generell als gut oder schlecht bzw. brauchbar oder unbrauchbar bezeichnen?**

Ob eine Schriftart gut und brauchbar ist hängt vom Anwendungsgebiet ab. Zum Beispiel muss eine Schriftart bei großen Textmengen konservativ und gut lesbar sein – sie muss nicht interessant oder gar provokativ sein. Bei einer Headline in einer Werbeanzeige ist die Sachlage evtl. gerade umgekehrt.

17 **Welche Merkmale weist eine gute Buchschrift auf?**

Eine Buchschrift muss das richtige Verhältnis der Versalien zu den Gemeinen haben. Die Versalien dürfen das Gesamtbild nicht stören und deshalb etwas niedriger als die Oberlängen der Gemeinen sein.

18 **Wodurch unterscheiden sich Schriften hinsichtlich ihres Aussehens? Zählen Sie fünf wesentliche Merkmale auf.**

Serifen, Schriftschnitt, Schriftweite, Laufweite, Höhe der Mittellänge, Symmetrieachse, Strichstärke, Strichstärkenunterschiede bei Grund- und Haarstrich, Dachansatz usw.

19 **Erklären Sie die Begriffe**
a) Grund- und Haarstrich
b) Serife.

a) Grundstriche sind die breiten Striche (Linien) bei den einzelnen Schriftzeichen, im Gegensatz dazu sind Haarstriche sehr dünne Striche (Linien) der einzelnen Schriftzeichen.
b) Die Serifen sind Schlussstriche bei Buchstabengrund- bzw. Haarstrichen.

20 **Nach der alten Schriftenklassifikation wurden die Schriften in 10 Gruppen eingeordnet. Nach der neuen DIN 16518/1998-Entwurf gibt es noch fünf Hauptgruppen.**
Erstellen Sie eine Tabelle der Schriftenklassifikation mit den fünf Hauptgruppen im Tabellenkopf.

Gruppe 1 Gebrochene Schriften	Gruppe 2 Römische Serifenschriften	Gruppe 3 Lineare Schriften	Gruppe 4 Serifenbetonte Schriften	Gruppe 5 Geschriebene Schriften
1.1 Gotische	2.1 Renaissance-Antiqua	3.1 Grotesk	4.1 Egyptienne	5.1 Flachfederschrift
1.2 Rundgotische	2.2 Barock-Antiqua	3.2 Anglo-Grotesk	4.2 Clarendon	5.2 Spitzfederschrift
1.3 Schwabacher	2.3 Klassizistische Antiqua	3.3 Konstruierte Grotesk	4.3 Italienne	5.3 Rundfederschrift
1.4 Fraktur	2.4 Varianten	3.4 Geschriebene Grotesk	4.4 Fraktur	5.4 Pinselschrift
1.5 Varianten	2.5 Dekorative	3.5 Varianten	4.5 Varianten	5.5 Varianten
1.6 Dekorative	–	3.6 Dekorative	4.6 Dekorative	5.6 Dekorative

21 **Ordnen Sie folgende Schriften den Schriftgruppen zu:**
a) Bodoni
b) Century
c) Hebräisch
d) Garamond

a) Klassizistische Antiqua
b) Barock-Antiqua
c) Sonstige Schriften
d) Renaissance-Antiqua

22 Klassifizieren Sie folgende Schriften
a) Courier
b) Futura
c) Times
d) Memphis

a) Serifenbetonte Linear-Antiqua
b) Serifenlose Linear-Antiqua
c) Barock-Antiqua
d) Serifenbetonte Linear-Antiqua

23 Als „Grotesk“ bezeichnet man umgangssprachlich und geschichtlich eine Schriftgruppe. Welche ist damit gemeint?

Die Grotesk entspricht der Schriftgruppe Serifenlose Linear-Antiqua.

24 Eine Schriftfamilie besteht aus mehreren Schriftschnitten.
a) Erklären Sie den Begriff Schriftschnitt.
b) Zählen Sie fünf Beispiele für Schriftschnitte auf.

a) Der Schriftschnitt ist eine Variante der Schriftart. Das heißt, dass die Grundschrift vom Schriftkünstler abgewandelt wurde.
b) Schriftschnitte sind halbfett, fett, kursiv, schmal, breit, Buch, mager, Kapitälchen usw.

25 Beim elektronischen Publizieren spricht man von einer echten Kursivschrift und einer unechten Kursivschrift. Erklären Sie den Unterschied.

Eine echte Kursivschrift ist vom Schriftkünstler erstellt und ästhetisch aufbereitet. Im Gegensatz dazu ist eine unechte Kursivschrift, z. B. aus dem Schriftschnitt mager, nur elektronisch schräg gestellt.

26 Welche Schriftschnitte sind hinsichtlich der Lesbarkeit im Allgemeinen ungünstig?

Die Lesbarkeit beeinträchtigen:
- Spationierte Schriften, das heißt gesperrte, in der Laufweite erweiterte Schriften,
- Kursivschriften,
- Kapitälchen.

27 Sie haben in einem Werk die Grundschrift Times. Welche Auszeichnungen wären theoretisch möglich?

Als Auszeichnung könnte man Kursive, Kapitälchen, Versalien, halbfette Schrift, Unterstreichung, größere Schrift, andere Schriftart oder farbige Schrift verwenden.

28 **Bei den Auszeichnungsschriften unterscheidet man Kursive, Kapitälchen, Versalien, halbfette Schrift, Unterstreichung, größere Schrift, andere Schriftart, farbige Schrift. Welche Auszeichnung ist im Mengentext zu bevorzugen. Begründen Sie.**

Die klassische Auszeichnung ist die Kursive der Grundschrift. Kursive Schriften werden zwar etwas langsamer gelesen, aber sie besitzen den Vorteil, die Aufmerksamkeit des Lesers zu wecken ohne den Satzverbund zu zerstören.
Ähnlich verhält es sich bei Kapitälchen, wobei diese etwas schlechter lesbar sind, auch wenn es sich um echte Kapitälchen, die gut ausgeglichen sind, handelt.
Andere Auszeichnungen ergeben ein unruhiges Satzbild und hemmen das Lesen. Sie können jedoch erfrischend wirken und je nach Anwendungsgebiet zweckmäßig sein.

29 **Wie viele Schriftschnitte sind bei der Anwendung im Grundtext sinnvoll?**

Maximal drei.

30 **Ein Schriftzeichen kann in der Größe in mehrfacher Weise definiert werden. Zählen Sie zwei Definitionen für die Schriftgröße auf.**

Die Größe der Schriftzeichen kann man über:
- Versalhöhe,
- Höhe der Mittellänge
- Ausdehnung über das 4-Linien-System

festlegen.

31 **Gibt es eine eindeutige optische Schriftgrößendefinition? Begründen Sie.**

Nein, da bedingt durch die unterschiedliche Aufteilung der Schrift in Ober-, Mittel- und Unterlänge eine unterschiedliche Größenwirkung entsteht.

32 **Definieren Sie die vertikale Ausdehnung der Schriftgröße.**

Die Schriftgröße erstreckt sich von der Oberlänge bis zur Unterlänge eines Schriftzeichens.

33 Definieren Sie die vertikale Ausdehnung der Versalhöhe.

Die Versalhöhe erstreckt sich von der Oberlänge bis zur Schriftlinie eines Schriftzeichens.

34 In welcher Maßeinheit wird die Schriftgröße angegeben?

In Point. 1 pt = 0,35 mm.
(exakt: 0,3528 mm)
(Veraltet Punkt. 1 p = 0,376 mm).
Man unterscheidet je nach Betriebssystemen Pica-Point oder DTP-Point.

35 Woraus errechnet sich ein Pica-Point?

1/72 Zoll (1 Zoll = 2,54 cm) ergibt einen Pica-Point.

36 In welcher Maßeinheit wird die Versalhöhe angegeben?

In Millimeter. (In der Praxis auch in Punkt – veraltet.)

37 Worin unterscheiden sich die Begriffe Schriftgröße und Versalhöhe?

Die Schriftgröße beinhaltet Ober-, Mittel- und Unterlänge, wobei die Versalhöhe nur aus Ober- und Mittellänge besteht.

38 Ordnen Sie die Begriffe:
a) Haarstrich,
b) Serife,
c) Anstrich,
d) Endstrich,
e) Kehlung und
f) Dachansatz
den nachfolgenden Buchstaben zu.

Hnlhg

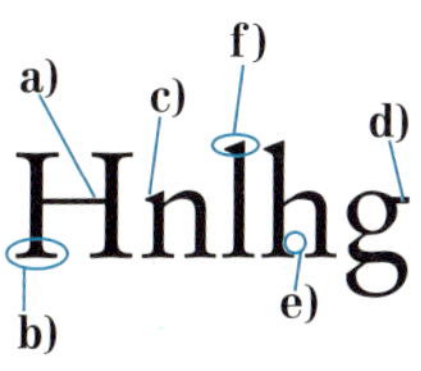

39 **Erklären Sie anhand einer Skizze mit den Buchstaben Hnlhg**
a) Versalhöhe,
b) Schriftgröße,
c) Zeilenabstand,
d) Durchschuss,
e) Mittellänge,
f) Oberlänge und
g) Unterlänge.

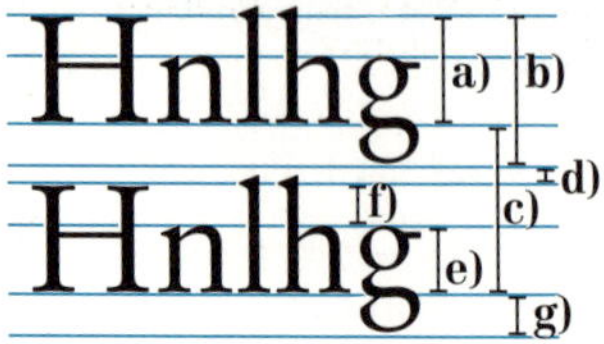

40 **Wie entsteht die Laufweite einer Schriftzeile?**

Durch die Breite der einzelnen Schriftzeichen (Schriftbild) und die Vor- und Nachbreite des jeweiligen Zeichens.

41 **Was versteht man unter:**
a) Vor- und Nachbreite,
b) Unterschneiden,
c) Spationieren (= Sperren)?

a) Die Vorbreite ist der Weißraum, welcher vor dem jeweiligen Zeichen steht. D. h., es wird dadurch der Abstand zum vorhergehenden Zeichen mit beeinflusst. Die Nachbreite ist der Weißraum nach dem Zeichen.
b) Unterschneiden bedeutet, dass die Nachbreite reduziert wird, sodass die Zeichen näher zusammenrücken.
c) Spationieren ist das Gegenteil von Unterschneidung, d.h. es wird die Nachbreite vergrößert.

42 **Jede Schrift ist auf einem Einheitensystem aufgebaut. Das bedeutet, dass ein Geviert in kleinere Teile gegliedert wird. Beispielsweise wird beim 48-Einheitensystem das Geviert in 48 Teile zerlegt. Welche Größe in Point hat eine Einheit bei einer**
a) 48-pt-Schrift,
b) 12-pt-Schrift,
c) 8-pt-Schrift?

a) 48 pt : 48 Teile = 1 pt/Teil
b) 12 pt : 48 Teile = $\frac{1}{4}$ pt/Teil
c) 8 pt : 48 Teile = $\frac{1}{6}$ pt/Teil

43 Erklären Sie den Unterschied zwischen Normal- und Mediävalziffern?

Normalziffern sind immer auf der Mittel- und Oberlänge. Mediävalziffern sind teilweise nur auf Mittellängenhöhe (0, 1, 2), teilweise auf Mittel- und Unterlängenhöhe (3, 4, 5, 7), teilweise wie Normalziffern auf Mittel- und Oberlängenhöhe (6, 8, 9).

44 Was versteht man unter Halbgeviert-Ziffern?

Halbgeviert-Ziffern haben die Eigenheit, dass jede Ziffer gleich breit ist. Dies ist im normalen Zeichensatz nicht so. Die Ziffer 1 hat eine geringere Dickte als die Ziffer 2.

45 Wozu benötigt man Halbgeviert-Ziffern?

Halbgeviert-Ziffern benötigt man überall dort, wo die Ziffern untereinander stehen sollen, z. B. Tabellen, Bilanzen.

46 Was versteht man unter Dick(t)e?

Die Dickte ist die Breite eines Buchstabenbildes plus die Vor- und Nachbreite.

47 Was versteht man unter Laufweite?

Die Laufweite ergibt sich aus der Breite der Buchstabenbilder und der Vor- und Nachbreite, also aus der Summe der Dickten einer Schriftzeile.

48 Was versteht man unter Schriftweite?

Die Schriftweite ist die Breite des Buchstabenbildes.

49 Welche Schriftgruppe wirkt technisch?

Die Schriftgruppe Serifenlose Linear-Antiqua wirkt technisch.

50 Welche Schriftarten wirken elegant?

Schriften, die unterschiedliche Strichstärken bei Grund- und Haarstrichen aufweisen, wirken elegant.

51 Ergänzen Sie: In der Zeit des Barocks wandelte sich die Schrift. Die Dachansätze und die Serifen wurden . . . a) . . . und die Symmetrieachsen . . . b) . . .	a) flacher b) fast senkrecht.
52 Welche Schrift benutzte Gutenberg in seiner 42-zeiligen Bibel?	Gutenberg benutzte in seiner 42-zeiligen Bibel die Textura.
53 Wie muss die Laufweite von Schriften eingestellt sein, damit die Schriften gut lesbar sind?	Schriften sind im Allgemeinen gut lesbar, wenn sich die einzelnen Zeichen nicht berühren.
54 Wie viele Zeichen sollte eine Zeile Grundtext im Druck bei guter Lesbarkeit enthalten?	55 bis 70 Zeichen pro Zeile.
55 Wie viele Zeichen sollte eine Zeile Grundtext am Monitor bei guter Lesbarkeit enthalten?	30 bis 40 Zeichen pro Zeile.
56 Man liest in „Leseschritten“ den so genannten Fixationen. Wie viele Zeichen erfasst man bei guter Lesbarkeit mit einer Fixation?	Bei guter Lesbarkeit erfasst man pro Leseschritt ca. 10 Zeichen.
57 Welche Satzarten gibt es? Zählen Sie auf.	Es gibt die Satzarten rechtsbündiger oder linksbündiger Flattersatz, rechtsbündiger oder linksbündiger Rausatz, zentrierter Satz (Mittelachsensatz), Blocksatz, Figurensatz (Formsatz), Formelsatz, Gedichtsatz.

58 Welche Satzart ist von einem Europäer am besten lesbar? Begründen Sie.

Von einem Europäer ist linksbündiger Flattersatz am besten lesbar, da die Europäer von links nach rechts lesen. Die Satzart Blocksatz hat die Nachteile, dass die Wortabstände ungleichmäßig sind und somit die Fixationen beeinträchtigen.

59 Welche Anwendungsgebiete gibt es für den zentrierten Satz?

Zentrierter Satz wird häufig bei Urkunden, Einladungen, Anzeigen usw. angewandt.

60 Wofür eignet sich der linksbündige Flattersatz?

Der linksbündige Flattersatz eignet sich für Publikationen mit großen Textmengen.

61 Beschreiben Sie die Satzart Blocksatz.

Die Zeilen sind an der linken und der rechten Satzkante gefüllt.

62 Der Blocksatz wird in den USA und in Europa unterschiedlich erstellt. Erklären Sie die Unterschiede.

Der Blocksatz wird in Europa durch Veränderung des Wortabstandes erzeugt. In den USA werden die Zeichenabstände verändert.

63 Welche Art des Blocksatzes ist hinsichtlich der Lesbarkeit zu empfehlen. Begründen Sie.

Durch die Veränderung des Wortabstandes wird die Lesbarkeit weniger stark beeinträchtigt. Deshalb ist diese Art zu empfehlen. Die Erzwingung des Blocksatzes durch die Veränderung der Zeichenabstände ist abzuraten, da dadurch die Lesbarkeit und die Grauwirkung beeinträchtigt wird.

64 Welche Grundbedingung sollte für einen sinnvollen Einsatz eines Blocksatzes gegeben sein?

Die Grundbedingung für einen sinnvollen Einsatz eines Blocksatzes ist, dass die Zeilen mindestens sieben Wortabstände aufweisen sollten.

65 Welche Kriterien entscheiden über die Satzart?

Es sind bei der Wahl der Satzart die Breite des Satzspiegels bzw. Spaltenbreite und die Produktart zu berücksichtigen.

66 Welche Satzart ist bei einer schmalen Satzbreite zu wählen?

Bei einer schmalen Satzbreite ist die Satzart Flatter- bzw. Rausatz zu wählen.

67 Erklären Sie den Unterschied zwischen einem Rausatz und einem Flattersatz.

- Bei der Satzart Flattersatz wird jedes Zeilenende, also auch jede Trennung, vom Bediener manuell erzeugt.
- Beim Rausatz wird das Zeilenende nicht manuell sondern elektronisch erzeugt. Die Qualität leidet beim Rausatz, d.h. der Flattersatz ist qualitativ hochwertiger und besser lesbar.

68 Was versteht man unter Zeilenabstand?

Der Zeilenabstand ist der vertikale Abstand von Schriftlinie zu Schriftlinie.

69 Was versteht man unter Durchschuss?

Der Durchschuss ist der vertikale Abstand von Schriftunterkante (Unterlänge) bis zur nächsten Schriftoberkante.

70 Der Zeilenabstand ist ein wichtiges typografisches Instrument. Wie groß sollte der Zeilenabstand sein?

Der Zeilenabstand sollte so groß sein, dass die Grauwirkung des Wortabstandes und die Grauwirkung zwischen den Zeilen optisch gleich wirkt.

71 Für den Wortabstand gibt es Faustregeln. Zählen Sie zwei davon auf.

- ⅓-Geviert
- Innenraum des kleinen „n“
- Dickte des „t“

72 Die Lesbarkeit wird von Wort-Trennungen stark beeinflusst. Wie viele Trennungen sind bei einem guten Satz maximal in Folge zulässig?

Bei einem qualitativ guten Satz sollten nicht mehr als drei Trennungen in Folge vorhanden sein.

73 Was versteht man unter einer Trennfuge bzw. weichen Trennung?

Unter einer Trennfuge bzw. einer weichen Trennung versteht man, dass nach Ändern des Textes die Trennung automatisch beseitigt wird, ohne dass das Divis (der Bindestrich) stehen bleibt.

74 Welches Programm ist für die Silbentrennung verantwortlich und nach welchen Regeln trennt es?

Die Silbentrennung übernimmt das Silbentrennprogramm, es trennt nach den Trennregeln des Dudens und nach dem Ausnahmewortlexikon.

75 Wozu benötigt man ein Ausnahmewortlexikon?

Es gibt viele Wörter, die nach den Trennregeln des Duden richtig getrennt sind, aber den Sinn entstellen. Zum Beispiel:
Ur- instinkt Urin- stinkt,
Erb- lasser Er- blasser,
Druck- erzeugnis Drucker- zeugnis,
Wachs- tube Wach- stube.

76 Die Schriftgröße ist in Computerprogrammen stark variierbar. Wovon hängt die zu wählende Schriftgröße ab?

Die Wahl der Schriftgröße wird durch das Medium, die Zielgruppe und die Gestaltungswirkung beeinflusst.

77 Welche Schriftgrößen sind die so genannten Lesegrößen bzw. die Brotschrift?

Die Lesegrößen bzw. die Brotschrift sind die Schriftgrößen 8 pt bis 12 pt.

78 Für das menschliche normalsichtige Auge gibt es eine untere Grenze der optimalen Lesbarkeit hinsichtlich der Schriftgröße. Welche Schriftgröße markiert diese untere Grenze?

Die untere Grenze der optimalen Lesbarkeit entspricht einer Schriftgröße von 9 pt.

79 Bei den Schriftgrößen verwendet man die Begriffe
a) Konsultationsgröße,
b) Schaugröße und
c) Plakat- bzw. Displayschriften.
Welche Schriftgrößen verbergen sich hinter diesen Begriffen?

a) Konsultationsgröße: kleiner 8 pt.
b) Schaugröße: größer als 12 pt, bis 48 pt.
c) Plakat- und Displayschriften: größer als 48 pt.

80 Wie viele Schriften darf man in einem Layout mischen? Welche Voraussetzung sollte gegeben sein?

Man darf zwei Schriften mischen, sofern sich die Schriften im Charakter deutlich unterscheiden.

81 Wie viele Schriftgrößen darf man in einem Layout verwenden? Welche Voraussetzung ist hierfür erforderlich?

Es sollten nur so viele Schriftgrößen wie nötig verwendet werden. Es muss jedoch jeder Schriftgrad eine eigene Wertigkeit besitzen und der Schriftgrößenunterschied muss deutlich sein (also nicht 8 pt und 9 pt, sondern 8 pt und 11 pt).

82 Welche Regel kann man prinzipiell nennen, wenn man die Häufigkeit von Schriften, Schriftschnitten, Schriftgrößen, Kontrasten usw. anspricht?

So wenig wie möglich, aber so viel wie nötig.

83 **Sie sehen zwei Anzeigen, eine gefüllt mit Text und Elementen, die andere mit unbeschriebener bzw. unbedruckter Fläche (Weißraum). Welche Anzeige erzeugt mehr Spannung? Begründen Sie.**

Weißraum erzeugt prinzipiell Kontrast zur bedruckten Fläche, daher ist die Anzeige mit mehr Weißraum spannender und wesentlich interessanter. Weißraum ermuntert zum Lesen, da die Fläche nicht „zugekleistert" ist.

84 **Warum wird im Anzeigensatz bei kleineren Anzeigen häufig auf Weißraum verzichtet?**

Der Weißraum muss bezahlt werden und zudem kann die Anzeige auf einer Anzeigenseite mit vielen Kleinanzeigen „zerissen" wirken, d. h. als ob es zwei unterschiedliche Anzeigen wären.

85 **Welche Funktionen haben Linien bei der Gestaltung?**

Linien haben die Funktionen der Gliederung, Übersichtlichkeit, Schreib- bzw. Ausfüllhilfe und Trennung.

86 **Nennen Sie Anwendungsgebiete von Linien.**

Linien werden bei Tabellen, Formularen, Anzeigen, Plakaten, Kolumnentitel, Umrandung, als Schreiblinie usw. wie auch als Gestaltungselement verwendet.

87 **Welche Aufgabe hat eine Umrandung?**

Eine Umrandung kann abgrenzen, beruhigen und ordnen.

88 **Zählen Sie Kontrastelemente auf, die in der Typografie anwendbar sind und nennen Sie drei Beispiele.**

Kontrastelemente sind:
- Groß – klein: Schriftgröße,
- Schmal – breit: schmalnormale und breitfette Schrift,
- Dünn – dick: schmalnormale und breitfette Schrift,

→

▷ *Fortsetzung der Antwort* ▷

- Hell – dunkel: beschriebene und unbeschriebene Fläche,
- Positiv – negativ: weiße Schrift auf farbigem/schwarzem Grund schwarze Schrift auf weißem/ farbigem Grund,
- Konservativ – modern: Schriftart Klassizistische Schrift und moderne Schrift,
- Schwarz-weiß – farbig: schwarz-weiße Schrift und farbige Abbildungen.

89 Was versteht man unter semantischer Typografie?

Semantik = Bedeutungslehre: es wird die Beziehung der Zeichen zu den Abbildern der objektiven Realität und deren Bedeutung im Bewusstsein aufgezeigt.

90 Zeigen Sie drei Beispiele semantischer Typografie auf?

Beispiele für semantische Typografie sind s p l e n d i d, reduzieren, , **voll**.

91 Sie lesen die Wörter 1sam, ver2felt, Kla4 oder 8ung. Welche Bedeutungslehre steht hinter solchen Wörtern?

Dahinter steht die Bedeutungslehre der Semantik.

92 Großbuchstaben-Texte sind in der Anwendung problematisch. Erklären Sie diese Aussage.

Die Lesbarkeit ist beeinträchtigt, vor allem wenn Versalzeilen nicht richtig ausgeglichen sind. Das heißt, dass die Vor- und Nachbreite der einzelnen Zeichen zueinander als ein Gesamtbild erscheinen muss, sodass in der gesamten Zeile ein gleicher optischer Abstand gegeben ist.

93 Beim Schriftzeichensatz spricht man von
a) Versalien,
b) Gemeinen,
c) Kapitälchen,
d) Akzentbuchstaben,
e) Interpunktionen,
f) Klammern,
g) Sonderzeichen,
h) mathematischen Zeichen,
i) Währungssymbolen,
j) Typosymbolen.

Erklären Sie die Begriffe und nennen Sie je ein Beispiel.

a) Versalien sind Großbuchstaben: XYZ.
b) Gemeine sind Kleinbuchstaben: xyz.
c) Kapitälchen sind Versalien auf Mittellängenhöhe: KAPITÄLCHEN.
d) Akzentbuchstaben: Akut (á), Gravis (à), Zirkumflex (â), Cedille (ç), Trema (ë), Angström (Å)
e) Interpunktionen: . , ; ? ! : > < „“
f) Klammern: () Paranthesen, {} Akkoladen, [] eckige Klammern
g) Sonderzeichen: § $ % ‰ & # @ € © ®
h) Mathematische Zeichen: + – / · √ ∞ ≠ ≈
i) Währungssymbole: € £ $
j) Typosymbole: ▲ ▼ ● ◆ ♥

94 Es gibt Schmucklinien bzw. Sicherheitslinien. Nennen Sie drei Beispiele dafür.

Azureelinie, Wellenlinie, Mäanderrand, Schmuckrand.

95 Bei der Schrift-Animation spricht man von:
a) Blinkender Hintergrund
b) Funkelnder Text
c) Las Vegas
d) Ameisenkolonne
e) Schimmernd.
Erklären Sie diese Funktionen.

a) Blinkender Hintergrund bedeutet, dass der Text stehen bleibt, aber der Hintergrund blinkt.
b) Funkelnder Text bedeutet, dass der Text stehen bleibt, aber „Sterne“ im und um den Text funkeln.
c) Las Vegas bedeutet, dass der Text durch einen sich ständig ändernden blinkenden Rand umgeben ist.
d) Ameisenkolonne bedeutet, dass der Text von einem Rand aus gestrichelten Linien umgeben ist und diese gestrichelten Linien „wandern“.

→

▷ *Fortsetzung der Antwort* ▷

e) Schimmernd bedeutet, dass der Text schimmert, d. h. dass der Text im ständigen Wechsel unscharf und danach wieder scharf wird.

96 **Es gibt unterschiedliche Seitenverhältnisse, beispielsweise 2 : 3 (Bildformat), 4 : 3 (Monitor), 5 : 7 (DIN-Formate), 8 : 13 (Goldener Schnitt). Bei welchem Verhältnis spricht man von einem harmonischen Verhältnis für die Typografie?**

Beim Seitenverhältnis 8 : 13 spricht man von einem harmonischen Verhältnis.

97 **Erklären Sie das Verhältnis des Goldenen Schnittes.**

Die kürzere Strecke verhält sich zur längeren wie die längere zur gesamten Strecke.

98 **Das Format einer Broschur (Hochformat) soll im Goldenen-Schnitt-Verhältnis von 8 : 13 angelegt werden. Berechnen Sie das Seitenformat dieser Broschur, wenn die Seitenbreite 12 cm gewünscht wird.**

Das Seitenformat der Broschüre entspricht nach dem Goldenen-Schnitt-Verhältnis 12 cm × 19,5 cm. (Lösungsweg auf Seite 311).

99 **Das Bildformat-Seitenverhältnis ist 2 : 3. Berechnen Sie die Breite, wenn die Höhe 15 cm ist.**

Die Breite der Abbildung beträgt 10 cm. (Lösungsweg auf Seite 311)

100 **Das Seitenformat ist DIN A5 (148 mm×210 mm), der Satzspiegel beträgt 96 mm×132 mm. Die Weißräume vom Papierrand bis zur bedruckten Fläche sollen links 5 Teile, rechts 8 Teile, oben 5 Teile und unten 8 Teile betragen. Berechnen Sie die Weißräume in Millimeter.**

Die Weißräume sind 20 mm links, 32 mm rechts, 30 mm oben und 48 mm unten. (Lösungsweg auf Seite 311)

101 **Ermitteln Sie die Höhe eines Textblockes, wenn der Textblock aus 12 Zeilen mit einem Zeilenabstand von 4,5 mm und einer Versalhöhe von 3 mm besteht.**

Die Textblockhöhe beträgt 52,5 mm. (Lösungsweg auf Seite 312)

1.5 Bildgestaltung

1 **Was ist die Basis jeglicher Bildgestaltung?**

Der Aussagewunsch.

2 **Wo liegen in einem rechteckigen Querformat die**
a) primäre Bildregion
b) sekundäre Bildregion?

a) Im linken oberen Quadranten.
b) In der Bildmitte und im rechten unteren Quadranten.

3 **Wodurch kann der Blickeintritt in das Bild gesteuert werden?**

1. Hell-Dunkel-Verteilung
2. Flächenaufteilung
3. Farbigkeit

4 **Aus welchen Komponenten besteht der klassische Beleuchtungsaufbau?**

1. Hintergrundbeleuchtung
2. Hauptlicht
3. Aufhellung
4. Effektlicht

5 Beschreiben Sie den Einsatz der beiden Beleuchtungsarten
a) direktes Licht
b) indirektes Licht.

a) Das Licht ist direkt auf das Motiv gerichtet. Licht, Schatten und Strukturen werden durch die direkte Beleuchtung gefördert.

b) Das indirekte Licht fällt meist entweder durch einen Reflexschirm oder durch eine Diffusionsfolie auf das Motiv. Das indirekte Licht ist weicher als das direkte Licht.

6 In welcher Weise unterstützen Licht und Schatten die Bildwirkung?

Die Form bestimmt den räumlichen Eindruck eines Körpers nicht alleine. Erst im Zusammenspiel der Form-Erscheinung und der Hell-Dunkel-Erscheinung aus Licht und Schatten wirkt ein Gegenstand räumlich und plastisch. Auch werden Gegenstände, die hell erscheinen, eher wahrgenommen als dunklere.
Wenn Licht auf einen Körper trifft, entsteht Schatten. Neben der Art der Lichtquelle, ob Punktlicht oder Flächenlicht, ist die Position zum Gegenstand wichtig. Aus diesen Faktoren ergeben sich Schattenrichtung und Schattenlänge.

7 Welche Aufgabe hat die Perspektive?

Die Perspektive ermöglicht es, die dreidimensionale Welt, also Höhe, Breite und Tiefe, auf einer Fläche zweidimensional darzustellen. Dabei ist die Bildebene eine senkrecht vor dem Auge stehende Projektionswand.

8 Nennen Sie drei wichtige Punkte, die bei der gestalterischen Anwendung der Perspektive zu beachten sind.

- Standpunkt des Beobachters: vorne, oben, unten
- Augenhöhe des Beobachters: Entfernung vom Boden, Position zum Horizont
- Stellung des Objekts im Raum: weiter weg = kleiner
- Art der Perspektive, z.B. Fluchtpunktperspektive.

9 Wie verändert sich die Horizontlinie, wenn der Betrachter einer Landschaft
a) auf dem Boden steht
b) auf einer Bank sitzt
c) auf einer Leiter steht?

Die Horizontlinie befindet sich immer auf Augenhöhe. Sie ist deshalb bei b) tiefer und bei c) höher als bei a).

10 Welche Position hat der Augenpunkt des Betrachters?

Der Augenpunkt ist immer in der Mitte des Gesichtsfeldes.

11 Warum werden die Farben eines bekannten Gegenstandes auf einer Fotografie oft als verfälscht dargestellt wahrgenommen?

Die eigentliche Farbwahrnehmung erfolgt im Gehirn, nicht im Auge. Da wir wissen welche Farbe ein Gegenstand hat, sehen wir ihn, unabhängig von seiner Beleuchtung, in dieser Farbe. Die Kamera sieht die Farbe so, wie sie unter der bestimmten Beleuchtung objektiv ist, Weißabgleich und korrekte Belichtung vorausgesetzt.

12 Warum ist vor jeder Aufnahme ein Weißabgleich notwendig?

Jede Art Lichtquelle besitzt eine andere Farbtemperatur, d.h. unterschiedliche spektrale Emission. Für das menschliche Auge spielen diese Farbunterschiede keine Rolle. Ein Gegenstand von dem bekannt ist, dass er weiß ist, erscheint auch weiß. Der Mensch nimmt Farben so wahr, wie sie aufgrund seiner Erfahrung auszusehen haben.

13 Beschreiben Sie das Prinzip des Weißabgleichs.

Beim Weißabgleich wird das Verhältnis von Rot, Grün und Blau so gewählt, dass bei der Aufnahme neutrale Töne auch neutral erfasst bzw. wiedergegeben werden.

14 In welcher Weise muss der Weißabgleich bei gemischtem Licht erfolgen?

Der Weißabgleich muss auf die dominierende Lichtquelle eingestellt werden.

15 Was ist bei der Aufnahme mit Kunstlicht zu beachten?

Kunstlicht hat meist eine andere Farbtemperatur als das Tageslicht. Aufnahmen auf für Tageslicht sensibilisierte Materialien können dadurch einen Farbstich bekommen. Der Weißabgleich elektronischer Aufnahmesysteme muss auf das Kunstlicht abgestimmt sein.

16 Was versteht man unter Mischlicht?

Mischlicht beschreibt die Situation, bei der das Motiv von mehreren Lichtquellen mit unterschiedlichen Farbtemperaturen beleuchtet wird.

17 Nennen Sie drei Hauptkomponenten der Bildkomposition.

Hauptmotiv, Hintergrund und Vordergrund.

18 Welche Aufgaben hat der Vordergrund bei der Bildgestaltung?

Der Vordergrund kann vielfältige Aufgaben erfüllen. Er leitet auf das Hauptmotiv hin, er bildet einen Rahmen, er kaschiert/verdeckt unerwünschte Teile des Hauptmotivs usw.

19 Welche Aufgaben hat der Hintergrund in der Bildgestaltung?

Der Hintergrund kann vielfältige Aufgaben erfüllen. Er schließt das Bild, er lenkt nicht vom Hauptmotiv ab, er ist nicht langweilig und nicht aufdringlich usw.

20 Beschreiben Sie das Prinzip des Bildaufbaus nach der Drittel-Regel.

Die Drittel-Regel orientiert sich beim Bildaufbau nicht an der Bildmitte, sondern teilt das Format mit gedachten Linien in neun gleich große Felder ein. Das Hauptmotiv wird in den Schnittpunkt oder die Nähe des Schnittpunktes zweier Linien positioniert. Das Ergebnis ist ein dynamischer Bildaufbau, das Auge wird angeregt sich über das Bild zu bewegen.

21 Was sind Bildführungslinien?

Bildführungslinien sind Bildelemente, die den Betrachter durch das Bild führen, z. B. Straßen oder Felder in Landschaftsaufnahmen.

22 Nennen Sie drei Systeme zur automatischen Schärfeeinstellung bei Kameras.

1. Infrarot
2. Piezo
3. Kontrast-Systeme

23 Bei welchen Motiv-Situationen kann es zu Problemen beim Einsatz von Autofocus-Systemen kommen? Nennen Sie vier Beispiele.

- Glänzende Gegenstände mit hoher Lichtreflexion
- Sich schnell bewegende Motive
- Unterschiedlich entfernte Motive in der gleichen Sucherzone
- Motive mit geringem Kontrast
- Dunkle Motive
- Benutzung spezieller Effektfilter

24 Welche Bedeutung hat die Schärfe in der Bildgestaltung? Erläutern Sie ein Beispiel.

- Durch die Veränderung der Schärfezone bei geringer Schärfentiefe wird die Aufmerksamkeit des Zuschauers gelenkt.
- Bei sich entfernenden oder sich nähernden Motiven und nachgeführter Schärfe bleibt die Aufmerksamkeit des Betrachters beim Motiv.

25 Wodurch wird die Länge einer Einstellung bestimmt?

Die Dauer ist von den Intentionen abhängig. Sollen alle Details einer Einstellung wahrgenommen werden, so muss die Einstellung etwa so lange stehen, wie ihre verbale Beschreibung dauert.

26 Nennen Sie fünf aktive Gestaltungsmittel einer Einstellung.

- Einstellungsgröße
- Bildkomposition
- Brennweite
- Standpunkt und Blickwinkel
- Kamerabewegung
- Lichtgestaltung
- Dauer der Einstellung

27 Nennen und erläutern Sie die verschiedenen Einstellungsgrößen.

- Totale (long shot): Überblick, Orientierung
- Halbtotale (medium long shot): Szenerie, eingeschränktes Blickfeld
- Amerikanische Einstellung (american shot): z.B. vom Knie aufwärts
- Halbnahaufnahme (medium close-up): z.B. obere Körperhälfte
- Nahaufnahme (close-up): z.B. Drittel der Körpergröße
- Großaufnahme (very close-up): z.B. Kopf bildfüllend
- Detailaufnahme (extreme close-up): z.B. Teile des Gesichts

28 Worin unterscheiden sich die geführte und die wissende Kamera?

Die geführte Kamera folgt dem Handlungsträger. Die wissende Kamera weiß, wo es weiter geht.

29 Erläutern Sie das Wesen der Schwenkarten:
a) Langsamer panoramierender Schwenk
b) Zügiger Schwenk
c) Reißschwenk
d) Geführter Schwenk

a) Der langsame panoramierende Schwenk wirkt als erweiterte Totale, hat orientierende und hinführende Wirkung.
b) Der zügige Schwenk verbindet zwei Einstellungen räumlich miteinander, das stehende Anfangsbild und das stehende Schlussbild sind die eigentlichen Aussageträger.
c) Reißschwenk, die Kamera wird so schnell bewegt, dass keine Einzelheiten zu erkennen sind, er schafft räumliche und zeitliche Verbindungen.
d) Beim geführten Schwenk verfolgt die Kamera die Bewegung einer Person oder eines Gegenstandes.

30 Definieren Sie den Begriff Achsensprung.

Die Wahrnehmung und Interpretation einer Bewegung vor der Kamera orientiert sich an der Bildachse. Sie ist eine gedachte Linie an der sich die Handlung oder auch nur die Blickrichtung entlang bewegt. Das unvorbereitete Überschreiten der Bildachse heißt Achsensprung. Durch die Montage eines neutralen Zwischenbildes wird der Achsensprung für den Zuschauer nachvollziehbar und somit akzeptabel.

31 Beschreiben Sie die dramaturgische Wirkung von Schuss und Gegenschuss.

Bei Schuss und Gegenschuss werden Standort und Blickrichtung gewechselt. Durch Schuss und Gegenschuss kann z.B. zwischen der objektiven Sichtweise/Einstellung des Betrachters und der subjektiven Sichtweise/ Einstellung des Akteurs gewechselt werden. Obwohl die Einstellungen gegebenenfalls nacheinander gedreht werden, erscheinen sie dem Zuschauer durch die Schnittfolge räumlich und zeitlich zusammengehörig.

32 Der Filmschnitt ist der letzte Bereich der Filmherstellung. Er ist visuell gewordene Assoziation. Er strukturiert den Film durch die aufeinanderfolgende Montage der Einstellungen.

a) Definieren Sie den Begriff Einstellung.

b) Beschreiben Sie das Wesen der Parallelmontage.

c) Nennen Sie ein Beispiel für die Parallelmontage.

a) Die Einstellung ist die kleinste Einheit eines Films. Sie ist eine nicht unterbrochene Aufnahme.

b) Bei der Parallel-Montage laufen zwei Handlungsstränge parallel nebeneinander her und werden ständig wechselnd geschnitten. Die Stränge wissen meist von Anfang an voneinander. Am Ende werden sie zusammengeführt.

c) Verfolgungsjagd. Zwei Personen auf verschiedenen Wegen zur gemeinsamen Verabredung.

33 **Bei welcher Montageform ist die Filmzeit gleich der Realzeit?**

Horizontale Montage.

34 **Welche Angaben muss ein Videodrehbuch enthalten, damit ein Videoclip gedreht werden kann?**

Szene mit Szenennummer (Take), Bildeinstellungen mit Einstellungsgrößen, Toneinstellungen mit Angaben zu Sprecher (Dialogtext) und Musikverwendung.

35 **Welche Angaben müssen Schnittanweisungen enthalten, um einen Videoclip zu schneiden?**

Zeitangabe, Dauer der zu schneidenden Szene, Filminhalt (Scribble der Szenen), Sprache, Text, Bild, Effekte und Überblendungen.

36 **Definieren Sie den Begriff „Einstellung" bei der Videofilmaufnahme.**

Einstellung = kleinste Einheit eines Filmes. Sie ist eine nicht unterbrochene Aufnahme.

37 **Wie wird der Begriff „Szene" bei der Videofilmaufnahme definiert?**

Szene = Setzt sich aus mehreren unterschiedlichen Einstellungen zusammen.

1.6 Screendesign

1 **Welche Vorüberlegungen (Untersuchungen/Fragen) sind vor der Durchführung der Gestaltung und Programmierung einer Internet-Site zu machen?**

- Was will man als Web-Designer mit der Site bewirken?
- Welcher Personenkreis soll erreicht werden?
- Welche Reaktion wird von der Zielgruppe erhofft?
- Welchen Stellenwert hat die geplante Site im Vergleich zu anderen Medien?

2 **Welche Bildauflösung (in ppi) wird für eine Screenpräsentation meist gewählt?**

72 ppi

3 Welche Schriften eignen sich besonders gut zur Darstellung von Fließtext bei einer Bildschirmpräsentation? Begründen Sie ihre Aussage.

Generell eignen sich serifenlose Schriften besser als Serifen-Schriften, da die Serifen bei der Bildschirmdarstellung oft pixelig und unproportional erscheinen. Beispiele für geeignete Bildschirmschriften sind Arial, Helvetica, Tahoma, Verdana.

4 Welche Wirkung hat die Funktion „Anti-Aliasing" bei Schriften, die für eine Multimedia CD-ROM eingesetzt werden? Nennen Sie Vor- und Nachteile.

Anti-Aliasing bewirkt eine Kantenglättung durch Hinzufügen von Pixeln mit geringerer Farbdeckung (Grautöne) entlang der Außenkante eines Buchstabens.
Vorteil: Für das Auge entsteht eine glattere Außenkante, die Schrift erscheint nicht mehr so „pixelig".
Nachteil: Serifen-Schriften, filigrane Schriften erscheinen am Bildschirm unscharf, besonders kleine Schriften sind dadurch schlechter lesbar.

5 In einer MM-Präsentation ist umfangreicher Text generell schwieriger lesbar als in gedruckter Form.
a) Welche Ursachen sind hierfür ausschlaggebend?
b) Welche Möglichkeiten gibt es, umfangreichen Text auf Bildschirmen möglichst gut lesbar darzustellen?

a) Zu lange Zeilen, zu viele Zeilen/Screen, zu kleiner Schriftgrad, zu lange Wörter und Wortzusammensetzungen, erzwungener Blocksatz, Flimmern des Bildschirms, geringerer Kontrast als auf dem Papier, Verwendung von nicht bildschirmgeeigneten Schriftfonts (Serifen-Schriften),
b) Verwendung serifenloser Screenfonts, Mindestgröße 12 Point, maximal 30 Zeichen/Zeile, Flattersatz, (Untersuchungen ergaben beste Lesbarkeit bei pastellfarbenen Hintergründen ähnlich einer vergilbten Papierseite, Unterteilung des Textes in sinnvolle Blöcke, Verwendung von scrollbaren Fenstern.)

6 Für eine Internetpräsentation sollen statt Fotografien stellvertretend Piktogramme im Form von Thumbnails verwendet werden.
a) Welche Vorteile haben im Internet Piktogramme aus gestalterischer und technischer Sicht?
b) Welche Möglichkeiten gibt es in diesem Fall für den Benutzer, falls er es wünscht, trotzdem die Fotografien zu sehen?

a) Aus technischer Sicht: Piktogramme in Form von Thumbnails ergeben kleinere Datenmengen und dadurch kurze Ladezeiten. Grafikkarten mit geringer Farbtiefe können die Piktogramme leichter darstellen als Farbbilder. Aus gestalterischer Sicht: Piktogramme sind schneller und einfacher wahrnehmbar, hohe Einprägsamkeit, international erkennbar.
b) Die Piktogramme könnten mit einem Link auf das Originalbild verknüpft werden.

7 Farbbilder im Tif-Format (8 Bit/Pixel), die für eine Printproduktion in der Größe 1000×800 Pixel im CMYK-Modus vorliegen, sollen für einen Internetauftritt bearbeitet werden.
a) Welche Dateigröße in KB besitzt ein Bild unkomprimiert?
b) Welche Maßnahmen sind für die Übernahme ins Internet erforderlich?
c) Welche weiteren Überlegungen sind hinsichtlich Dateigröße und Bildformat zu machen?

a) 3125 KB (Dateiheader kann vernachlässigt werden) (Lösungsweg auf S. 312)
b) Modusänderung von CMYK in RGB für JPEG-Format oder indizierte Farben für Gif-Format; Änderung der Auflösung auf 72 ppi.
c) Das ursprüngliche Format ist für eine Screendarstellung zu groß, der Benutzer müsste im Browser zum Betrachten des Bildes scrollen; die Ladezeit für ein Bild wird zu lang, die maximale Dateigröße für ein Bild beträgt ca. 40 – 60 KB.

8 Ein Farbbild für den Offsetdruck, Format 225 mm×150 mm, 60 L/cm, CMYK, soll für einen Internetauftritt in das Gif-Format, Größe 400×300 Pixel, umgewandelt werden. Das Bild wurde auf einem Scanner mit dem Qualitätsfaktor 1,5; Größe 100 % eingescannt und digitalisiert. →

a) Welche Auswirkungen sind hinsichtlich der Ursprungsgröße und der Zielgröße des Bildes zu berücksichtigen?
b) Welche Auflösung hat das Bild nach dem Scannen? Welche Auflösung benötigt das Bild für die Verwendung im Internet?
c) Welche weiteren Parameter müssen bei der Überarbeitung für das Web berücksichtigt werden?
d) Die Farbqualität des Gif-Bildes entspricht nicht den Erwartungen. Welche Möglichkeit gibt es, um Verbesserungen zu erzielen?
e) Die Ladezeiten des Gif-Bildes sind auf Grund der Dateigröße zu lang. Welche Möglichkeiten der Optimierung gibt es?

a) Seitenverhältnisse Ursprungsbild 225 : 150 entspricht nicht dem Seitenverhältnis des Gif-Bildes 400 : 300; deshalb Bildbeschnitt.
b) 229 ppi gerundet 200 ppi, Reduktion auf die Bildschirmauflösung 72 ppi. (Lösungsweg auf S. 312)
c) Änderung des Farbmodus: für Gif-Format Umwandlung in indizierte Farben (Palette exakt oder ähnlich), Bildbeschnitt (siehe a).
d) Umwandlung in JPEG-Format mit 16,7 Mio Farben oder PNG-Format (nicht auf jedem Browser lesbar).
e) Die Dateigröße könnte durch die Reduktion der Farbtiefe bei der Auswahl der indizierten Farbpalette verringert werden z.B. 6 statt 8 Bit/Pixel, Nachteil hierbei: Qualität wird schlechter. Weitere Möglichkeit: Aufteilung des Gesamtbildes in kleinere, schneller ladbare Einzelbilder (Slices), die in eine unsichtbare Tabelle eingebaut werden können.

9 Welche Anforderungen sind an eine Startseite für ein Multimediaprodukt (Internet oder CD-ROM) zu stellen?

Schneller Aufbau der Seite durch kurze Ladezeit, Vermeidung von Multimediainhalten, welche die Ladezeit unnötig verlängern wie Video, Sound, Animationen.

10 Eine Multimediaproduktion soll für die Darstellung auf einem Touchscreen (POI) in einem Kaufhaus optimiert werden. Welche Vorüberlegungen sind hinsichtlich der Screengestaltung, der Benutzerführung und der Informationsausgabe durchzuführen?

Die Größe der Navigationselemente ist für einen Touchscreen anzupassen. Die Gestaltung des Screens sollte dem Corporate Design des Kaufhauses entsprechen. Die Lesbarkeit und die Anordnung der Texte und Navigationsbuttons sollte so gewählt werden, dass sie von allen Benutzern eindeutig erkannt werden können. Die Ausgabe könnte in →

▷ *Fortsetzung der Antwort* ▷

Form von Text und Sprache gewählt werden.

11 Die Navigation innerhalb eines Multimediaproduktes (CD-ROM oder Internet) kann über ein Pulldown-Menü erfolgen, wie hier am Beispiel „Förderprogramme für Schulen". Welche Vorteile bietet diese Form der Navigation im Vergleich zu Lösungen mit Schaltbuttons?

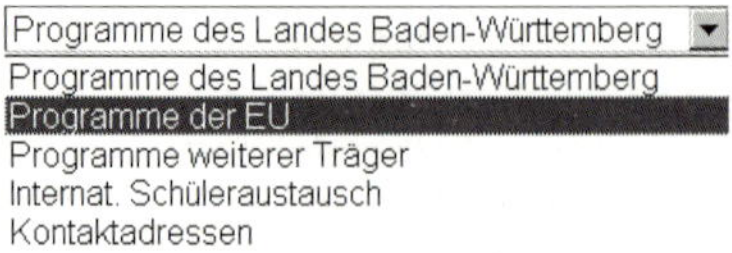

Pulldown-Menüs können platzsparend am oberen Bildschirmrand platziert werden. Es lässt sich längerer Text unterbringen als in Buttons. Die Menüeinträge lassen leichter auf Inhalte schließen als manche Buttons.

12 Welche grundsätzlichen Anforderungen sind an die Gestaltung eines Formulars (Internet, CD-ROM) zu stellen, das am Bildschirm ausgefüllt werden soll?

- Einteilung der Eingabefelder in Muss- und Kannfelder, der Benutzer muss hierüber informiert werden z.B. durch Markierung mit * o. Ä.,
- leichte und verständliche Beschriftung der Eingabefelder,
- unmissverständliche Bedienungselemente,
- Sprung von Feld zu Feld mittels TAB-Taste, Korrekturmöglichkeit mittels Reset-Button.

13 In einer Multimediaproduktion soll ein neuer Sportwagen vorgestellt werden. Hierzu ist geplant mittels einer Animation ein freigestelltes Bild des Fahrzeugs von der Seite her auf dem Bildschirm auftreten zu lassen. Von welcher Seite muss sich der Wagen ins Bild bewegen?

Das Fahrzeug sollte sich von links nach rechts bewegen. Die entspricht am ehesten unserer Lesegewohnheit und der normalen Blickrichtung.

14 **Die Kosten für die Schaltung von Werbebannern auf einer kommerziellen Internetseite sind für Werbebanner, die am oberen, linken Bildschirmrand erscheinen meist teurer als für Werbebanner, die am rechten Rand oder am Ende der Seite erscheinen. Worin könnten hier die Ursachen liegen?**

Der Browser beginnt in der Regel den Seitenaufbau von links nach rechts und von oben nach unten. Die Werbebanner links oben werden also zuerst sichtbar und zuerst gelesen. Der Betrachtungs- und Lesefluss in Europa und USA geht von Links nach Rechts. Werbebanner am unteren oder rechten Rand können, je nach Browsergröße, erst nach längerem Scrollen erreicht werden. Zudem werden Informationen am unteren oder rechten Rand weniger Bedeutung zugewiesen.

15 **Welche Funktion hat die Analyse der Zielgruppe und des Zielmarktes bei der Planung eines Internetauftritts?**

Man erhält Daten über die potenziellen Kunden hinsichtlich Alter, Geschlecht, Ausbildung, Kaufkraft, Medienzugang. Daraus lässt sich der Stellenwert der Internetsite im Vergleich zu anderen Medien wie z.B. einem gedruckten Katalog ableiten. Unter Umständen lohnt es sich nicht einen aufwändigen Internetauftritt zu erstellen.

16 **Sie erhalten den Auftrag einen Internetauftritt für eine Sportversandfirma, die hauptsächlich Tennisschläger und Zubehör vertreibt, zu planen und zu gestalten.**

a) Welche Ergebnisse könnten bei der Zielgruppenanalyse hinsichtlich Alter, Geschlecht, Ausbildung, Kaufkraft und Medienzugang erwartet werden?

a) Alter: von 6 bis 60; Geschlecht: männlich und weiblich gleich vertreten; Ausbildung: mittlere bis gehobene Positionen; Kaufkraft: hoch; Medienzugang: mindestens 1 Computer/Haushalt vorhanden, grundlegende Internetkenntnisse vorhanden. Andere Lösungen sind möglich.

→

▽ *Fortsetzung der Frage* ▽

b) Wie könnten die Ergebnisse aus a) bei der Herstellung der Internetsite eingebaut werden? Nennen Sie drei Beispiele.

▽ *Fortsetzung der Antwort* ▽

b) Für geübte Internetuser könnte ein Online-Shop angeboten werden, ungeübtere Besucher könnten stattdessen einen gedruckten Katalog per Formular und e-Mail anfordern. Angebot von Linkseiten, die auf Tennissportseiten verweisen; Seiten mit Ranglisten; Online-Gewinnspiele für Jugendliche, Eintrittskarten-Bestellservice, Seite mit Sonderangeboten usw.

17 Eine Stellenanzeige in einer Tageszeitung soll in möglichst ähnlicher Form auf einer Webseite veröffentlicht werden. Die Anzeige ist im Format 140 mm×220 mm in gedruckter Form erschienen. Als Schrift wurde die Bodoni (10, 12 und 14 Point) verwendet, da diese Schrift auch in allen übrigen Druckpublikationen des Auftraggebers verwendet wird. Welche grundsätzlichen Probleme treten bei der Umsetzung hierbei auf? Welche Möglichkeiten der Problemlösung gibt es?

Zeitungen erscheinen im Hochformat, die Stellenanzeige erscheint ebenfalls im Hochformat. Webseiten werden für das Medium Bildschirm im Querformat gemacht.
Falls der Kunde auf das Hochformat besteht, muss die Anzeige im Web so angelegt werden, dass man u. U. scrollen muss um die ganze Anzeige zu lesen. Dies ist ein zusätzlicher Aufwand für den Anwender.
Serifen-Schriften, speziell klassizistische Schriften wie die Bodoni, sind am Bildschirm schwer lesbar.
Zudem kann die Bodoni nur angezeigt werden, wenn sie auch auf dem Zielrechner vorhanden ist, dies dürfte nicht immer der Fall sein.
Besser wäre es hier eine serifenlose Schrift wie z. B. die Arial zu verwenden, da sie besser am Bildschirm lesbar ist und zudem auf fast allen Betriebssystemen verwendet wird.
Falls der Auftraggeber aus Gründen des Corporate Designs auf der Verwendung der Bodoni besteht, gibt es nur die Möglichkeit die Anzeige in eine Bilddatei umzuwandeln →

▷ *Fortsetzung der Antwort* ▷

(Gif oder JPEG). Hierbei muss aber die schlechtere Lesbarkeit der Bodoni bei Schriftgrößen unter 12 Point am Bildschirm berücksichtigt werden.

18 Aus einer Multimedia Präsentation, bestehend aus Text und Bildern (Powerpoint oder Macromedia Director), soll ein Prospekt 4-farbig, DIN A4 Hochformat, im Offsetdruck hergestellt werden. Ist dies ohne weiteres möglich? Welche Hinweise sind dem Kunden zu geben?

Dies ist nicht ohne weiteres möglich. Eine Bildschirmpräsentation verwendet normalerweise ein Querformat während das Druckprodukt im Hochformat erscheinen soll. Die Bilder, die für die Bildschirmpräsentation hergestellt wurden haben meist nur eine Auflösung von 72 oder 96 dpi. Druckprodukte benötigen eine Bildauflösung von mindestens 150 dpi. Die Bilder werden also äußerst unscharf und pixelig erscheinen. Die Bilder müssen in der Regel für eine Druckproduktion neu erstellt werden.

19 Sie erhalten den Auftrag für eine Behörde eine Internetsite über mögliche Förderprogramme von Schulen zu erstellen. Bei der Erstellung entscheiden Sie sich für eine hierarchisch verzweigte Navigationsstruktur. Welche Vorteile hat diese Struktur gegenüber einer linearen Struktur?

- Benutzer kann sofort nach eigenem Ermessen navigieren, er wird nicht zwangsweise geführt.
- Die große Menge an Informationen wird strukturiert.
- Gliederung in verschiedene Informationsebenen wird möglich.
- Übersichtliche leicht zu verstehende Navigationsstruktur.

20 Ein vierseitiger Firmenprospekt, Format DIN A5 hoch, soll als Grundlage für einen Internetauftritt dienen. Die vorhandenen DTP-Dateien für die Belichtung bestehen aus:
Fließtext: Times 10 pt mit ca. 60 Zeichen/Zeile, Überschriften: Times 20 pt und 16 pt sowie einer Schreibschrift 16 pt halbfett; Bilder im EPS- und Tif-Format. →

a) Was muss hinsichtlich der Verwendung von Schriften bei der Herstellung von Internetseiten in diesem Fall beachtet werden?
b) Können die vorhandenen Bilddateien direkt übernommen werden oder sind die Bilder noch zu überarbeiten? Wenn eine Überarbeitung nötig ist, welche Aufgaben sind noch durchzuführen?
c) Der Kunde verlangt, dass einige Überschriften aus Gründen des Corporate Design weiterhin in der bisherigen Schreibschrift erscheinen müssen. Diese Überschriften sollen, wie der normale Fließtext, in Schwarz auf einem sich wiederholenden Hintergrundbild (Wallpaper) erscheinen. Wie lösen Sie diese Aufgabe?
d) Auf der Startseite wünscht der Kunde, dass mindestens drei Bilder als so genannte „animierte Bilder" (Format 150×70 Pixel) erscheinen. In welchem Dateiformat sind die Bilder anzufertigen? Welche technischen und gestalterischen Probleme ergeben sich dadurch?

a) Serifen-Schriften sind für eine Bildschirmdarstellung nicht geeignet. Serifen erscheinen pixelig und erschweren die Lesbarkeit. Statt der Times sollte eine serifenlose Schrift wie Arial, Helvetica, Verdana usw. verwendet werden. Die Schriftgrößen für Bildschirmdarstellung sollte mindestens 12 pt betragen.
10 pt-Schriften sind nur noch auf Windows-Rechnern mit einer Bildschirmauflösung von 96 dpi gut lesbar.
60 Zeichen/Zeile sind am Bildschirm schwerer lesbar, deshalb Reduzierung auf 30 Zeichen/Zeile, d. h. zweispaltiger Text.
Schreibschriften können normalerweise nicht als Text wiedergegeben werden, da davon auszugehen ist, dass auf dem Rechner des künftigen Seitenbesuchers diese Schrift nicht verfügbar ist.
b) Die Bilddateien können nur nach Nachbearbeitung übernommen werden. EPS- und TIF-Bilder können vom normalen Browser nicht dargestellt werden. Eine Umwandlung in GIF- oder JPEG-Format sowie eine Änderung des Farbmodus von CMYK auf RGB im JPEG-Format bzw. in indizierte Farben für das GIF-Format ist notwendig. Das ebenfalls zulässige, aber weniger verbreitete PNG-Format benötigt ebenfalls den RGB-Modus. Die Auflösung der Bilder muss auf 72 dpi reduziert werden.
c) Setzen des Textes in einem Bildbearbeitungsprogramm (z. B. Photoshop). Umwandlung in ein Bild im GIF-Format. Die Hintergrundfarbe des Bildes muss als transparent markiert werden (GIF89a-Format). →

d) Animierte Bilder für das Internet müssen im GIF-Format hergestellt werden. Problematisch ist hierbei die lange Ladezeit für drei animierte GIF-Bilder in dieser Größe. Gestalterisch sind drei animierte Bilder nicht sinnvoll, ein animiertes GIF-Bild wäre besser. Zu viele bewegte Bilder lenken den Besucher der Website vom eigentlichen Inhalt ab.

2 Physikalische Grundlagen

2.1 Optik

1 Was ist Licht?

Licht ist ein Teil des elektromagnetischen Spektrums im Wellenlängenbereich von ca. 380 bis 780 nm. Für diesen Teil ist das menschliche Auge empfindlich.

2 Nennen Sie Beispiele aus der Optik für den Welle-Teilchendualismus des Lichtes.

Der Wellencharakter beschreibt die Ausbreitungs-, Beugungs- und Interferenzerscheinungen. Emissions- und Absorptionserscheinungen lassen sich mit der Wellentheorie nicht erklären. Licht ist demzufolge nicht nur eine elektromagnetische Welle, sondern auch eine Teilchen-Strahlung, in der die Teilchen bestimmte Energiewerte haben.

3 Beschreiben Sie die Entstehung des Lichts.

Im Ruhezustand eines Atoms sind seine Elektronen auf den jeweiligen Energieniveaus im energetischen Gleichgewicht. Durch äußere Energiezufuhr wird das Atom angeregt und in Schwingung versetzt. Einzelne Elektronen springen auf eine höhere Energiestufe. Beim Übergang zurück auf das niedrige Energieniveau wird die Energiedifferenz in Form eines Photons abgegeben.

4 Wie hoch ist die Lichtgeschwindigkeit im Vakuum?

Die Lichtgeschwindigkeit beträgt im Vakuum: $c = 299\,792{,}458$ km/s, also $\approx 300\,000$ km/s

5 Definieren Sie die Kenngrößen des Wellenmodells
a) Periode
b) Wellenlänge
c) Frequenz
d) Amplitude

a) Eine Periode ist die Zeitdauer, nach der sich der Schwingungsvorgang wiederholt.
b) Die Wellenlänge ist der Abstand zweier Perioden.
c) Die Frequenz beschreibt die Anzahl der Schwingungen pro Sekunde. Sie ist der Kehrwert der Periode.
d) Die Auslenkung einer Welle wird mit dem Begriff Amplitude bezeichnet.

6 Erklären Sie die Phänomene der Wellenoptik:
a) Polarisation
b) Interferenz
c) Beugung

a) Polarisiertes Licht schwingt nur in einer Ebene. Die Wellen unpolarisierten Lichts schwingen hingegen in allen Winkeln zur Ausbreitungsrichtung.
b) Interferenz ist die Überlagerung mehrerer Wellen. Je nach Verhältnis der Phasen kommt es zur Verstärkung, Abschwächung oder Auslöschung der Wellen.
c) Beim Auftreffen einer Welle auf eine Kante geht ein Teil der Intensität in den geometrischen Schattenraum – die Welle wird gebeugt.

7 Erklären Sie die Begriffe aus der geometrischen Optik:
a) Reflexion
b) Remission
c) Brechung

a) Licht bewegt sich geradlinig in einer Richtung, bis es auf ein anderes Medium trifft. Dort ändert sich plötzlich die Richtung. Nach dem Reflexionsgesetz ist der Einfallswinkel gleich dem Reflexions- oder Ausfallswinkel. Bei einem idealen Spiegel wird alles auftreffende Licht gerichtet reflektiert.
b) Reale Oberflächen reflektieren nur einen Teil des Lichts gerichtet, der andere Teil wird diffus reflektiert bzw. remittiert. →

▷ *Fortsetzung der Antwort* ▷

c) Wenn Licht von einer Substanz in eine andere übergeht, wird es gebrochen.
Licht breitet sich im optisch dichteren Medium langsamer aus. Die Seite der Wellenfront, die zuerst auf das dichtere Medium trifft, wird verlangsamt, der Strahl, der sich senkrecht zur Wellenfront ausbreitet, schwenkt um die Ecke. In umgekehrter Richtung verläuft der Vorgang sinngemäß.

8 **Stellen Sie Lichtbrechung beim Übergang von einem optisch dünneren in ein optisch dichteres Medium zeichnerisch dar.**

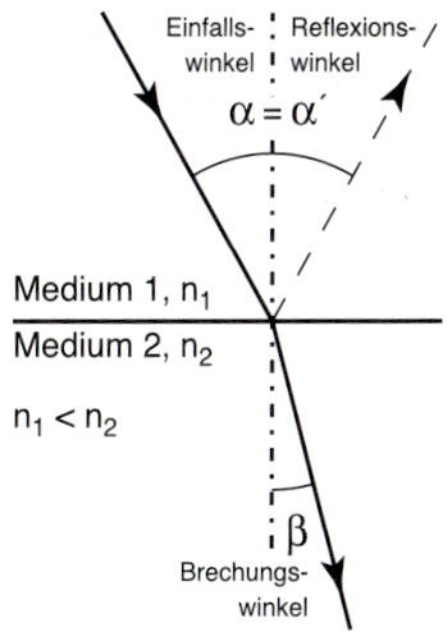

9 **Nennen Sie eine technische Anwendung des Phänomens der Totalreflexion.**

Lichtwellenleiter (Glasfaserkabel)

10 **Bei den optischen Linsen werden konkave und konvexe Formen unterschieden.**
Zeichnen Sie
a) eine bikonvexe Linse.
b) eine konkav-konvexe Linse.
c) eine bikonkave Linse.

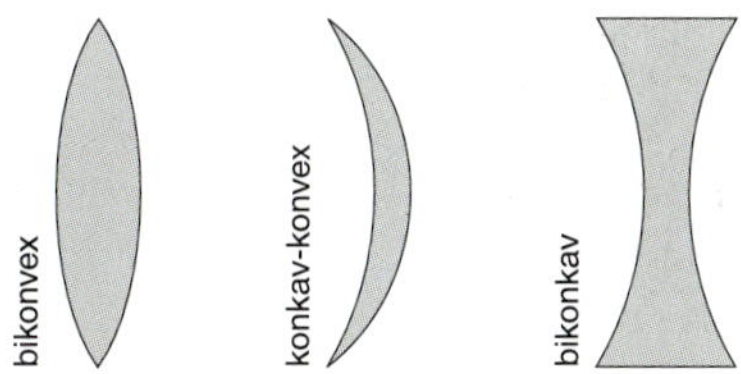

11 **Welcher Regel folgen die Linsenbezeichnungen?**

Bei der Linsenbezeichnung steht die bestimmende Eigenschaft hinten.

12 Was sind Objektive?

Objektive sind gemeinsam auf einer optischen Achse zentrierte Linsen.

13 Welche Vorteile bieten Objektive gegenüber einfachen Linsen?

Durch die Kombination mehrerer konvexer und konkaver Linsen ist es möglich, die optischen Fehler, mit denen jede Linse behaftet ist, zu korrigieren. Des Weiteren ergeben sich eine erhöhte Lichtstärke und unterschiedliche Brennweiten.

14 Nach welchem Kriterium werden Objektive eingeteilt?

Die Einteilung der Objektive erfolgt nach der Brennweite in Tele-, Normal- und Weitwinkelobjektive.

15 Definieren Sie die Begriffe aus der fotografischen Optik:
a) Bildwinkel
b) Blende
c) Schärfentiefe.

a) Der Bildwinkel ist der Winkel, unter dem eine Kamera das aufgenommene Motiv sieht. Er wird entlang der Bilddiagonalen gemessen.
b) Die Blende ist die verstellbare Öffnung des Objektivs, durch die Licht auf die Bildebene fällt.
c) Die Schärfentiefe ist der Bereich des Motivs, der vor und hinter einer scharf eingestellten Ebene zusätzlich scharf abgebildet wird.

16 Erklären Sie das Prinzip der internationalen Blendenreihe.

Bei Kameraobjektiven wird die Blendengröße durch die Blendenzahl der „Internationalen Blendenreihe“ angegeben. Die Blendenzahl errechnet sich durch die Division der Objektivbrennweite durch den Durchmesser der Blende. Die gleiche Blendenzahl steht deshalb bei längeren Brennweiten für eine größere Öffnung.

17 In welchem Zusammenhang stehen Schärfentiefe, Brennweite und Blendenöffnung?

- Je kürzer die Brennweite, desto größer ist die Schärfentiefe.
- Je kleiner die Blendenöffnung, desto größer ist die Schärfentiefe.
- Je kürzer der Aufnahmeabstand, desto geringer ist die Schärfentiefe.

18 Konstruieren Sie zeichnerisch nach den Regeln der geometrischen Optik eine Aufnahme mit dem Abbildungsmaßstab
a) 100 %
b) 50 %
c) 200%
Benennen Sie in a) alle Strecken und Strahlen.

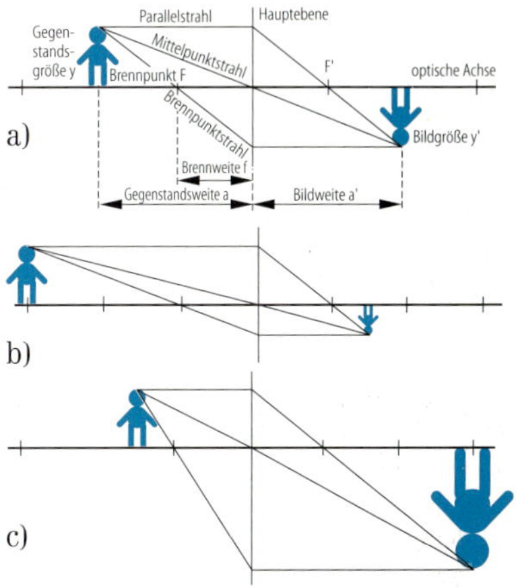

19 Welchen Verlauf nehmen in einem optischen System die drei Hauptstrahlen zur Bildkonstruktion?

a) Der Parallelstrahl fällt vom Gegenstand parallel zur optischen Achse auf die Linse und wird in der Hauptebene zum Brennpunkt hin gebrochen.
b) Der Mittelpunktstrahl verläuft direkt vom Gegenstand durch das Zentrum der Linse.
c) Der Brennpunktstrahl fällt vom Gegenstand durch den Brennpunkt und von dort parallel zur optischen Achse durch die Linse.

20 Wie lautet das fotometrische Entfernungsgesetz?

Die Beleuchtungsstärke ist umgekehrt proportional dem Quadrat der Entfernung zwischen Lichtquelle und Empfängerfläche.

21 **Definieren Sie die vier lichttechnischen Grundgrößen, nennen Sie das Formelzeichen und die Einheit:**
a) Lichtstärke
b) Lichtstrom
c) Beleuchtungsstärke
d) Belichtung.

a) Die Basis der Lichttechnik ist die von einer Lichtquelle ausgestrahlte Lichtenergie. Sie wird als Lichtstärke oder -intensität mit dem Formelzeichen *I* und der Einheit candela (cd) bezeichnet.
b) Das von einer Lichtquelle ausgestrahlte Licht heißt Lichtstrom. Er hat das Formelzeichen Φ und die Einheit Lumen (lm).
c) Die Beleuchtungsstärke ist die Lichtenergie, die auf eine Fläche auftrifft. Das Formelzeichen ist *E*, die Einheit Lux (lx).
d) Die Belichtung ist das Produkt aus Beleuchtungsstärke und Zeit. Aus ihr resultiert die fotochemische oder fotoelektrische Wirkung, z.B. bei der Bilddatenerfassung. Die Belichtung hat das Formelzeichen *H* und die Einheit Luxsekunden (lxs).

22 **Welche der folgenden Zahlen gehören nicht in die Blendenreihe?**
1.4 / 2 /2.8 / 3.6 / 4 / 5.6 / 8 / 11 / 14 / 16

3.6 und 14

23 **Wie verändert sich die auf den Film bzw. die CCD auftreffende Lichtmenge bei einer Veränderung der Blende hin zur nächst größeren Blendenzahl?**

Die auftreffende Lichtmenge ist nur noch halb so groß.

24 **Wie verändert sich die auf den Film bzw. die CCD auftreffende Lichtmenge bei einem Blendensprung über zwei Blendenzahlen?**

Die auftreffende Lichtmenge vervierfacht sich bei einem Sprung zur kleineren Blendenzahl und beträgt nur noch ein Viertel hin zur größeren Blendenzahl.

25 In welcher Beziehung stehen Beleuchtungsstärke und Entfernung der Lichtquelle?

Die Beleuchtungsstärke ist dem Quadrat der Entfernung umgekehrt proportional.

26 Wie definiert sich in der Fotografie die Normalbrennweite?

Die Normalbrennweite hat in etwa das gleiche Gesichtsfeld wie das menschliche Auge.

27 Erklären Sie das Prinzip eines physikalischen Strahlungsteilers.

Die Aufteilung erfolgt gleichmäßig über den gesamten Strahlungsquerschnitt durch eine teildurchlässige Spiegelfläche. Die einfachste Form ist eine schräg in den Strahlengang gestellte dünne planparallele Platte.

28 Nennen Sie eine praktische Anwendung für einen physikalischen Strahlungsteiler.

Teleprompter

29 Was sind Abbildungsfehler?

Abbildungsfehler sind Abweichungen von der idealen Abbildung eines Gegenstands oder Bildes durch ein Objektiv.

30 Nennen Sie drei Abbildungsfehler.

Öffnungsfehler, Astigmatismus, Bildfeldwölbung, Koma, Verzeichnungsfehler, Farbfehler.

31 Worin unterscheiden sich sphärische und asphärische Linsen?

Sie unterscheiden sich in ihrer Form. Sphärische Linsen sind Ausschnitte aus einer Kugel. Alle von einer Kugelform abweichende Linsen heißen asphärische Linsen.

32 Definieren Sie die Begriffe
a) Absorption
b) Transmission

a) Ein Teil des in ein Medium eindringenden Lichts wird dort zurückgehalten. Der absorbierte Anteil wird z. B. in Wärme oder chemische Energie umgewandelt.
b) Licht durchdringt ein optisches Medium.

2.2 Farbtheorie

Farbensehen

1 Beschreiben Sie das Prinzip des Farbensehens.

Das farbige Sehen des Menschen arbeitet mit rot-, grün- und blauempfindlichen Sinneszellen (Zapfen). Treffen beispielsweise rote und grüne Lichtstrahlen auf die entsprechenden Empfangszellen des Auges, so sehen wir die Mischfarbe Gelb. Werden alle drei Farbempfänger erregt, dann sieht man Weiß.

2 Welche Farbempfindlichkeit haben die Rezeptoren des menschlichen Auges?

Die Stäbchen können nur Helligkeiten, d. h. Graustufen, unterscheiden. Die drei Zapfentypen sind für rotes, grünes und blaues Licht empfindlich.

3 Erklären Sie den Begriff Farbreiz.

Der Farbreiz ist diejenige Strahlung, die durch Reizung der Netzhaut eine Farbwahrnehmung hervorrufen kann.

4 In welcher Beziehung stehen Farbreiz und Farbreizfunktion?

Die Farbreizfunktion ist die zahlenmäßige Beschreibung der spektralen Beschaffenheit eines Farbreizes.

5 Definieren Sie den Begriff Farbvalenz.

Farbvalenz ist die Bewertung eines Farbreizes durch die drei Empfindlichkeitsfunktionen des Auges (rot, grün und blau).

6 Durch welche Farbmaßzahlen wird die Farbvalenz gekennzeichnet?

Die Farbmaßzahlen X,Y und Z dienen zur eindeutigen Kennzeichnung einer Farbvalenz.

Farbenlehre

7 Wie wird die Natur des Lichtes in der Farbenlehre und Farbmetrik beschrieben?

Licht ist die sichtbare elektromagnetische Strahlung.

8 Erklären Sie den Begriff sichtbares Spektrum.

Das sichtbare Spektrum ist der Bereich des Wellenbands der elektromagnetischen Strahlung, für den die Rezeptoren des menschlichen Auges empfindlich sind.

9 Was versteht man in der Farbenlehre unter Körperfarbe?

Die Farbe eines nicht selbst leuchtenden Körpers oder einer nicht selbst leuchtenden Oberfläche wird als Körperfarbe bezeichnet.

10 Worauf beruht die Farbigkeit von Körperfarben?

Körperfarben absorbieren einen bestimmten Teil des Spektrums und remittieren die übrigen Anteile des aufgestrahlten Lichts.

11 Definieren Sie den Begriff Lichtfarbe.

Lichtfarben sind farbiges Licht. Sie werden durch die Zapfen des Auges rezipiert.

12 Erklären Sie die Begriffe Primärstrahler und Sekundärstrahler.

Primärstrahler sind so genannte Selbstleuchter, d. h. das von ihnen emittierte Licht strahlt direkt ins Auge.
Sekundärstrahler remittieren das aufgestrahlte Licht. Dieses zurückgestrahlte Licht wird vom Auge rezipiert.

Farbmischungen

13 Wann ist eine Farbe eine Komplementärfarbe?

Eine Farbe ist zu einer anderen Farbe komplementär, wenn die Mischung beider Farben Unbunt ergibt.

14 Erklären Sie die Begriffe Primärfarbe, Sekundärfarbe und Tertiärfarbe.

Primärfarben sind die Grundfarben eines Farbmischsystems. Sie lassen sich aus den anderen Grundfarben nicht ermischen. Sekundärfarben sind die Mischfarben zweier Primärfarben. Tertiärfarben sind aus drei oder mehr Grundfarben eines Farbmischsystems gemischt.

15 Beschreiben Sie das Prinzip der subtraktiven Farbmischung.

Die subtraktive Farbmischung wird auch als Körperfarbenmischung bezeichnet. Einzelne Wellenlängenbereiche des sichtbaren Spektrums, das heißt Farben, werden aus dem gesamten Spektrum des sichtbaren Lichts herausgefiltert, also subtrahiert. Jede hinzugemischte Farbe absorbiert einen weiteren Teil des sichtbaren Spektrums. Die Mischfarben sind somit immer dunkler als die Ausgangsfarben.

16 Wie heißen die Grundfarben der subtraktiven Farbmischung?

Cyan, Magenta und Gelb (Yellow)

17 Beschreiben Sie das Prinzip der additiven Farbmischung.

Die additive Farbmischung wird auch als Lichtfarbenmischung bezeichnet. Jede Lichtfarbe umfasst einen Teil des sichtbaren Spektrums. Durch die Mischung werden Spektralbereiche addiert. Die Mischfarbe ist dadurch immer heller als die jeweiligen Ausgangsfarben. In der Summe ergeben alle Lichtfarben Weiß.

18 Wie heißen die Grundfarben der additiven Farbmischung?

Rot, Grün und Blau.

19 Warum sind gerade Rot, Grün und Blau die additiven Grundfarben?

Weil die Zapfen des Auges für diese drei Farben empfindlich sind.

20 Welche der Grundfarben der additiven und der subtraktiven Farbmischung ist keine Spektralfarbe?

Magenta ist als einzige Grundfarbe nicht im Spektrum vertreten. Sie ist die additive Mischung aus den beiden Enden des Spektrums Blau und Rot.

Farbordnungssysteme

21 Beschreiben Sie den Aufbau und das Ordnungsprinzip des sechsteiligen Farbkreises.

Der sechsteilige Farbkreis ist das einfachste Farbordnungssystem. Die drei Grundfarben der additiven Farbmischung (RGB) und die drei Grundfarben der subtraktiven Farbmischung (CMY) sind immer abwechselnd, entsprechend den Farbmischgesetzen, angeordnet.

22 Was ist ein Farbraum?

Ein Farbraum ist die modellhafte räumliche Darstellung von Farben und ihrer Beziehungen zueinander. Er umfasst die Menge aller durch ein Farbsystem darstellbaren Farben.

23 Nennen Sie Beispiele für den technischen Einsatz von Farbräumen.

Technisch vielfältig genutzte Möglichkeiten sind der RGB-Farbraum, z. B. zur Monitorfarbdarstellung, und der CMYK-Farbraum, z. B. im Mehrfarbendruck. Ein Farbraum, der auf der Empfindung von Helligkeit, Buntton und Sättigung aufbaut ist, z. B. der CIELAB-Farbraum, der als Referenzfarbraum für das Color-Management dient.

24 Wie werden Farben in einer Farbtafel dargestellt?

Farbtafeln sind grafische Darstellungen von Buntton und Sättigung unter Vernachlässigung der Helligkeit.

25 Welche Eigenschaft beschreibt die Palette der in einem bestimmten Farbsystem zur Verfügung stehenden Farben?

Durch die Palette wird der Farbumfang des Farbsystems beschrieben.

2.3 Akustik und Sound

1 Was versteht man unter dem Begriff Schall?

Unter Schall versteht man die mechanische Schwingung von Materie, z. B. Luft. Dabei verdichten und verdünnen sich die Luftmoleküle abwechselnd und in zeitlich periodischer Wiederholung. Die mechanischen Schwingungen breiten sich als Schallwelle im Raum aus. Dieser Vorgang ist vergleichbar mit einem See, in den ein Stein geworfen wurde. Hier werden die Wassermoleküle in Schwingung versetzt und breiten sich für uns sichtbar in Form einer Welle aus.

2 Erläutern Sie die Schallverarbeitung des menschlichen Ohrs.

Das menschliche Ohr dient als Schallempfänger. Die ankommenden Schallwellen gelangen über den äußeren *Gehörgang* zum *Trommelfell*. Dabei handelt es sich um eine dünne Membran, welche durch den Schalldruck in Schwingung versetzt wird. Diese Schwingung wird im *Mittelohr* über die drei Gehörknöchelchen *Hammer, Amboss* und *Steigbügel* in das Innenohr weitergeleitet. Das eigentliche Organ der Hörempfindung ist die sogenannte *Schnecke*, die härchenförmige Sinneszellen enthält. Diese Härchen werden durch den Schalldruck bewegt und liefern die Informationen über das Gehörte an das Gehirn weiter.

3 Die Abbildung rechts zeigt Ihnen einen Querschnitt durch das Ohr. Ordnen Sie die Begriffe der Zeichnung zu.

a) Gehörgang
b) Trommelfell
c) Mittelohr
d) Hammer
e) Amboss
f) Steigbügel
g) Schnecke

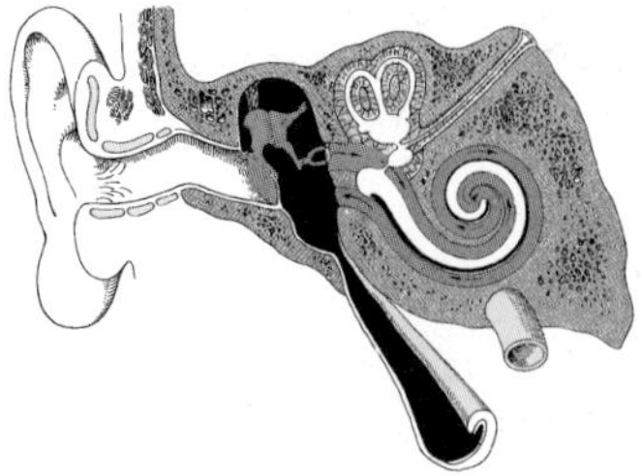

▷ *Antwort* ▷

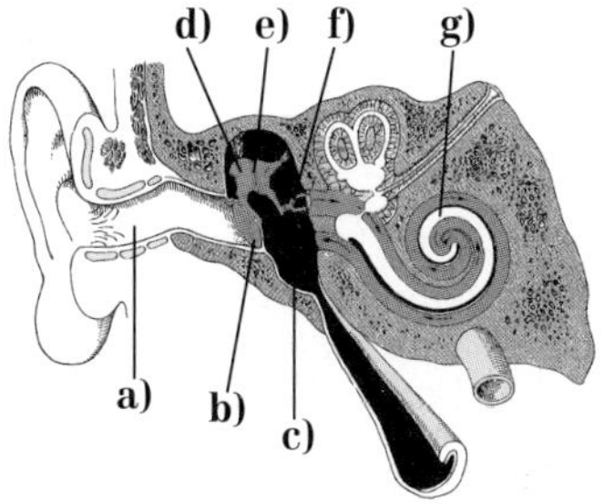

4 Nennen Sie die zwei wichtigsten Kennwerte, die einen Ton charakterisieren

- Frequenz (Schwingungen pro Sekunde) in Hz (Hertz) = Tonhöhe, je größer die Hz-Zahl, desto höher ist der Ton.
- Amplitude = Maß für die Tonstärke, je größer die Amplitude desto lauter erscheint der Ton.

5 Welchen Frequenzbereich umfasst das menschliche Gehör (Angabe in Hz)?

Der Hörbereich geht von ca. 20 Hz bis 20 000 Hz (exakt 16 Hz bis 20 kHz) und wird mit zunehmendem Alter geringer.

6 Welcher Schallbereich liegt unterhalb des Hörbereichs von 16 Hz und welcher Schallbereich liegt oberhalb des Hörbereichs von 20 kHz?

- Unter 16 Hz liegt der Infraschallbereich.
- Über 20 kHz liegt der Ultraschallbereich.

7 Ältere Menschen werden schwerhörig. In welchem Frequenzbereich nimmt die Hörfähigkeit normalerweise im Laufe des Lebens zuerst ab?

Mit zunehmendem Alter sinkt die obere Hörgrenze ab, sodass ältere Menschen oftmals einen Ton von 10 kHz nicht mehr hören können. Also können ältere Menschen z.B. die hohen Töne eines Klaviers oder einer Geige nicht mehr wahrnehmen, der mittlere und tiefere Tonbereich bleibt aber erhalten.

8 Weshalb ist das „Hören" letztendlich immer ein subjektiver Sinneseindruck?

Die von den Hörzellen mit den Sinneshärchen erzeugten Nervenreize werden im Gehirn zu einem gesamten Höreindruck verarbeitet. Neben allgemeinen, bei fast allen Menschen gleichen Eindrücken, wie laut, leise, Tonhöhe und Herkunft des Tones gibt es vor allem subjektive Eindrücke wie harmonisch, dissonant, ruhig, schnell usw.

9 Worin unterscheidet sich der Klang eines Tones, der auf einem Musikinstrument erzeugt wurde von einem Geräusch aus der Umwelt?

Ein Klang, der auf einem Musikinstrument erzeugt wurde, besteht aus einem Grundton und mehreren davon abhängigen Obertönen, die ganzzahlige Vielfache des Grundtones sind. Bei einem Geräusch handelt es sich um ein Frequenzgemisch, das aus einer Vielzahl unterschiedlicher Einzeltöne aus verschiedensten Quellen besteht.

10 Die Grafik zeigt das Amplituden-Zeit-Diagramm eines Tones, also einen zeitlichen Tonverlauf. Ordnen Sie dem Diagramm die folgenden Begriffe zu: Amplitude $\hat{u}$, Periodendauer T, Zeit t in ms, Spannung U in V.

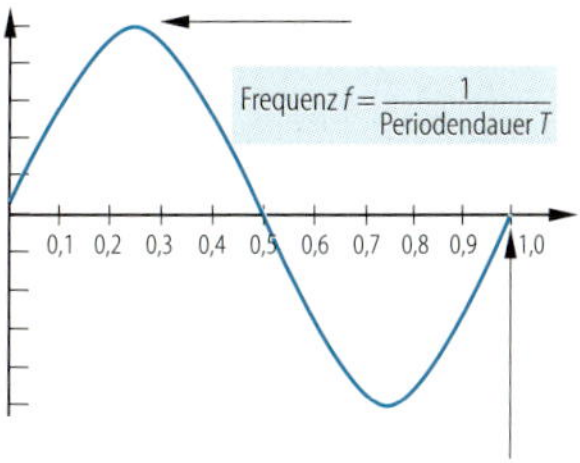

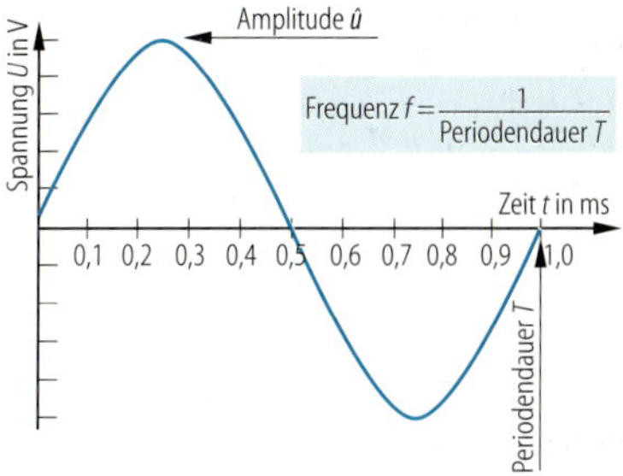

11 Ein Ton wird dadurch charakterisiert, dass sich eine reine Sinusschwingung ausbreitet. Ein derartiger Ton wird unnatürlich und ungewohnt klingen (z. B. Freizeichen des Telefons). Wodurch entsteht aus einem Ton ein Klang?

Ein Klang entsteht, indem zu einem sinusförmigen Grundton mit einer Frequenz f so genannte Obertöne mit sinusförmigen Schwingungen hinzugefügt werden. Sind die Frequenzen dieser Obertöne ganzzahlige Vielfache 2f, 3f, 4f usw. der Frequenz des Grundtones, spricht man von einem harmonischen Klang. Mit zunehmender Frequenz der Obertöne nehmen die Amplituden ab.

12 Was versteht man unter einem so genannten Klangspektrum oder einer Klangfarbe?

Die Summe eines Grundtones mit allen Obertönen wird als Klangspektrum bezeichnet. Alle Instrumente und auch unsere menschliche Stimme besitzen ein charakteristisches Klangspektrum, das auch als Klangfarbe bezeichnet wird. Anhand der Klangfarbe ist es unserem Gehirn möglich, Instrumente und Stimmen zu erkennen und zuzuordnen.

13 Erklären Sie den Begriff „Sampling“ in Verbindung mit der Tontechnik.

Es handelt sich hierbei um einen Abtastvorgang bei dem analogen Signalen ein digitaler Wert zugeordnet wird.

14 Der Mathematiker Shannon hat das nach ihm benannte Abtasttheorem entwickelt. Was besagt dieses?

Die Abtastfrequenz f_A muss mindestens doppelt so hoch sein wie die maximal im Analogsignal vorkommende Signalfrequenz f_{smax}.

15 Erklären Sie die Abtastfrequenz von 44,1 kHz bei der Digitalisierung eines analogen Tonsignals in Verbindung mit dem Shannon-Theorem.

Das Shannon-Theorem besagt, dass die Abtastfrequenz doppelt so groß sein sollte wie die höchste Frequenz des hörbaren Analogsignals. Konkret bedeutet dies: Der Hörbereich des Menschen endet bei 20 kHz. Zur Abtastung einer Frequenz von 20 kHz muss die Abtastfrequenz (Samplingrate) doppelt so hoch sein, also 40 kHz (exakt: 22,05 kHz × 2 = 44,1 kHz).

16 Bei der Digitalisierung eines Tones fällt der Ausdruck „Sample and Hold“. Was ist unter diesem Fachbegriff zu verstehen?

Das sinusförmige Analogsignal eines Tones wird in regelmäßigen Abständen abgetastet (Sample) und die elektrischen Abtastsignale (= gemessene Spannungswerte) als digitaler Wert gespeichert (Hold). Aus dem sinusförmigen Analogsignal mit theoretisch unendlich vielen Informationen wird eine genau definierte Anzahl an Abtastwerten herausgenommen (Abtastfrequenz). Diese Werte bilden in ihrer Gesamtheit den wiederzugebenden Ton als Folge digitaler Zahlenwerte.

17 Zählen Sie vier gängige technische Abtastfrequenzen auf, die in der Medienindustrie verwendet werden.

- 96 kHz = sehr hohe Qualität für Studioeinsatz.
- 44,1 kHz = hohe Qualität, Samplingrate für Audio-CDs, Ausgangsmaterial für Multimedia-CDs.
- 22,05 kHz = mittlere Qualität, für Multimediaanwendungen oft ausreichend.
- 11,025 kHz = niedrige Qualität, nicht empfehlenswert, aber oft bei älteren Multimediaanwendungen zu „hören".

18 Die Auflösung eines Sounds wird in Bit angegeben und bezeichnet die Anzahl der Stufen, mit denen ein Sound aufgenommen und digitalisiert wird. Nennen Sie drei technische Auflösungen und deren Einsatz in der Medienindustrie.

1. 24 Bit (16,7 Mio. Stufen) = sehr hohe Soundqualität, Studioeinsatz, Standard für DVD
2. 16 Bit (65.536 Stufen) = hohe Qualität, Audio-CDs, Multimediaproduktion
3. 8 Bit (256 Stufen) = Multimediaproduktion (Mono-Sound, Sprache)

19 Eine Multimediaproduktion soll mit Sprache und Sound unterlegt werden. Welche Parameter sind für die Herstellung des Sounds zu berücksichtigen?

Samplingrate, Auflösung (8 Bit oder 16 Bit), Stereo oder Mono, Dateiformat.

20 Für welche Anwendungsbereiche wird eine Abtastfrequenz von 96 kHz und eine Auflösung von 24 Bit in der Praxis eingesetzt, wie viele Tonwertstufen (Auflösung) sind hierbei darstellbar?

Für sehr hohe Qualitäten im Studiobereich. Es sind 16,7 Mio. Stufen darstellbar.

21 Nennen Sie vier gebräuchliche Dateiformate für Sounds.

- WAV-Format
- AIF-Format
- MP3-Format
- SWA-Format

22 Erläutern Sie kurz die Anwendungsbereiche für die vier gängigsten Soundformate.

WAV-Format: Aus dem PC-Bereich kommendes Soundformat für die plattformübergreifende Multimediaherstellung. Nachteil des Formates ist die fehlende Datenkompression.
AIF-Format: Aus dem MAC-Bereich stammendes Soundformat zum Soundaustausch zwischen unterschiedlichen Computerplattformen und -programmen. Datenkompression wird nicht angeboten.
MP3-Format: Aus dem Video-MPEG3-Format entwickeltes Soundformat für Soundstreaming im Internet. Ermöglicht ein sehr kompaktes Übertragen von Musik in guter Qualität. Gute Datenkompression bei guter Übertragungsqualität für plattformunabhängige Anwendungen.
SWA-Format: Format mit hoher Kompressionsrate, allerdings bei abnehmender Qualität. Anwendung vor allem im Internet, da Soundstreaming möglich ist. Das Abspielen einer Datei ist möglich, während der Download im Netz noch erfolgt.

23 Welche Vorteile bietet das im Internet verbreitete Format MP3 für Sounddateien?

Hohe Kompression, geringe Dateigröße (ca. $^1/_{10}$ der normalen Dateigröße einer Original-Audiodatei bei nahezu gleicher Qualität).

24 Für eine Multimediaproduktion ist die Samplingfrequenz und die Auflösung bei der Sounddigitalisierung festzulegen. Auf Grund der beschränkten Speicherkapazität der CD-ROM sollten die Sounddateien nicht zu groß werden. Begründen Sie ihre Entscheidung.

In diesem Fall empfiehlt sich eine Samplingfrequenz von 22 kHz und eine Auflösung von 16 Bit Stereo. Eine höhere Abtastfrequenz würde zwar die Qualität erhöhen aber auch die Dateigröße. Eine Abtastfrequenz von 11 kHz würde einen Sound nur in Telefonqualität ergebeben. Eine Auflösung von nur 8 Bit würde ebenfalls die Qualität hörbar verschlechtern.

25 Eine Liveaufnahme eines Orchesters soll für eine Multimedia-CD in Audio-CD-Qualität digitialisiert weden. Wählen Sie aus den folgenden Einstellungsmöglichkeiten des Soundbearbeitungsprogramms die richtigen Einstellungen aus. Samplingrate: 11,025 kHz; 22,05 kHz; 44,1 kHz; 48 kHz. Auflösung: 8 Bit Mono; 16 Bit Mono; 8 Bit Stereo; 16 Bit Stereo.

44,1 kHz, 16 Bit Stereo

26 Berechnen Sie die Datenmenge in MB einer 2-minütigen Soundaufnahme bei einer Samplingrate von 22,05 kHz und einer Auflösung von 16 Bit Stereo.

Datenmenge = 10,1 MB
(Lösungsweg auf S. 312)

27 Nennen Sie drei gebräuchliche Speichermedien, die sich für die digitale Tonaufzeichnung eignen.

- DAT (Digital Audio Tape) Speicherung auf Magnetband,
- MiniDisk, Speicherung auf magneto-optischer Scheibe,
- Hard-Disk, Speicherung auf die magnetische Festplatte,
- CD-ROM,
- Audio-DVD.

28 Nennen Sie die Komponenten aus denen ein einfaches Tonstudio für digitale Tonaufnahmen (Sprache und Musik) bestehen sollte?

- Rechnerarbeitsplatz mit Soundkarte, Soundbearbeitungsprogramm und großer Festplatte.
- Mischpult mit mehreren Eingängen für Mikrofone, CD-Player, Ausgänge für Rechner und Audiomonitore bzw. Verstärker.
- Schalldichte Aufnahmekabine.

29 Aus welchen Gründen sollte beim Harddiskrecording der Aufnahmebereich vom Bearbeitungsbereich möglichst schalldicht abgetrennt sein.

Beim Harddiskrecording wird direkt vom Mikrofon auf die Festplatte aufgenommen. Rechner haben relativ laute Komponenten wie Lüfter und Festplatten, die sich auf der Aufnahme störend bemerkbar machen würden.

30 Erklären Sie die Begriffe „dynamisches Mikrofon" und „statisches Mikrofon".

Bei **dynamischen Mikrofonen** erzeugt der auftreffende Schall mittels einer Spule und eines Magneten eine schwache elektrische Wechselspannung, die sich analog zum Schall verhält. Dieses elektrische Signal kann nun im Mischpult vorverstärkt und anschließend digitalisiert werden.
Statische Mikrofone haben eine eigene eingebaute Spannungsquelle in Form einer Batterie oder einer Phantomspannung, die vom Vorverstärker geliefert wird. Die Schallmembran bildet zusammen mit einer Gegenelektrode einen so genannten Kondensator an dem die Batteriespannung anliegt. Verändert die Schallmembran auf Grund auftreffender Schallwellen ihre Oberfläche, so wird wiederum ein Strom erzeugt, der dann verstärkt werden kann. Statische Mikrofone sind empfindlicher als dynamische.

31 Ein Verstärker in einem Tonstudio hat folgende Angaben auf der Ausgangsseite: 2×100 Watt bei 8 Ohm Impedanz (Innenwiderstand). Es stehen Lautsprecher mit 4 Ohm bzw.
8 Ohm mit je 100 Watt zur Verfügung. Ein Mitarbeiter möchte die Lautsprecher mit 4 Ohm anschließen, da hierbei die Lautsprecher lauter seien und praktisch 200 Watt erreichen würden. Können Sie dem zustimmen? Begründen Sie.
Nein, Sie können nicht zustimmen. Es sollten nur die 8-Ohm-Lautsprecher angeschlossen werden.
Bei 4 Ohm Impedanz wird der Verstärker überlastet.

32 Warum eignen sich für den Betrieb eines Tonstudios (Sprach- und Musikaufnahmen) nicht normale Hifi-Lautsprecher sondern nur qualitativ hochwertige Audiomonitore?

Die Wiedergabequalität von normalen Stereoanlagen-Lautsprechern ist hauptsächlich für die Wiedergabe von fertig abgemischter Musik ausgelegt. Bei der Soundaufnahme von Sprache sollte diese, zur exakten Beurteilung, möglichst unverfälscht wiedergegeben werden können.

33 Berechnen Sie die folgende Sounddatenmenge: Welche Datenmenge ergibt sich bei einer fünfminütigen Sprachaufnahme mit folgenden Parametern: 16 Bit, Mono, 22,05 KHz.

Formel $M = (A \times f_A \times Z \times t) : 8$

$M = (16 \times 22\,050 \times 1 \times 300) : 8 = 13\,230\,000$ B

$M = 12{,}61$ MB

34 Für eine Produktion stehen insgesamt für die Sounds 80 MB Speicherplatz zur Verfügung. Schlagen Sie geeignete Aufnahmeparameter vor, wenn Sie für die CD-ROM 30 Minuten Musik benötigen?

Aufnahmeparameter für 30 Minuten Sound:

Formel: $M = (A \times f_A \times Z \times t) : 8$

$A \times f_A \times Z \times t = (M \times 8)$

$\mathrm{A} \times f_A \times Z = (M \times S) : t$

$\mathrm{A} \times f_A \times Z = (80 \times 1\,024 \times 1\,024 \times 8) : (30 \times 60)$

$\mathrm{A} \times f_A \times Z = 372\,827$

Möglich sind alle Kombinationen, bei denen das Produkt aus Auflösung, Abtastrate und Kanalzahl kleiner/gleich 372.827 ist. Beispiele:

	A	f_A	Z	$A \times f_A \times Z$
a)	8	44 100	1	352 800
b)	16	22 050	1	352 800
c)	16	11 025	2	352 800

Im Fall a) führt die geringe Auflösung zu starkem Rauschen.
Fall b) liefert eine brauchbare Monoaufnahme.
Fall c) führt zu einem starken Aliasing-Fehler infolge der geringen Abtastfrequenz.

35 Welcher Datenstrom in KB/s ergibt sich bei der Übertragung von 2,5 Minuten Sound, der mit 8 Bit und 11 025 kHz in Mono aufgenommen wurde?

Berechnung des Datenstroms:
Datenstrom D = Datenmenge M/1 Sekunde

$M = (A \times f_A \times Z \times 1s) : 8$
$D = (A \times f_A \times Z) : 8$
$D = (8 \times 11\,025 \times 1) : 8$
$D = 11\,025$ B/s
$D = 11{,}025$ kB/s (Hinweis: „k“ steht hier für 1 000 und nicht für 1 024)

3 Informationstechnologie

3.1 Informatik – Hard- und Softwaretechnik

1 Erklären Sie den Begriff „Bit“ im Zusammenhang mit der digitalen Datenverarbeitung.

Der Begriff „Bit“ wird abgeleitet aus „Binary Digit“ = zweiwertige Ziffer. Ein Darstellungselement mit nur zwei Ausdrucksmöglichkeiten wird als Bit bezeichnet. Ein Bit ist die kleinste denkbare Einheit im Bereich mit nur zwei möglichen Zuständen. Computer können, im Gegensatz zum Menschen, analoge Daten nicht direkt interpretieren. Bilder, Töne, Wörter usw. müssen deshalb zuvor digitalisiert werden. Diese digitalisierten Daten müssen als elektrische Impulse dargestellt werden. Computer können nur zwei Zustände unterscheiden: „Es fließt Strom“ oder „Es fließt kein Strom“. Dies wiederum können sie äußerst schnell. Die beiden Zustände werden mit 0 (kein Strom) und 1 (Strom) gekennzeichnet. Alle Mikroprozessoren arbeiten nach diesem Grundprinzip.

2 Erklären Sie den Begriff „Rauschabstand“ im Zusammenhang mit binären Stromspannungszuständen.

Bei der Digitalisierung von analogen Strömen wird per Definition einem bestimmten Spannungszustand der Binärwert 0 oder 1 zugeordnet. Zusätzlich werden noch Ober- bzw. Untergrenzen festgelegt, in denen Schwankungen zulässig sind. Der Rauschabstand ist hierbei die Differenz zwischen minimalen High Level und maximalen Low Level. Spannungswerte in diesem Bereich lassen sich keiner binären 1 oder 0 zuordnen.

3 Wandeln Sie die binäre Zahl 101100 in eine entsprechende Dezimalzahl um.

$101100_2 = 44_{10}$
(Lösung auf S. 312)

4 Wandeln Sie Dezimalzahl 59 in eine entsprechende Dualzahl (binäre Zahl) um.

111011_2
(Lösung auf S. 312)

5 Aus welchen Gründen werden die Speicherausdrucke von Dateien häufig im Hexadezimalsystem angezeigt?

Der eigentliche Inhalt eines Speichers sind Binärwerte, äußerst unübersichtliche Kolonnen von 0 und 1. Um eine bessere Übersichtlichkeit zu erreichen wird die hexadezimale Darstellung verwendet. Hierzu werden 8 Binärzahlen zu einer Gruppe zusammengefasst, wobei diese nochmals in zwei Gruppen zu je 4 Binärwerten unterteilt werden. Jeder Vierergruppe wird ein entsprechender hexadezimaler Zahlenwert zugeordnet.

6 Aus welchen Zeichen und Ziffern setzt sich das Hexadezimalsystem zusammen?

Aus den Ziffern 0 bis 9 (wie im Dezimalsystem) sowie aus den Buchstaben A, B, C, D, E, F
(Zuordnungstabelle s. S. 313)

7 Wandeln Sie die Dualzahl 1111 0001 in eine entsprechende Hexadezimalzahl um.

$F1_{16}$
(Lösung auf S. 313)

8 Die Taktfrequenz ist ein maßgebliches Kriterium für die Leistung eines Computers. Was versteht man unter Taktfrequenz?

Anzahl der binären Schaltzustände (0 oder 1) in einer Sekunde

9 Wie lautet der Fachbegriff dafür, wenn der Prozessor einen oder mehrere Takte auf die Daten aus dem RAM-Speicher warten muss?

Wait-States

10 Welchen Vorteil ergibt die Verwendung eines Co-Prozessors?

Größere Leistungssteigerung vor allem hinsichtlich mathematischer Berechnungen

11 Erklären Sie den Begriff ROM-Speicher.

Nur-Lese-Speicher (Read Only Memory)

12 Erklären sie den Begriff RAM-Speicher.

Schreib-Lese-Speicher (Random Access Memory)

13 In einem Rechner sind Festplatten mit 8 GB, 6,5 GB und 500 MB eingebaut. Berechnen Sie den Speicherplatz der einzelnen Festplatten in KB und den Gesamtspeicherplatz des Rechners in MB.

8 388 608 KB; 6 815 744 KB; 512 000 KB, Gesamt: 15 348 MB (Lösung auf S. 313)

14 Beim Scannen werden für jedes gescannte Bildelement 12 Bit/Farbe vergeben. Wie viele Kombinationsmöglichkeiten ergeben sich, wenn man diese zwölf Binärelemente zusammenfasst?

$2^{12} = 4096$ Kombinationsmöglichkeiten

15 Computer werden auch als Informationsverarbeitungssysteme bezeichnet. Erklären Sie den Begriff anhand des EVA-Prinzips.

Funktionsweise nach dem Prinzip, Eingabe, Verarbeitung, Ausgabe. Über periphere Eingabegeräte (Tastatur, Maus, Speichermedien…) erhält die CPU Daten. Diese Daten werden von der CPU verarbeitet →

▷ *Fortsetzung der Antwort* ▷

(Mikroprozessor, RAM/ROM-Speicher, Betriebssystem, Anwendungsprogramm). Die dabei erzeugten Daten werden auf internen oder externen Peripheriegeräten ausgegeben (Monitor, Speichermedien, Drucker, Belichter usw.)

16 Auf einem neu einzurichtenden Computerarbeitsplatz soll hauptsächlich Bildbearbeitung (Print und Nonprint) sowie die Videodigitalisierung und -bearbeitung durchgeführt werden. Der Arbeitsplatz soll in ein bestehendes Netzwerk integriert werden und in der Lage sein, von Kunden bzw. zu Kunden größere Datenmengen zu erhalten bzw. zu senden. Ebenso sollen digitalisierte Videos für Multimediaproduktionen auf CD-RW weitergegeben werden können. Welche technische Ausstattung (Rechner, Peripheriegeräte usw.) sollte dieser Rechnerarbeitsplatz aufweisen?

Rechner: neuester Prozessortyp, größtmöglicher RAM-Speicher, hohe Taktfrequenz, Grafikkarte(n), große Festplatte(n), USB, Firewire-Anschluss, Netzwerkkarte;

Peripherie: 2 × 21″ Bildschirme, Maus, Tastatur, evtl. Grafiktablett, ISDN-Karte bzw. ADSL-Karte, CD-RW-Brenner, Videodigitalisierungskarte, Lautsprecher, für das Abspielen analoger Videos wird noch ein Videoabspielgerät mit Kontrollmonitor benötigt

17 Erläutern Sie die Begriffe „RISC-Prozessor" und „CISC-Prozessor" sowie Vorteile und Nachteile in kurzen Sätzen.

RISC = Reduced Instruction Set Code = reduzierter Befehlsumfang, diese Prozessoren haben weniger Befehle auf dem Chip und sind dadurch schneller (Vorteil) – sie sind nicht abwärtskompatibel zu alten Programmen (Nachteil), spezielle (seltene Befehle) müssen konstruiert werden = zeitaufwändig (Nach- →

▷ Fortsetzung der Antwort ▷

teil). CISC = Complexed Instruction Set Code = komplexer Befehlsumfang, dieser Prozessor enthält alle Befehle (auch die aller Vorgängerprozessoren), deshalb riesiger Befehlsumfang = lange Dekodierphasen (Nachteil), aber abwärtskompatibel = es laufen alle (alten) Programme (Vorteil)

18 Erklären Sie den Unterschied zwischen „ASCII-Code“ und „erweitertem ASCII-Code“.

Der ASCII-Code ist ein 7 Bit Code, der die Darstellung von 128 Zeichen (2^7) ermöglicht. Der erweiterte ASCII-Code ist ein 8 Bit Code, mit dem sich 256 Zeichen (2^8) darstellen lassen. Nur die ersten 128 Zeichen sind genormt, danach beginnen die länderspezifischen Zeichen.

19 Sie erhalten eine Textdatei von einem Windows-PC mit der Erweiterung „.txt“. Bei der ersten Kontrolle des Textinhaltes auf einem Apple-Rechner können Sie nur Teile des Textes lesen, viele Umlaute und Sonderzeichen werden falsch dargestellt.
Warum funktioniert die Übertragung eines Textes, der auf einem Windows-Rechner erzeugt wurde, auf einen Apple-Rechner nur bedingt? Wie wird in der Praxis das Problem gelöst?

Ältere Windows Programme verwenden hauptsächlich den ANSI-Code zur Darstellung der Schriftzeichen. Apple-Rechner verwenden hingegen den ASCII-Code. Bei beiden Codes ist nur die Belegung der Zeichen 32 bis 127 gleich, davor und danach gibt es Unterschiede. In der Praxis verwendet man bei DTP-Programmen Importfilter oder spezielle Umwandlungsprogramme.

20 Wie viele Bits verwendet der UNICODE zur Darstellung eines Zeichens und wie viele Zeichen können damit dargestellt werden?

Beim UNICODE (Universal Multiple-Octet Coded Character Set) werden zur Darstellung eines Zeichens 16 Bit verwendet, dies ergibt 65 536 mögliche Zeichen. Dadurch kann →

▷ *Fortsetzung der Antwort* ▷

man fast alle Schriftsprachen der Welt mittels eines einzigen Zeichensatzes darstellen, wobei die ersten 128 Zeichen dem Standard-ASCII-Code entsprechen.

21 Nennen Sie ein Betriebssystem und ein Anwendungsprogramm, das UNICODE verwendet.

Windows 2000, XP, MacOS X; Internet Browser sind in der Lage 16 Bit Code zu interpretieren und darzustellen.

22 Welche technischen Informationen geben Auskunft über die Leistungsfähigkeit von Speichermedien?

Speicherkapazität in MB, GB oder TB, mittlere Zugriffszeit (Millisekunden), Transferrate (Übertragungsleistung in MB/s), Schnittstelle (Anschlusstechnologie) beeinflusst ebenfalls die Übertragungsleistung.

23 Ordnen Sie folgende Begriffe, die in der Speicherhierarchie eines Computers vorkommen, nach der Speichergeschwindigkeit, beginnend mit dem schnellsten Speicher: Register, Second-Level-Cache, First-Level-Cache, Streamer, Arbeitsspeicher (RAM), Festplatte. Ordnen Sie jedem Speichertyp die entsprechende Speichergröße zu: Byte, Kilobyte, Megabyte, Gigabyte, Terabyte.

1. Register	Byte
2. First-Level-Cache	Kilobyte
3. Second-Level-Cache	Kilobyte
4. Arbeitsspeicher (RAM)	Megabyte
5. Festplatte	Gigabyte
6. Streamer	Terabyte

24 Erklären Sie die Begriffe magnetische, optische und magneto-optische Speichermedien in kurzen Sätzen.

Magnetische Speichermedien: Ein von Strom durchflossener Schreibkopf magnetisiert direkt (Diskette) oder indirekt (Festplatte) eine magnetisierbare Oberfläche. Ein Lesekopf kann die magne- →

▷ *Fortsetzung der Antwort* ▷

tischen Informationen erfassen und in elektrische Ströme umwandeln.

Magneto-optische Speichermedien: Beim Schreiben wird die Oberfläche mittels Laserstrahls auf ca. 200 °C erwärmt und anschließend elektromagnetisch verändert. Beim Lesevorgang erkennt ein abtastender Laserstrahl eine gespeicherte digitale 0 oder 1 mit Hilfe von Polarisationsfiltern an Hand der veränderten Reflexion.

Optische Speichermedien: Ein starker Laserstrahl schreibt die digitalen Daten in Form von Vertiefungen (Pits) bzw. Nichtvertiefungen (Lands). Ein schwacher Laserstrahl tastet die Vertiefungen ab, je nachdem, ob er auf ein Pit oder Land trifft, wird er reflektiert oder nicht. Es ergibt sich eine digitale 1 oder 0.

25 **Die digitalen Daten eines Printproduktes mit ca. 30 GB sind so zu archivieren, dass sie beim Folgeauftrag nach einem Jahr wiederverwendet werden können. Nennen Sie zwei in Frage kommende Speichermedien mit Angabe der Vor- und Nachteile.**

- CD-R:
  Vorteil: preiswert, leicht zu handhaben, relativ lange Lagerfähigkeit. Nachteil: maximal nur 700 MB Speicherplatz/CD, es werden ca. 44 CD-R benötigt.
- DAT-Magnetband:
  Vorteil: preiswert, Speicherkapazität 10 oder 20 GB/Band Nachteil: langsam, Gefahr der Zerstörung durch elektromagnetische Einflüsse.
- DVD-R:
  Vorteil: höhere Speicherkapazität als CD-R, ca. 4,7 GB/DVD, Nachteil: noch keine Normierung hinsichtlich der Dateianlage, es gibt proprietäre Lösungen, ~~Rohlinge noch teuer~~, Verbreitung gering.

26 **Erklären Sie den Begriff „DMA“ mithilfe eines Beispiels.**

Direct Memory Access = direkter Speicherzugriff; Umgehung der CPU, Prozessor wird nicht belastet, dadurch schnellerer Datenzugriff; z. B. Soundkarte gibt Sound direkt aus (Festplatte → Soundkarte → Lautsprecher). Ein Anwendungsprogramm speichert bzw. holt Daten direkt von der Festplatte unter Umgehung des Prozessors.

27 **Das „Peripheral Computer Interconnector“ Bussystem ist auf vielen Rechnern (PCs als auch Macs) in Form einer Controllereinheit (spezieller Chip) zu finden. Welche zwei Vorteile haben diesem Bussystem zu einer derart großen Verbreitung geholfen?**

- Der PCI-Bus ist an keinen bestimmten Prozessor gebunden,
- die Peripherie ist unabhängig von der Geschwindigkeit des Prozessors,
- hohe Standardisierung.

28 **Für ein DTP-Studio wird ein Rechner (Mac oder PC) mit 2 USB-Anschlüssen gekauft. An den Rechner sollen 1 Tastatur, 1 Maus, 1 Modem, 1 Scanner, 2 Lautsprecher (aktiv), 1 Grafiktablett und 1 Joystick per USB angeschlossen werden**

a) Welchen Vorteil hat der Anschluss eines USB-Gerätes im Vergleich zum Anschluss eines SCSI-Gerätes?

b) Sind zum Betreiben der Peripheriegeräte neben den notwendigen Kabeln noch andere Geräte notwendig? Wenn ja, welche? (Bezeichnung)

a) „Hot plugging“ = Anschluss bzw. Entfernen im laufenden Betrieb

b) USB HUB (Verteiler) passiv oder aktiv (mit eigener Stromversorgung)

29 **Wie lang ist die maximal zulässige Kabellänge beim USB-Bus?**

5 Meter

30 **Wie viele Geräte können an einen USB-Controller theoretisch angeschlossen werden?**

127 Geräte

31 **Statt des SCSI-Anschlusses besitzt ein Rechner eine so genannte „Firewire" Schnittstelle (IEEE 1394).**
a) Nennen Sie zwei Vorteile, die diese Schnittstellentechnik gegenüber SCSI hat.
b) Für welche Art von Anwendungen ist die Schnittstelle (Datenübertragungstechnik IEEE 1394) gedacht?

a) Hot plugging (Einstecken/Ausstecken im laufenden Betrieb), hohe Datenübertragungsleistungen, bis zu 64 Geräte anschließbar
b) Datenintensive Peripheriegeräte wie Videokameras, HighQuality Sound, Echtzeitberechnung

32 **Nennen Sie die 5 Fehler in der unten dargestellten SCSI-Verkabelung.**

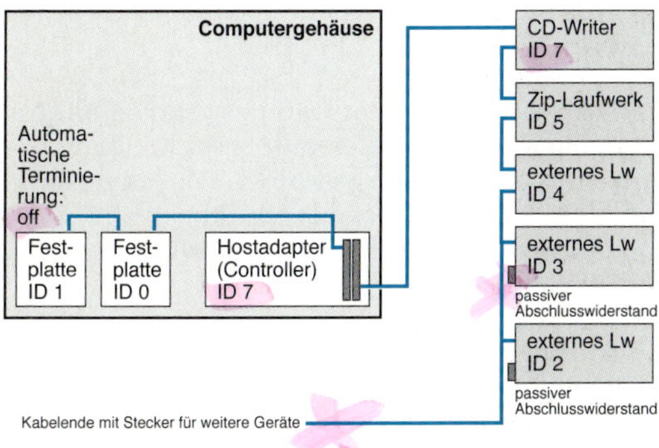

1. Bei der internen Festplatte ID1 muss die automatische Terminierung auf „on“ gestellt werden.
2. Die ID 7 ist doppelt vergeben, für den CD-Writer sollte die ID 6 vergeben werden.
3. T-Abzweige bei ID 3 und ID 2 sind nicht zulässig.
4. Abschlusswiderstand bei ID 3 Gerät muss entfernt werden.
5. Loses Kabelende prinzipiell nicht erlaubt.

33 Errechnen Sie die Übertragungsleistung in MB/s eines 16-fach CD-ROM Laufwerks in MByte/ Sekunde (Single Speed CD-ROM: 150 KByte/s).

2,34 MB/s
(Lösungsweg auf S. 313)

150 x 16 = 2400 : 1024
= 2,34 MB/Sec

34 Drucker werden bei PCs meist über eine parallele Schnittstelle (8 Bit Breite) angesprochen, während ältere Macs hierbei mit einer seriellen Schnittstelle arbeiten. Wie lange (in Sekunden) dauert theoretisch die Datenübertragung einer Datei von 20 KByte zum Drucker auf dem Mac bzw. auf dem PC, wenn über das serielle Kabel 9600 Bit/Sekunde geschickt werden können? (Drucker sind gleich schnell; Rechnergröße etc. ist zu vernachlässigen)

17,1 Sekunden bei serieller Übertragung
2,1 Sekunden bei paralleler Übertragung
(Lösungsweg auf S. 313)

35 Eine 5 MB große PostScript-Datei wird an einen Drucker mit seriellen Anschluss (9 600 Bit/Sekunde) bzw. an einen Drucker mit USB-Anschluss (Version 1) geschickt. Wie lange, in Sekunden, dauert die Datenübertragung (theoretisch) per USB-Bus (Full-Speed) bzw. per seriellen Anschluss? Rechnen Sie mit max. 2 Stellen nach dem Komma.

4 369,066 Sekunden = 72 Minuten 49 Sekunden serielle Dauer
3,33 Sekunden = USB-Bus-Dauer
(Lösungsweg auf S. 313)

36 Die gedruckte Bedienungsanleitung einer Multimedia CD empfiehlt folgende Systemvoraussetzungen:
166 MHz-Prozessor; Grafikkarte High Color (16 Bit); Soundkarte 16 Bit Stereo; 32 MB RAM; 8-fach CD-ROM; Windows 9xMX, NT/2000, ME; MacOS 8.0

a) Aus welchen Gründen liegen die Hardwarevoraussetzungen in vielen Punkten unter den heute verfügbaren Rechnersystemen?
b) Berechnen Sie die maximale Datenübertragungsrate des 8-fach CD-Laufwerkes.
c) Erklären Sie den Begriff „High Color (16 Bit)“.
d) Was bedeutet die Angabe „Soundkarte 16 Bit Stereo“?
e) Auf welchen Betriebssystemen ist die CD lauffähig?

a) Die CD-ROM sollte auch auf älteren Rechnern abspielbar sein wobei hier immer Kompromisse in der Qualität und der Geschwindigkeit gemacht werden müssen.
b) 1200 KByte/s (Lösungsweg auf S. 314)
c) Die Grafikkarte muss 65 536 Farben darstellen können.
d) Angabe über die Auflösung des digitalen Sounds, 65 536 Stufen je Kanal
e) Windows 95, 98, XP, Windows NT, Windows 2000, Windows Millenium Edition, Mac OS 8.0 und höher.

37 Für eine Multimediapräsentation soll eine CD-ROM erstellt werden, die sowohl die Daten für MacOS als auch für Windows 9.x/ME/NT/2000/XP enthält. Aus Platzgründen können die Dateien nur einmal auf der CD erscheinen. Ausnahmen sind die Startdateien (Player), die es sowohl für MacOS als auch für Windows gibt. Die Produktion der Einzelteile erfolgt auf Windows PCs als auch auf PowerMacs.

a) Was ist hinsichtlich der Dateinamenskonvention zu berücksichtigen?
b) Welches CD-Format ist zu wählen?
c) Welches CD-Unterformat ist zu wählen, wenn im Windowsbereich Dateinamen mit mehr als 8 Zeichen verwendet wurden?

a) Dateinamen dürfen keine Leerzeichen, Umlaute, Sonderzeichen, Schräg- oder Bindestriche enthalten, da dies beim PC zu Fehlern führt. DOS konforme Dateinamen erlauben maximal 8 Zeichen plus Punkt plus 3 Zeichen für Dateierweiterung. Alle Dateien benötigen eine Dateinamenserweiterung z. B. „video.mov“ statt nur „video“. →

▽ *Fortsetzung der Antwort* ▽

b) ISO 9660: auf Mac als auch PC lesbar. Unter Umständen eignet sich auch das UDF (Universal Disk Format), dies ist aber nur auf MacOS 9.x und X bzw. Windows/2000/XP lesbar.

c) ISO 9660 (Level 3) Joliet Format: Windows kann Dateinamen bis 256 Zeichen lesen, Mac nur bis 31 Zeichen, eine entsprechende Systemerweiterung vorausgesetzt.

38 Eine CD-ROM-Präsentation verwendet für die Darstellung von Videos das Quicktime-Format. Welche Ausstattung benötigt der Zielrechner um diese Videos darstellen zu können?

In der Regel wird der Apple Quicktime Player benötigt (Freeware). Es gibt aber auch andere Player, die das Quicktime-Format interpretieren können, z. B. Mediaplayer 7 von Microsoft.

Betriebssystem

39 Nennen Sie 3 Grundaussagen über die Aufgaben eines Betriebssystems.

- Anpassung der Maschinenwelt an die Bedürfnisse der Benutzer
- Schaffung eines geregelten Nebeneinanders von Programmen und Peripheriegeräten
- Verwaltung von Daten und Programmen
- Effiziente Ausnutzung der Betriebsmittel
- Unterstützung bei Fehlern und Ausfällen

40 Erklären Sie den Begriff „Ur-Ladeprogramm".

In einem Teil des ROM-Speichers befindet sich ein Programm, das den Systemstart des Rechners organisiert. Dies ist z. B. das Überprüfen des RAM-Speichers, das Laden des eigentlichen Betriebssystems von einer Festplatte in den RAM-Speicher und das Starten des eigentlichen Betriebssystems.

41 Für die Beschaffung eines neuen Rechners sollen Sie das notwendige Betriebssystem klassifizieren (keine Herstellerbezeichnungen). Der Rechner soll in ein Netzwerk integriert werden, mit ihm soll während (parallel) der laufenden Arbeit (Photoshop, QuarkXpress usw.) zusätzlich noch die Datensicherung auf Festplatte bzw. CD-ROM erfolgen.

Single User = Einzelplatzsystem, Multitasking = Mehraufgabensystem

42 Nennen Sie das am häufigsten verwendete UNIX-Betriebssystem, das im Prinzip „kostenlos" erhältlich ist.

Linux

43 Von welchen Gegebenheiten ist die Anzahl der gleichzeitig „geöffneten" Programme auf einem Multitasking fähigem Rechner und Betriebssystem abhängig?

Art und Weise der Speicherverwaltung, Größe des RAM-Speichers, Anzahl der Prozessoren, Größe der möglichen Auslagerungsdateien (Festplatte)

3.2 Drucker

1 Nennen Sie die 6 wichtigsten Schritte im Druck- und Fixierungsprozess eines Laserdruckers in der richtigen Reihenfolge.

1. Ladung
2. Belichtung
3. Entwicklung
4. Übertragung
5. Fixierung
6. Entladung und Reinigung

2 Worin besteht der Unterschied zwischen einem LED-Drucker und einem Laserdrucker?

Beim Laserdrucker wird eine Belichtungseinheit in Form eines Lasers verwendet. Der LED-Drucker verwendet für die Belichtung eine Leiste aus Licht emittierenden Dioden.

3 Aus welchem Grund sind Blatt-Laserdrucker bei Auflagen >1 schneller als gleichformatige Ink-Jet-Drucker?

Laserdrucker sind so genannte Seitendrucker, die Seite wird einmal gerippt und kann dann mehrmals ohne Neuberechnung gedruckt werden. Ink-Jet-Drucker sind Zeilendrucker, hier muss jede Zeile, auch wenn sie gleich ist, jedes Mal vor dem Druck neu berechnet werden.

4 Welche Vorteile hat ein 6-Farben Ink-Jet-Drucker gegenüber einem 4-Farben-Drucker? Wo liegt der Einsatzbereich?

Größerer Farbraum, Vorteile bei der Wiedergabe von Hauttönen, Einsatz im Proofbereich und Fotodruck.

5 In einem DTP-Betrieb soll ein Farbdrucker in ein bestehendes Netzwerk integriert werden. Für die Beschaffung steht ein Budget von max. 3500,- € zur Verfügung. Der Drucker soll für Flyer (A4) in der Auflage zwischen 5 und 200 Stück sowie für die Ausgabe von Bildern aus Photoshop bzw. Grafiken aus Freehand (Illustrator) eingesetzt werden. Legen Sie fest, ob ein Ink-Jet-Drucker oder ein Laserdrucker gekauft werden sollte. Begründen Sie ihre Entscheidung.

Es sollte ein Laserdrucker gekauft werden. Wichtigster Vorteil hierbei ist die schnellere Ausgabe der Flyer bei größeren Auflagen. Laserdrucker sind meistens PostScript-fähig und standardmäßig mit einer Netzwerkkarte ausgerüstet. Nachteilig hierbei ist die schlechtere Proofqualität bei der Ausgabe von Bildern, hier sind u. U. spezielle Toner notwendig. Ink-Jet-Drucker würden eine bessere Qualität beim Proofen ergeben, haben aber auf Grund der Technologie längere Druckzeiten beim Auflagendruck.

6 Für die Ausgabe von Farbproofs aus einem DTP-Programm (QuarkXpress, InDesign) im Format DIN A3 und A2 soll ein Drucker beschafft werden. Welcher Druckertyp kommt hierfür zum Einsatz? Welche weiteren Geräte bzw. weitere Software muss beschafft werden?

Ink-Jet-Drucker im DIN A2 Format; Software RIP, evtl. Rechner mit Netzwerkkarte.

7 Ein DTP-Unternehmen hat sich zur Anschaffung eines DIN A3 Ink-Jet-Druckers entschieden. Testdrucke mit verschiedenen Druckertypen zeigten fast überall gleich gute Druckergebnisse, jedoch schwanken die Preise für die Drucker, bei gleicher Druckqualität, zwischen 250,- € und 1500,- €. Welche weiteren Merkmale beeinflussen den Preis eines Ink-Jet-Druckers?

Qualität der Papierführung, Robustheit der Verarbeitung, Leistungsfähigkeit (Drucke/h), vorhandene Anschlussmöglichkeiten, PostScript-Fähigkeit, Netzwerkkarte usw.

8 Für welchen Anwendungsbereich wird das Thermosublimationsdruckverfahren angewendet? Erklären Sie die prinzipielle Funktionsweise eines Thermosublimationsdruckers.

Einsatzbereich: Proofing, fotoähnlicher Charakter.
Funktionsweise: ein spezielles Farbband, das abwechselnd C, M und Y eingefärbt ist, wird an einem Thermodruckkopf vorbeigeführt. Der Thermodruckkopf erhitzt die Farbschicht auf dem Farbband entsprechend der Druckinformation. Die erhitzte Farbschicht wird sublimiert und im gasförmigen Zustand von einem Spezialpapier „aufgesaugt" und abgekühlt. Die erstarrte Farbe verbindet sich mit der Oberfläche und bildet die farbige Information.

3.3 Netzwerktechnik

1 Nennen Sie zwei Nutzungsmöglichkeiten (Vorteile), die eine Vernetzung generell bietet.

Ressourcen Sharing, Data Sharing, Software Sharing, Printer Sharing, E-mail usw.

2 Erklären Sie den Begriff „Topologie" im Zusammenhang mit der Netzwerktechnik.

Topologie ist die Lehre von der Anordnung geometrischer Gebilde im Raum. Im Bezug auf die Netzwerktechnik versteht man hierbei die Art und Weise, wie Rechner untereinander verbunden sind.

3 Welche drei Netzwerktopologien sind bei LAN-Netzwerken am gebräuchlichsten?

Bustopologie, Sterntopologie, Ringtopologie

4 Erklären Sie die Begriffe „physikalische" bzw. „logische" Topologie.

Die **physikalische Topologie** legt fest wie die Rechner im Raum angeordnet und untereinander verbunden sind.Die **logische Topologie** legt fest, wie ein bestehendes Netz durch das Betriebssystem administriert wird. So kann z.B. ein Netz von der physikalischen Topologie her als Sternnetz angelegt sein, wird aber vom Netzwerkbetriebssystem wie ein Ringnetz verwaltet.

5 Weshalb sind Twisted Pair Kabel „verdrillt"?

Das Verdrillen von Kupferadern reduziert den Einfluss äußerer Störfelder.

6 Erklären Sie die Begriffe UTP- und STP-Kabel.

- **U**nshielded **T**wisted **P**air Kabel = verdrilltes Kabel ohne Abschirmung,
- **S**hielded **T**wisted **P**air Kabel = verdrilltes Kabel mit Abschirmung, ergibt erhöhte Störsicherheit

7 Welche Vor- und Nachteile haben Lichtwellenleiter (Glasfaserkabel) in Netzwerken gegenüber herkömmlichen Kabeln?

Vorteile: hohe Datenübertragungsraten, längere Kabel, ohne Zwischenverstärkung möglich, unabhängig von elektrischen Störeinflüssen, hohe Abhörsicherheit. →

▷ *Fortsetzung der Antwort* ▷

Nachteile: hohe Material- und Installationskosten, aufwändigere Verbindungs- und Steckertechnik beim Übergabepunkt vom Glasfaserkabel auf das Kupferkabel.

8 Erklären Sie die „sprechenden" Netzwerkbezeichnungen „10Base2" und „100BaseT".

10Base2 = 10 Mbit Ethernet mit maximal 200 m Länge (exakt 185 m), Verwendung von Koaxialkabel;
100BaseT = 100Mbit Fast Ethernet, Verwendung von Twisted Pair Kabel

9 Erklären Sie in kurzen Sätzen die Arbeitsweise des Ethernetzugriffsverfahren (CSMA/CD) (5 Arbeitsschritte).

1. Alle Rechner hören das Netz ab, ob es frei ist oder ob Daten zu empfangen sind (Carrier Sense).
2. Ein Rechner sendet, wenn das Netz frei ist, falls nicht: kurze Wartezeit, dann neu senden (Multiple Access).
3. Falls zwei Rechner gleichzeitig senden, entsteht eine Kollision.
4. Ein Rechner, der die Kollision entdeckt (Collision Detection) sendet Störsignal (Jamming Signal), alle Rechner beenden ihre Sendeversuche.
5. Nach kurzer Zufallswartezeit versucht irgendein Rechner erneut zu senden.

10 Erklären Sie in kurzen Sätzen die Arbeitsweise des Netzwerkzugriffsverfahren Token-Ring (5 Arbeitsschritte).

1. Im Leerlauf kreist ein so genanntes Frei-Token (Bit-Muster) im Netz.
2. Möchte ein Rechner Daten senden, muss er warten bis das Frei-Token zu seinem Rechner gelangt. Er wandelt dann das Frei-Token in ein Belegt-Token um. Die eigentlichen Daten werden an das Belegt-Token angehängt. →

3. Der Zielrechner kopiert sich die empfangenen Daten in seinen Speicher und gibt sie in den Ring weiter. An das Ende der Daten wird ein Bestätigungsbit angehängt.
4. Wenn die Daten den Senderrechner wieder erreichen, erkennt dieser anhand des Bestätigungsbit, dass die Daten erfolgreich übertragen wurden.
5. Der Sender wandelt das Belegt-Token in ein Frei-Token um.

11 Welche Aufgabe hat das OSI-Referenzmodell im Bereich der Netzwerktechnik?

Das OSI-Referenzmodell beschreibt den funktionellen Ablauf und die technischen Bedingungen in einem Netzwerk nach gleichartigen Strukturen. Die Grundfunktionen werden so strukturiert, dass sie sieben Schichten zugeordnet werden können.

12 Welche Funktionen erfüllt die Netzwerkkarte in einem Rechner?

Physikalischer Netzzugang, parallele Datenströme innerhalb des Rechners werden in serielle Datenströme umgewandelt und in das Netzwerk geschickt, serielle Datenströme aus dem Netz werden in parallele Datenströme umgewandelt.

13 Für welche Verwendungszwecke werden die folgenden Netzwerkgeräte eingesetzt:
a) Repeater
b) Hub und Switch
c) Bridge
d) Router

a) Repeater sind Zwischenverstärker innerhalb gleicher Netzwerk- und Kabeltypen
b) Hub ist ein Sternverteiler für Sternnetze, er kann gleichzeitig auch als Verstärker arbeiten, Switch sind „intelligente" Hubs, die eine zeitweilige Punkt zu Punkt Verbindung zwischen zwei Rechner aufbauen, dadurch entstehen keine Kollisionen mehr. →

▷ *Fortsetzung der Antwort* ▷

c) Bridge verbindet Netzwerke, die unterschiedliche Zugriffsverfahren verwenden

d) Router sind Microcomputer, die unterschiedliche Netztypen mit gleichem Protokoll verbinden. Hauptaufgabe ist das Routing (optimale Wegermittlung) zwischen Sender und Empfänger. Innerhalb LAN werden Router hauptsächlich zur Anbindung an das Internet verwendet.

14 **Ein Ethernet-Netz ist mit einem Token Ring Netz zu verbinden. In beiden Netzen wird mit dem Protokoll TCP/IP gearbeitet. Welches der folgenden Geräte können Sie hierzu verwenden?**

a) Repeater b) Router
c) Switch d) Gateway
e) Bridge

b) Router: Es genügt die Verwendung eines Routers, theoretisch ist auch die Verwendung eines Gateways zulässig, dies wäre aber eine aufwändigere Lösung.

15 **Auf Grund baulicher Maßnahmen verändert sich die Gesamtlänge eines Busnetzes auf 187 m. Tests ergeben, dass das Netz störanfälliger und langsamer geworden ist. Wie könnten Sie dieses Problem mit möglichst geringem Kostenaufwand lösen (ohne bauliche Änderungen oder Geräte zu entfernen)?**

Einbau eines Repeaters (Verstärker) = preiswerteste Lösung, die Aufteilung in Collision-Domains und den Einbau eines Switch ist ebenfalls denkbar, aber teurer.

16 **Nennen Sie die Vor- und Nachteile der Bustopologie und der Sterntopologie.**

Bustopologie:
Vorteile: einfache Installation, geringer Verkabelungsaufwand, geringe Kosten →

Nachteile: Probleme/Fehler schwer lokalisierbar, geringere Netzwerkleistung bei steigender Teilnehmerzahl, Abhörsicherheit gering, maximale Leitungslänge begrenzt

Sterntopologie:

Vorteile: einfache Erweiterung des Netzes, gute Sicherungsmöglichkeiten gegen unerlaubten Zugriff, Datenkollisionen vermeidbar (beim Einsatz eines Switches).

Nachteile: aufwändige Verkabelung (ein Leitungspaar zu jedem Rechner), begrenzte Leitungslänge vom einzelnen Rechner zum Hub oder Switch.

17 Vier Studenten planen in ihrer Wohngemeinschaft ihre vier Computer untereinander zu vernetzen.

a) Klassifizieren Sie das geplante Netzwerk.

b) Welches Vernetzungskonzept kommt hierfür in Frage?

c) Welche Netzwerktopologie ist für dieses Netzwerk zu wählen?

a) Man spricht hierbei von einem LAN oder einem GAN, falls ein Internetanschluss besteht.

b) Peer to Peer Netz, da alle Rechner gleichwertig sind (nicht Client-Server).

c) Bus-Netz evtl. Stern-Netz, dann muss allerdings ein Hub verwendet werden.

18 In einem Druckvorstufenbetrieb besteht ein neuerer, vernetzter DTP Arbeitsraum aus:

8 Apple PowerMacs, 1 Server, 1 Scanner, 1 SW-Drucker, 1 Belichter. Ein Zugang zum Internet bzw. ein ISDN-Anschluss ist nicht vorhanden. Als Netzwerkkabel wird ein so genanntes Twisted Pair Kabel verwendet. Von jedem Rechner geht ein Kabelstrang zu einem in der Mitte des Raumes befindlichen „Gerät".

a) Klassifizieren Sie das Netz!

b) Welches Vernetzungskonzept ergibt sich aus der obigen Ausstattung?

c) In welcher Topologie wurde das Netzwerk erstellt?

d) Nennen Sie 2 Vorteile der von Ihnen in c) genannten Topologie?

→

▽ *Fortsetzung von vorheriger Seite* ▽

e) Nennen Sie den Fachbegriff für das in der Situationsbeschreibung genannte „Gerät“.

a) LAN
b) Client-Server
c) Sterntopologie
d) Vorteile der Sterntopologie: geringere Datenkollisionen, einfache Erweiterung des Netzes, hohe Datenübertragungsraten, hohe Sicherheit gegen unerlaubten Zugriff
e) Hub = Sternverteiler

19 Für ein DTP-Unternehmen müssen Sie ein neues Netzwerk bestehend aus einem File- und Drukkerserver, 20 Rechnern, 1 Proofprinter und 1 Belichter konzipieren.

a) Welche Netzwerktopologie würden Sie wählen? Begründen Sie Ihre Entscheidung (Vor- und Nachteile).
b) Welches zusätzliches Gerät ist für Ihr geplantes Netzwerk notwendig.
c) Legen Sie die Verkabelungsart und die Steckertypen fest.
d) Zeichnen Sie in einer Skizze einen Netzwerkplan.

a) Sterntopologie:
Vorteile: Einfach Erweiterung des Netzes, gute Sicherungsmöglichkeiten gegen unerlaubten Zugriff, geringere Datenkollisionen, wenn statt des Hubs ein Switch verwendet wird.
Nachteil: aufwändige Verkabelung, begrenzte Leitungslänge vom Hub (Switch) zum Rechner
b) Es wird ein Hub benötigt.
c) In Sternnetzen mit Hubs werden so genannte Twisted Pair Kabel verwendet, Steckertyp: RJ-45
d) Skizze des Netzes: von jedem Gerät geht ein einzelner Kabelstrang zu einem zentralen Hub.

**20 In einem Druckvorstufenbetrieb besteht ein „älterer“, vernetzter DTP-Arbeitsraum aus:
8 Apple PowerMacs, 1 Scanner, 1 SW-Drucker, 1 Belichter. Ein Zugang zum Internet bzw. ein ISDN-Anschluss ist nicht vorhanden. Der Anfang und das Ende des Netzes sind mit einem Abschlusswiderstand versehen. Als Netzwerkkabel wird ein so genanntes „Koaxialkabel“ verwendet.** →

▽ *Fortsetzung von vorheriger Seite* ▽

a) Klassifizieren Sie das Netz.
b) Nennen Sie 2 Nutzungsmöglichkeiten (Vorteile), die eine Vernetzung generell bietet.
c) Welches Vernetzungskonzept ergibt sich aus der obigen Ausstattung?
d) In welcher Topologie wurde das Netzwerk erstellt?

a) LAN
b) Ressourcen Sharing, Data Sharing, Software Sharing, Printer Sharing usw.
c) Peer-To-Peer-Netz
d) Bus-Topologie

21 In einem denkmalgeschützten Gebäude soll eine Multimedia-Ausstellung (Dauer 3 Wochen) durchgeführt werden. Hierzu sind mindestens 5 Rechner durch ein Netzwerk zu verbinden. Die Vernetzung soll mit möglichst geringer Beeinträchtigung der Bausubstanz durchgeführt werden.
a) Welches Übertragungsmedium würden Sie wählen? Begründen Sie Ihre Entscheidung.
b) Klassifizieren Sie das Netzwerk.

a) Drahtloses Netzwerk, per Funk, keine Kabelverlegung notwendig.
b) LAN bzw. WLAN (Wireless Local Area Network).

3.4 Monitor

1 Nennen Sie die farbgebenden Elemente eines Farbmonitors (CRT-Monitor). Nach welchem Farbmischgesetz arbeiten Monitore?

Farbige Phosphore in den Farben RGB, die durch auftreffende Elektronen zum Leuchten gebracht werden. Monitore arbeiten nach dem Prinzip der additiven Farbmischung.

2 Welche Funktion hat die Bildschirmmaske bei einem CRT-Monitor? Nennen Sie die am häufigsten verwendete Maskenart mit Vor-und Nachteilen.

Bevor die Elektronenstrahlen auf den Phosphorpunkt auftreffen, werden sie nochmals durch eine so genannte Maske (Metallgitter) genau ausgerichtet und gegeneinander abgegrenzt, dadurch werden →

▷ *Fortsetzung der Antwort* ▷

unscharfe Bilder verhindert.
Die Lochmaskentechnologie ist am häufigsten anzutreffen. Vorteile liegen in der höheren Farbauflösung und der besseren Randschärfe. Nachteilig ist die geringere Helligkeit.

3 Erklären Sie folgende Begriffe im Zusammenhang mit der Monitortechnologie in kurzen Sätzen:
a) Bildschirmauflösung
b) Bildschirmwiederholfrequenz (Vertikalfrequenz/Refreshrate)
c) Flimmerfreiheit (ab welcher Refreshrate?)

a) Anzahl der Bildschirmpixel, die darstellbar sind in Breite und Höhe.
b) Gibt an, wie oft pro Sekunde der ganze Bildschirminhalt aufgebaut wird.
c) Ein flimmerfreier Bildschirm ist ab einer Bildrefreshrate von 75 Hz gegeben.

4 Welche Aussage macht die Angabe: „Bildröhre 17 Zoll".

Es wird hierbei die Bildschirmdiagonale in Zoll angegeben.

5 Nach dem Kauf eines hochwertigen 21″ Monitors erkennen Sie bei genauer Betrachtung mit einer Lupe im oberen und unteren Drittel des Bildschirms zwei horizontal verlaufende sehr feine Linien. Ist dies ein Reklamationsgrund oder bei Monitoren dieser Art in Kauf zu nehmen? Worin könnte die Ursache liegen?

Der Monitor verwendet eine so genannte Streifenmaske. Die Streifen- oder auch Gittermaske besteht aus einem Drahtgerüst. Sie kommt auf dem Markt unter der Bezeichnung Trinitron (Sony) bzw. Diamondtron (Mitsubishi) vor. Vorteile liegen in der größeren Farbfläche und der daraus resultierenden größeren Helligkeit. Nachteilig ist die geringere Auflösung und Randschärfe im Vergleich zur Lochmaske. Bei genauer Betrachtung des Bildschirms mit einer Lupe sind zwei horizontal gespannte Fäden auf dem Bildschirm zu erkennen, die als Stütze für die Maske dienen. Der Monitor ist völlig in Ordnung.

6 Welche Einstellmöglichkeiten gibt es in der Regel bei Computerbildschirmen? Nennen Sie sieben Möglichkeiten, die maximal vorhanden sein können?

1. Horizontale Lage und Größe
2. Vertikale Lage und Größe
3. Kissen- und tonnenförmige Verzeichnung
4. Kippen, Drehen, Trapez
5. Helligkeit und Kontrast
6. Konvergenz
7. Farbtemperatur
8. Entmagnetisierung (Degauss)

7 Erläutern Sie folgende Begriffe
a) „logische Auflösung" und
b) „physikalische Auflösung" bei einem Monitor.

a) Die logische Auflösung gibt die Anzahl der waagrechten und senkrechten Pixel an, die von der Grafikkarte des Rechners einzeln angesteuert werden können (z. B. 1024 × 768 Pixel).
b) Die physikalische Auflösung ist durch die Anzahl der Öffnungen der Bildschirmmaske fest vorgegeben. Es werden hierbei die physikalisch vorhandenen Bildpunkte (Farbtripel) angegeben. Bei einem 17-Zoll-Monitor sind dies 1381 × 1036 Bildpunkte. Die physikalische Auflösung begrenzt damit die logische Auflösung.

8 Sie erhalten zu einem Monitor folgende Angaben: Bildschirmgröße 17″(sichtbarer Bildschirmbereich 317 mm×238 mm), Lochabstand 0,28 mm, Bildwiederholfrequenz 75 Hz. Für welche Auflösung ist der Monitor geeignet?

Rechnerische Auflösung: 1132 × 850 Pixel.
Nächstliegende Auflösung, die auf einer Grafikkarte gewählt werden kann: 1024 × 768 Pixel.
(Lösungsweg auf S. 314)

9 Gegeben ist ein 21-Zoll-Monitor mit einer Auflösung von 1280 Pixel (in der Breite) mal 1024 Pixel (in der Höhe = Anzahl der Zeilen.) Gefordert ist eine Mindestbildwiederholfrequenz von 75 Hz (kein Flimmern mehr sichtbar). Die Anzahl der nicht sichtbaren Synchronisationszeilen beträgt 48 Zeilen. Gesucht ist die Horizontalfrequenz in kHz.

80,4 kHz
(Lösungsweg auf S. 314)

10 Erklären Sie den Begriff „Videobandbreite“ im Zusammenhang mit der Auflösung eines CRT-Monitors.

Die Videobandbreite informiert darüber, wie oft der Bildschirm in der Lage ist die Helligkeit eines Bildpunktes innerhalb einer Sekunde zu wechseln. Je höher die Videobandbreite ist, desto schärfer ist der Kontrastwechsel auf dem Monitor. Dieser Wert wird von den Herstellern selten angegeben.

11 Ein CRT-Monitor wird mit einem Bildschirmtestprogramm untersucht. Die Auflösung beträgt 1024×786 Pixel. Sie erhalten folgendes Ergebnis: Bildwiederholfrequenz 86 Hz.

a) Machen Sie eine Aussage hinsichtlich der Flimmerfreiheit dieses Monitors.

b) Berechnen Sie die Horizontalfrequenz (auf ganze kHz gerundet), wenn die Anzahl der Synchronisationszeilen 5 % (auf ganze Zahlen gerundet) beträgt.

a) Der Monitor ist flimmerfrei, da Bildwiederholfrequenz > 75 Hz
b) 70,95 kHz
(Lösungsweg auf S. 314)

12 Laut Datenblatt erreicht ein CRT-Monitor eine Auflösung von 1280 Pixel mal 1150 Pixel sowie eine Zeilenfrequenz von 90 kHz. Die geforderte Bildwiederholfrequenz in Ihrem Unternehmen liegt prinzipiell bei 85 Hz. Berechnen Sie, ob dieser Monitor bei der geforderten Flimmerfreiheit überhaupt noch die angegebene Zeilenfrequenz von 90 kHz erreicht. Geben Sie eine Kaufempfehlung ab. Die Anzahl der Synchronisationszeilen beträgt 48.

Der Monitor erreicht bei der gewünschten Auflösung eine Bildwiederholfrequenz von 75 Hz und liegt damit unter den geforderten 85 Hz. Folglich ist vom Kauf abzuraten. Er müsste eine Zeilenfrequenz von 101 kHz aufweisen, um die geforderte Bildwiederholfrequenz von 85 Hz bei der angegebenen Auflösung zu erreichen.
(Lösungsweg auf S. 314)

13 Welche Aussage gibt die Angabe des Maskenabstandes bzw. Dot-Pitch bei CRT-Monitoren?

Dieser Begriff kennzeichnet den Abstand zweier Öffnungen der Lochmaske. Er beträgt zwischen 0,31 mm und 0,221 mm. Je geringer der Punktabstand desto höher die Bildschirmauflösung. Übliche Größen sind 0,26 mm, 0,25 mm und 0,24 mm.

14 Ein Monitor arbeitet im „Interlaced Modus". Wie erfolgt die Darstellung?

Jedes Bild wird in zwei Halbbilder aufgeteilt. Ein Halbbild mit allen ungeraden, das andere Halbbild mit allen geraden Bildschirmzeilen, die nacheinander dargestellt werden. Diese Darstellungsmethode ist bei Computermonitoren veraltet und wird nicht mehr angewendet. Die Fernsehtechnik arbeitet jedoch noch mit diesem Verfahren. Bei der Wiedergabe von Computerbildern über Fernsehmonitore kommt es deshalb zu einem stark sichtbaren Flimmern.

15 Erklären Sie in einfachen, kurzen Sätzen die Funktionsweise eines LCD-Flachbildschirmes.

1. Licht aus einer Hintergrundbeleuchtung (= unpolarisiertes Licht) trifft auf einen Polarisationsfilter (Horizontalfilter) auf; es wird nur horizontal orientiertes Licht durchgelassen.
2. Das horizontal polarisierte Licht trifft auf Flüssigkristalle auf.
3. Die Flüssigkristalle werden durch TFT-Transistoren angesteuert und können je nachdem die Polarisationsebene des Lichts in Richtung vertikale Polarisation drehen. Nicht angesteuerte Kristalle drehen das Licht nicht, es bleibt horizontal. →

▷ *Fortsetzung der Antwort* ▷

4. Gedrehtes bzw. nicht gedrehtes Licht trifft auf einen zweiten Polfilter auf, der nur vertikales Licht durchlässt. Durch unterschiedliche prozentuale Anteile des gedrehten Lichts sind Helligkeitsabstufungen darstellbar.
5. Das durchgelassene Licht trifft danach auf RGB Filterpunkte auf, die dann entsprechend aufleuchten.

16 Viele Hersteller von LCD-Monitoren empfehlen eine Bildwiederholfrequenz von nur 60 Hz. Weshalb sind LCD-Monitore grundsätzlich flimmerfrei? Welche Nachteile haben LCD-Monitore?

Die Bildwiederholfrequenz ist laut Herstellerempfehlung 60 Hz (abweichend von CRT-Röhren), um das eingehende Videosignal zu synchronisieren. Da die einzelnen Leuchtpunkte nur bei einer Veränderung des Bildinhalts an- bzw. abgeschaltet werden, kommt es bei LCD-Monitoren zu keinem Flimmereffekt. Nachteilig ist hier die Trägheit des An- und Abschaltens einzelner Leuchtpunkte, was sich besonders bei schnell bewegenden Objekten als störend erweisen kann. Zusätzlich von Nachteil ist die geringere Leuchtkraft der einzelnen Bildpunkte und die Problematik der schlechteren Sichtbarkeit bei unterschiedlichen Betrachtungswinkeln.

17 Nennen Sie drei Kriterien, die für die Anschaffung eines LCD-Projektors ausschlaggebend sind?

Angabe der Leuchtkraft in ANSI-Lumen, Auflösung, Gewicht, Preis, weitere Anschlussmöglichkeiten usw.

18 Welche Aussage machen die Prüfsiegel „TCO“ und „Energy Star“ bei Monitoren?

TCO ist ein schwedisches Prüfsiegel und gibt Auskunft u. a. über die Strahlensicherheit eines CRT-Monitors. Das Energy-Star-Zeichen (USA) kennzeichnet →

▷ *Fortsetzung der Antwort* ▷

Geräte, die entsprechend Strom sparend arbeiten und bei längerer Nichtbenutzung z. B. den Monitor abschalten.

19 Welche grundsätzlichen Aufgaben übernimmt die Grafikkarte innerhalb eines Computers?

- Verwaltung des Bildschirmspeichers
- Ausgabe der Daten an den Monitor
- Ausgabe der Synchronisationssignale für den Monitor

20 Wichtige Hauptkomponenten einer Grafikkarte sind Grafikprozessor, Speichermodule und RAMDAC. Erklären Sie in kurzen Sätzen diese Begriffe.

Der **Grafikprozessor** ist die Steuerzentrale der Grafikkarte. Seine Hauptaufgabe besteht darin, den Bildspeicher zu beschreiben und auszulesen sowie typische Grafikberechnungen im 2-dimensionalen Bereich durchzuführen.
Die **Speichermodule** beinhalten die Bildschirminhalte in digitaler Form. Je mehr Speicher vorhanden ist, desto schneller kann der Bildschirminhalt angezeigt werden.
Der **RAMDAC** ist ein Chip, der als Übersetzer der digitalen in analoge Stromsignale arbeitet. Er ordnet den entsprechenden Bitsignalen die analogen Rot-, Grün- und Blauwerte zu.

21 Aus welchem Grund ist für die Farbbildbearbeitung eine „Truecolor-fähige" Grafikkarte empfehlenswert? Wie viele Farben muss diese Karte darstellen können?

Truecolor-fähige Grafikkarten können 16,7 Mio. Farben darstellen. Bei der Bildbearbeitung sollte für jeden Farbkanal (RGB) eine Farbtiefe von 8 Bit (= 24 Bit) verwendet werden können, um eine optimale Bildbeurteilung und Bearbeitung zu ermöglichen.

22 Sie sollen für Ihren Betrieb einen Monitor kaufen. Welche Angaben sind wichtig und zu beachten? Nennen Sie mindestens sechs.

- Bildschirmgröße
- Flimmerfreiheit (Bildwiederholfrequenz > 75 Hz)
- Punktabstand
- Farbechtheit
- Konvergenz
- Schärfe
- Prüfsiegel (TCO, GS, TÜV)
- Stellfläche und Gewicht
- Energieverbrauch

23 Nennen Sie die zwei bekanntesten Verfahren, die zur Bilderzeugung bei Projektoren („Beamern") zum Einsatz kommen.

LCD-Technologie (Liquid Crystal Display) bzw. DLP-Technologie (Digital Light Processing)

24 Wie erfolgt die Bilddarstellung bei einem LCD-Projektor?

Das weiße Licht einer Projektionslampe wird durch dichroitische (teilfarbdurchlässige) Spiegel in rotes, grünes und blaues Licht aufgeteilt. Das so getrennte farbige Licht durchleuchtet dann jeweils ein LCD, wobei die einzelnen Flüssigkristalle wie Lichtventile arbeiten und das farbige Licht sperren bzw. vollständig oder teilweise durchlassen. Die so entstandenen farbigen Teilbilder in RGB werden über ein Prisma zu einem Gesamtbild vereinigt und durch ein Linsensystem zur Projektionsfläche geworfen.

25 Wie erfolgt die Bilddarstellung bei einem DLP-Projektor?

Das weiße Licht einer Projektionslampe wird zuerst mittels eines schnell rotierenden Farbrades mit RGB-Filtern in zeitlich aufeinander folgende Teillichter zerlegt, die über ein Linsensystem auf einen kleinen Chip gelenkt werden, der auf seiner Oberfläche eine Vielzahl von mikroskopisch kleinen, kippbaren →

▷ *Fortsetzung der Antwort* ▷

Spiegeln trägt (Digital Mirror Device = DMD-Chip). Ein Bildpixel entspricht einem Spiegel. Speicherzellen kippen die beweglichen Spiegel über elektrostatische Anziehungskräfte. Je nach Signal wird somit ein heller oder dunkler Bildpunkt projiziert. Grauabstufungen werden über die Zeitdauer der gerichteten Spiegelung erzeugt. Über eine Linsenoptik werden sehr schnell nacheinander drei farbige Teilbilder auf eine Leinwand projiziert, sodass das menschliche Auge nur ein farbiges Gesamtbild wahrnimmt.

26 Wie groß sollte die Lichtstärke eines Projektors (Beamers) mindestens sein, um eine Präsentation für ca. 20 Personen bei normaler Umgebungsbeleuchtung durchführen zu können?

Mindestens 1000 ANSI-Lumen.

Bildschirmarbeitsplatz

27 Welche Gefahren bestehen für den Menschen durch einen elektrischen „Stromschlag“ ?

Es kann je nach Stromstärke zu schwerwiegenden Verletzungen durch Muskelverkrampfungen oder Verbrennungen sowie zu Atemlähmung, Bewusstlosigkeit und Herzrhythmusstörungen kommen, die bis zum Tod führen können.

28 Beim Umgang mit elektrischen Geräten spricht man von „größerem Strom“. Welche Stromstärke bzw. welche Spannung liegt an?

Ab einer Stromstärke von 10 mA (Milliampere) spricht man von „größerem Strom“. Diese Stromstärke kann bereits bei einer Spannung von 12 V (Volt) erreicht werden.

29 Zählen Sie drei Faktoren auf, die für die Unfallfolgen bei einem Stromschlag entscheidend sind.

Leitfähigkeit des Bodens, Beschaffenheit der Kleidung, Feuchtigkeit der Haut, Weg des Stromes durch den Körper.

30 Wie können Sie sich vor den Gefahren eines „elektrischen Stromschlages“ schützen? Nennen Sie fünf Maßnahmen.

- Sicherheitseinrichtungen nicht manipulieren,
- keine nassen Geräte bedienen,
- bei Störungen Stromkreis unterbrechen,
- Schäden umgehend melden,
- Reparaturen nicht selbst vornehmen,
- Umgebungsverhältnisse beachten,
- bei Unklarheiten Fachkraft fragen,
- einwandfreien Zustand der Geräte prüfen.

31 Was ist bei Elektrounfällen zu tun?

Bei einem Elektrounfall muss als Erstes der Stromkreis unterbrochen werden. Ist dies nicht möglich, dann müssen Verletzte durch einen nichtleitenden Gegenstand (z.B. trockener Holzgegenstand) von der Spannungsquelle getrennt werden. Danach sofort Erste-Hilfe-Maßnahmen einleiten und den Notarzt verständigen.

32 Welche Gefahren bestehen bei der Bildschirmarbeit?

Bei der Bildschirmarbeit können:
- muskuläre Verspannungen im Schulter- und Nackenbereich,
- übermäßige Belastung von Wirbelsäule und Gelenken sowie
- Überanstrengung der Augen und der Augenmuskulatur

entstehen.

33 Wie kann man sich von den Gefahren der Bildschirmarbeit schützen? Nennen Sie fünf Maßnahmen.

Um die Gefahren der Bildschirmarbeit zu reduzieren sind notwendig:
- richtige Position des Bildschirms,
- richtige Entfernung von Bildschirm und Tastatur,
- Vermeidung von Spiegelungen auf dem Bildschirm,
- richtige Position des Bürostuhls,
- dynamisches Sitzen,
- sachgemäßer Einsatz einer Fußstütze sowie
- ernst nehmen von Augenproblemen.

34 Was versteht man unter dynamischem Sitzen?

Beim dynamischen Sitzen wird vermieden, dass der Körper unbewegliche auf dem Stuhl sitzt. Eine bewegliche Rückenlehne passt sich jeder Bewegung des Rückens an. Dadurch wird dynamisches Sitzen unterstützt.

35 Wie weit soll die Bildschirmoberfläche von den Augen entfernt sein?

Die Bildschirmfläche soll 50 bis 80 cm von den Augen entfernt sein.

36 Wodurch können Spiegelungen auf dem Monitor auftreten?

Spiegelungen können durch helle Fenster, Beleuchtung und Sonnenstrahlen auf dem Monitor entstehen.

37 Beschreiben Sie die richtige Position und die weiteren Eigenschaften eines Bildschirmarbeitsplatzes.

Die Blickrichtung ist leicht nach unten gerichtet, der Rechner unter oder neben dem Arbeitstisch, der Bildschirm parallel zum Fenster. Der optimale Abstand der Augen von Monitor kann einhalten werden (individuell zwischen 50 bis 80 cm), S-Form der Wirbelsäule beim Sitzen ist gewährleistet, Unter- zum Oberarm ist beim Schreiben auf der Tastatur bzw. Unter- zu Oberschenkel beim Sitzen um 90° geneigt.

38 Bei Arbeitsplätzen spricht man von einem ergonomischen Arbeitsplatz. Was versteht man unter Ergonomie?

Unter Ergonomie versteht man das Zusammenwirken von Mensch und Arbeit, wobei Arbeitsmittel, Arbeitsumgebung, Arbeitsablauf und Arbeitsstoffe zu berücksichtigen sind.

39 Das Ziel der Ergonomie ist, den Menschen bei seiner Arbeit minimal zu beanspruchen. Stimmt diese Aussage? Begründen Sie.

Diese Aussage ist völlig falsch. Der Mensch soll bei einem ergonomischen Arbeitsplatz *optimal* beansprucht, somit nicht geschädigt werden. Das Ziel ist also die bestmögliche Anpassung der Arbeit an den Menschen.

40 Warum ist ein ergonomischer Arbeitsplatz aus Sicht des Arbeitgebers sinnvoll?

Ein ergonomischer Arbeitsplatz steigert die Zufriedenheit der Mitarbeiter, senkt die Arbeitsunfälle und Berufskrankheiten und erhält die Arbeitskraft der Mitarbeiter.

3.5 Dateiformate

1 Welche Dateiformate sind Ihnen für die Produktion von Drucksachen als wichtig bekannt? Nennen Sie fünf Formate.

- TIF-Format
- BMP-Format
- EPS-Format
- PDF-Format
- JPEG-Format

2 Was bedeuten die folgenden Kurzbezeichnungen? TIF (TIFF), BMP, EPS, PDF, ASCII

TIF = Tagged Image File (Format)
BMP = Bit Map
EPS = Encapsulated PostScript
PDF = Portable Dokument Format
ASCII = American Standard Code for Information Interchange

3 Was bedeutet vektororientierte Datenspeicherung (Datenformat)?

Vektororientiertes Datenformat bedeutet, dass ein Abstand zwischen zwei Punkten ausschließlich durch einen Anfangs- und Endpunkt →

▷ *Fortsetzung der Antwort* ▷

sowie durch die Kurvensteigung definiert ist, nur diese Daten werden gespeichert, die entsprechende Linie immer neu berechnet.

4 Was bedeutet pixelorientierte Datenspeicherung?

Pixelorientierte Datenspeicherung bedeutet, dass z. B. eine Linie Punkt für Punkt abgetastet und jeder erfasste Punkt einzeln gespeichert wird.

5 Das Suffix .eps an einem Dateinamen gibt ein Dateiformat an. Um welches Format handelt es sich?

EPS = Encapsulated PostScript Format. Dies ist ein Austauschformat, um Dateien zwischen verschiedenen Plattformen und Programmen zu transportieren. Es wurde 1982 von der Firma Adobe definiert. Geeignet für Pixel- und Vektorbilder. Professioneller PrePress-Einsatz mit hohem Anspruch an Rasterfeinheit und Farbwiedergabe möglich. Notwendig ist die Auswahl eines geeigneten Headers für die Bildschirmdarstellung.

6 Bei dem Dateiformat EPS handelt es sich um ein so genanntes Metafile-Format. Was versteht man darunter?

Ein Metafile-Format kann sowohl pixel- als auch vektororientierte Daten enthalten. Damit ist es bei einem EPS-Bild möglich, Graustufeninformationen (Pixelinformationen) zu enthalten und daneben noch Vektordaten (Beziérkurven), die z. B. für einen Freistellungspfad notwendig sind.

7 Wann verwenden Sie das EPS-Format in der Printproduktion?

Das EPS-Dateiformat kann sowohl Vektor- als auch Bitmap-Grafiken enthalten und wird von praktisch allen Grafik-, Zeichen- und Seitenlayoutprogrammen unterstützt. Das EPS-Format dient zum Austausch von PostScript-Grafiken →

▷ *Fortsetzung der Antwort* ▷

zwischen Anwendungen wie Bild- und Grafikprogrammen (z. B. Photoshop und Freehand) und Layoutprogrammen z. B. QuarkXPress oder InDesign). Enthält eine EPS-Datei Vektorgrafiken, wird das Bild von Bildbearbeitungsprogrammen gerastert, d. h. vorhandene Vektorelemente werden in Pixel konvertiert.

8 Welche daten- und drucktechnischen Eigenschaften werden vom EPS-Format unterstützt?

Das EPS-Format unterstützt die Farbmodi LAB, CMYK, RGB, indizierte Farben, Duplex, Graustufen und Bitmap, nicht aber Alpha-Kanäle. EPS unterstützt Beschneidungspfade. Das DCS-Format (Desktop Color Separations), eine Version des Standard-EPS-Formats, ermöglicht das Speichern von Farbseparationen von CMYK-Bildern. Das DCS 2.0-Format dient zum Exportieren von Bildern mit Rastertonfarbenkanälen. EPS-Dateien können nur auf PostScript-Druckern ausgegeben werden.

9 Das Suffix .tif (.tiff) an einem Dateinamen gibt ein Dateiformat an. Um welches Format handelt es sich?

TIFF = Tagged Image File Format, 1986 von Aldus, HP und Microsoft entwickelt, gehört zu den universell nutzbaren Datenformaten und ist auf nahezu allen Rechnersystemen nutzbar.

10 Wann verwenden Sie das TIF-Format in der Printproduktion?

Das TIF-Format (Tagged-Image File Format) dient dem Austausch von Dateien zwischen unterschiedlichen Programmen und Plattformen. TIF ist ein pixelorientiertes Bitmap-Bildformat, das von praktisch allen Mal-, Bildbearbeitungs- und Seitenlayoutprogrammen unterstützt wird. →

▷ *Fortsetzung der Antwort* ▷

Das TIF-Format kann Tonstufen im Wert zwischen 0 und 255 (8 Bit) pro Kanal wiedergeben.

11 Welche daten- und drucktechnischen Eigenschaften werden vom TIF-Format unterstützt?

TIF unterstützt CMYK-, RGB-, LAB-, indizierte Farb- und Graustufenbilder mit Alpha-Kanälen sowie Bitmaps ohne Alpha-Kanäle. Das Bildbearbeitungsprogramm Photoshop kann Ebenen in einer TIF-Datei speichern. Wird diese Datei jedoch in einer anderen Anwendung geöffnet, ist nur ein reduziertes Bild sichtbar, die einzelnen Ebenen werden z. B. im Layoutprogramm QuarkXPress nicht erkannt. Photoshop kann zusätzlich Anmerkungen, Transparenzen und Pyramidendaten für mehrere Auflösungen im TIF-Format speichern.

12 Erläutern Sie den datentechnischen Begriff Farbtiefe:

Mit der *Farbtiefe* wird gemessen, wie viele Farbinformationen für die Anzeige bzw. Ausgabe jedes Bildpixels verfügbar sind. Eine größere Farbtiefe (mehr Bitinformation pro Pixel) bedeutet mehr Farben und eine präzisere Farbdarstellung im digitalen Bild. Ein Pixel mit einer Farbtiefe von 1 Bit hat z. B. zwei mögliche Werte: Schwarz und Weiß. Ein Pixel mit einer Farbtiefe von 8 Bit hat 28 bzw. 256 mögliche Werte. Ein Pixel mit einer Farbtiefe von 24 Bit hat 224 bzw. ca. 16 Millionen mögliche Werte. Die Farbtiefe liegt i. d. R. zwischen 1 und 64 Bit pro Pixel.
LAB-, RGB-, Graustufen- und CMYK-Bilder enthalten meist 8 Bit Daten pro Farbkanal. Dies entspricht einer LAB-Farbtiefe von 24 Bit (8 Bit × 3 Kanäle), einer RGB-Farbtiefe von 24 Bit (8 Bit × 3 Kanäle), einer Graustufen-Farbtiefe von 8 Bit (8 Bit × 1 Kanal) und einer CMYK-Farbtiefe von 32 Bit (8 Bit × 4 Kanäle).

13 Bei einem TIF-Bild (RGB-Modus) liegt eine Datentiefe von 8 Bit vor. Wie viel Farbtonstufen sind damit pro Kanal darstellbar?

2^8 = 256 Farbtonstufen

14 Für ein TIF-Bild liegen folgende Angaben vor:
- **Datentiefe 8 Bit, Duplexbild**
- **Datentiefe 8 Bit, RGB-Modus**

Geben Sie jeweils die darstellbaren Farbtonstufen für die beschriebenen Bilder an.

- Datentiefe 8 Bit, Duplexbild: $2^8 = 256$ Farbtonstufen (Hinweis: Bitmap-, Graustufen, Duplex- und indizierte Farbbilder haben standardmäßig nur einen Kanal.)
- Datentiefe 8 Bit, RGB-Modus: $2^{24} = 16.777.216$ Farbtonstufen

15 Welche Rechner-Systeme unterstützen das TIFF-Format?

- Macintosh-PC
- IBM-PC
- IBM-Kompatible-PC
- Unix-Workstation

16 Das Suffix .gif an einem Dateinamen gibt ein Dateiformat an. Um welches Format handelt es sich?

GIF = Graphics Interchange Format. Es wird für die Darstellung von indizierten Farbbildern in HTML-Dokumenten verwendet. Geeignet für Strich-, Pixel-, Halbton- und Farbbilder. GIF-Bilder können maximal 256 Farben darstellen. Das GIF-Format ist das Grundformat für die Herstellung von Animationen für das Internet. GIF ist ein LZW-komprimirtes Format, das die Dateigrößen reduziert und damit die Übertragungszeiten im Internet oder bei anderen Onlinediensten auf ein Minimum beschränkt. Das GIF-Format erhält die Transparenz in indizierten Farbbildern, unterstützt jedoch keine Alpha-Kanäle.

17 Von welcher Firma und wann wurde das GIF-Format entwickelt?

1987 von der Firma CompuServe. Es wurde das GIF 87a und das GIF 89a entwickelt. GIF 87a ist zum Dateiaustausch in Mailboxen entwickelt, GIF 89a zum Datenaustausch im Internet. Populär wurde dieses Format, da es die Wiedergabe von Animationen und transparenten Bildflächen in HTML-Dateien ermöglicht.

18 Interlaced GIF ist eine Erweiterung des GIF-Formates. Was ist damit möglich?

Größere Abbildungen werden in Etappen dargestellt. Ein unscharfes Anfangsbild wird immer detailreicher. Vorteil: der Betrachter erhält während des Ladens schon einen Eindruck des Bildes.

19 Was bedeutet die Abkürzung PNG?

PNG = Portable Network Graphic

20 Erläutern Sie die Verwendung das PNG-Formates.

Es handelt sich um ein Grafikformat, das eigens für den Einsatz im WWW konzipiert wurde. PNG soll alle Vorteile von GIF und JPEG in sich vereinen:

- PNG komprimiert verlustfrei (Lossless-Komprimierung)
- PNG unterstützt 16,7 Mio. Farben
- PNG ist plattformunabhängig
- PNG unterstützt transparente Hintergrundfarben
- PNG erlaubt das Abspeichern zusätzlicher Informationen wie z. B. Autor- und Copyrighthinweise

Im Unterschied zum GIF-Format unterstützt das PNG-Format 24-Bit-Bilder und produziert Hintergrundtransparenz ohne gezackte Ränder. Das PNG-Format unterstützt RGB-, indizierte Farb-, Graustufen- und Bitmap-Bilder ohne Alpha-Kanäle. PNG erhält die Transparenz in Graustufen- und RGB-Bildern. Die noch geringe Verbreitung des PNG-Formates hängt wohl damit zusammen, dass dieses Format lange Zeit nicht von allen WEB-Browsern unterstützt wurde.

21 Das Suffix .jpeg (.jpg) an einem Dateinamen gibt ein Dateiformat an. Um welches Format handelt es sich?

JPEG = Joint Photographic Experts Group. Dies ist das gängige Dateiformat für komprimierte Pixelbilder. Häufigste Anwendung ist das Anzeigen von Fotos und anderen Halb- →

▷ *Fortsetzung der Antwort* ▷

tonbildern in HTML-Dokumenten. Ein weites Anwendungsgebiet ist in Bereich der Digitalfotografie zu finden. Hier werden die aufgenommenen Bilder der Digitalkamera häufig im JPEG-Format ausgegeben und zur weiteren Verwendung bearbeitet. Es unterstützt die Farbmodi CMYK, RGB und Graustufen, aber keine Alpha-Kanäle. Im Gegensatz zum GIF-Format bleiben alle Farbinformationen eines RGB-Bildes im JPEG-Format erhalten, aber die Dateigröße wird durch selektives Entfernen von Bilddaten reduziert.

22 Das JPEG-Format komprimiert Bilddateien, um diese für die Verwendung im Internet oder für den schnellen Datenaustausch nutzbar zu machen. Ist die dabei angewandte Komprimierung verlustfrei oder verlustbehaftet?

Es ist keine verlustfreie Komprimierung möglich. Allerdings sind bei der Komprimierungseinstellung verschiedene Kompressionsgrade bzw. Qualitätsstufen einstellbar. JPEG-Bilder werden beim Öffnen automatisch dekomprimiert. Je höher der Komprimierungsgrad, desto niedriger die Bildqualität. Dies gilt umgekehrt ebenso. Das Exportergebnis mit der Einstellung „Maximale Qualität" ist in der sich daraus ergebenden Bildqualität in der Regel nicht vom Original zu unterscheiden.

23 Bei welchen Bildern kann bei der JPEG-Kompression ein Kompressionsmuster erkennbar werden?

Bei Bildern mit großen, gleichartigen Mustern oder Flächen kann bei hohem Kompressionsgrad ein Kompressionsmuster erkennbar werden.

24 Erläutern Sie die folgenden Dateiformate:
a) WAV
b) AIFF
c) MPEG und MP3
d) SWA

a) **WAV** = Windows Audio Format
Soundformat, das ursprünglich nur unter Windows verwendet wurde und zwischenzeitlich für den Datenaustausch zwischen Rechnerplattformen verwen- →

▷ *Fortsetzung der Antwort* ▷

det werden kann. Nachteil ist die fehlende Datenkompression.

b) **AIFF** = Audio Interchange File Format Soundformat zum Datenaustausch zwischen unterschiedlichen Rechnerplattformen. Nachteil ist die fehlende Datenkompression.

c) **MPEG** = Standard, der von der Motion Picture Expert Group als Übertragungsstandard von Bewegtbildern geschaffen wurde. Aus dem MPEG3-Standard zur Übertragung von Videodaten entwickelte sich der **MP3**-Standard zur Übertragung von Musikdateien. Alle MPEG/MP3-Formate ermöglichen hohe Kompressionsraten mit brauchbaren Übertragungsgeschwindigkeiten und -qualitäten.

d) **SWA** = Shockwave-Audio-Format ermöglicht hohe Kompressionsraten, allerdings mit Qualitätseinbußen. Das Format ermöglicht den Einsatz der Streaming-Technologie. Dies bedeutet, dass mit dem Abspielen einer Datei bereits begonnen wird, während der Downloadprozess, z. B. aus dem Internet, noch durchgeführt wird.

25 Erläutern Sie die folgenden Kompressionsverfahren:

- **MPEG-1-Standard**
- **MPEG-2-Standard**
- **MPEG-4-Standard**
- **MPEG-7-Standard**

MPEG-1-Standard = Kompressionsverfahren für digitale, farbige Bewegtbilder. Speziell für die CD-ROM und für PCs als Speichermedium entwickelt. Verwendet zwei Audiokanäle.

MPEG-2-Standard = für TV-Anwendungen entwickelt; unterstützt das Zeilensprungverfahren (Interlaced-Verfahren), ist HDTV-fähig →

▷ *Fortsetzung der Antwort* ▷

und verwendet sechs Audiokanäle und unterstützt Dolby-Surround. (HDTV = High Definition Television Fernsehsystem mit erhöhter Zeilenzahl (1250) und mit einem Bildseitenverhältnis von 16:9).
MPEG-4-Standard = Kompressions-Standard für die Übertragung von Video und Animation in Netzwerken (LAN und WAN).
MPEG-7-Standard = schafft Standards zur Medienrecherche. Damit können Videodaten in WAN-Netzwerken gesucht, aufgerufen und abgespielt werden. Grundlagen dazu sind Streaming-Technologien und Suchfunktionen unterstützende Dateiheader.

26 ISO – Was verbirgt sich hinter dieser Abkürzung?

Internationale Standardisierungsorganisation zur weltweiten Festlegung von Normen unter Beteiligung nationaler Normierungsorganisationen wie z. B. DIN.

27 ISO 9660 – Was ist das?

Normierung und Festlegung der Verzeichnisstruktur auf einer CD-ROM für IBM-Kompatible, Macintosh-PC und UNIX-Workstation.

28 Das Suffix .psd an einem Dateinamen gibt ein Dateiformat an. Um welches Format handelt es sich?

PSD = Photoshop Datei – Programmeigenes Dateiformat des Adobe Programms Photoshop. In diesem Format können alle programmspezifischen Einstellungen wie z. B. Ebenen, Kanäle, Masken, Pfade gespeichert und zum Teil an andere Programme übergeben werden. So können z. B. die Photoshop-Ebenen an die Programme Adobe InDesign oder Adobe Illustrator direkt übergeben und dort weiter bearbeitet werden.

29 Die Abkürzung HTML ist nahezu jedem geläufig. Was bedeutet dieses Kürzel?

HTML = Hypertext Markup Language – Normierte Seitenbeschreibungssprache zur Übertragung von Webseiten im Internet.

30 Sie lesen den folgenden Dateinamen: index.htm oder index.html. Was sagen Ihnen diese Namen und die dazugehörige Suffix?

Startseite einer Internetanwendung.

31 Was versteht man unter einem Header z. B. bei einer TIF-Datei?

Header = Dateianfangskennsatz – dies ist ein besonderer Datensatz, der die Merkmale einer Datei beschreibt. Kennsätze sind immer an einer bestimmten Stelle einer Datei zu finden. Sie werden vom Arbeitsprogramm (z. B. Photoshop) geschrieben bzw. interpretiert. Bei Dateien unterscheidet man auch Anfangs- und Schlusskennsätze, die ganz bestimmte Arbeiten ausführen. Kennsätze haben zumeist ein festes, standardisiertes Format. So enthält z. B. ein TIF-Header die Angabe, welcher Prozessor zur Herstellung verwendet wurde und um welche TIF-Version es sich handelt. Zum Schluss steht ein so genannter Zeiger (Verweis) auf das erste Dateibyte. Dieses erste Dateibyte enthält ein Inhaltsverzeichnis, die Größe der Datei, Daten über die Bildauflösung, Bildabmessungen, Farbmodus und die Anzahl der IFDs. IFDs sind die so genannten Image File Directorys. Diese IFDs sind miteinander verkettet, in unterschiedlicher Anzahl vorhanden und enthalten Verweise auf die eigentliche Bildinformation. Die Bildinformation wird in so genannten Tags gespeichert, die jeweils eine Länge von 12 Byte aufweisen.

32 Erläutern Sie den Begriff Magic Numbers.

Am Anfang eines Headers stehen mehrere Zahlenwerte, die angeben, nach welchen Spezifikationen z. B. eine Bilddatei erstellt wurde. Aus diesen Zahlenwerten kann z. B. der Prozessortyp, oder der Dateityp (ergänzend zum Suffix) erkannt werden.

33 Was versteht man unter einem Header z.B. bei einer EPS-Datei?

Die Strukturkonventionen von EPS sehen für jede Datei einen Prolog (Header) und ein Script vor. Im Prolog finden sich die anwendungsabhänigen Definitionen, während im Script die eigentlichen PostScript-Anweisungen enthalten sind. Im Prolog (Header) werden Informationen über die PostScript-Version, das Herstellungsdatum, Seitenanzahl, Schrift, Bounding Box, Bildschirmdarstellung und Dateigröße gespeichert. Mit der folgenden Anweisung „%%EndComments" wird der Prolog beendet und zum Script gewechselt. Das Script enthält die eigentlichen PostScript-Anweisungen und Bild- bzw. Seiteninformationen. Den Abschluss einer EPS-Datei bildet immer der Befehl „%%Trailer", „%%EOF" (= End of File).

34 Definieren Sie den Begriff PostScript.

PostScript ist ...
- eine Seitenbeschreibungssprache, welche das Layout einer Seite exakt beschreibt. Die exakte Position der Seitenobjekte wie Rasterbilder, Grafiken und Texte sind pixelgenau beschrieben.
- eine Programmiersprache, die aus einer Vielzahl von Befehlen besteht. Mit Hilfe dieser Programmiersprache wird z. B. eine Layoutseite beschrieben.
- eine Belichter- bzw. Druckerkontrollsprache, die außerordentlich viele Befehle zur Steuerung von Ausgabegeräten kennt. Mit dieser druckerunabhängigen Beschreibungssprache wurde ein weltweiter Standard geschaffen, der es ermöglicht, Daten zwischen verschiedenen Systemen zur Ausgabe auszutauschen. Voraussetzung, um dieses zu gewährleisten ist die von der Firma Adobe vorgegebene Beachtung der PostScript-Strukturkonvention.

35 Erklären Sie den Zusammenhang zwischen einer Seitenbeschreibungssprache und einem Raster Image Prozessor (RIP).

Seitenbeschreibungssprache = PDL (Page Description Language). Eine PDL beschreibt eine Seite wie folgt: Ein Drucker oder Belichter macht nichts anderes, als dass er viele Punkte zu Papier bzw. Film bringt. Um dieses zu ermöglichen, ist ein Raster Image Prozessor (RIP) notwendig. Dieser Raster Image Prozessor errechnet aus den PostScript-Anweisungen die Steuerung des Belichters. PostScript arbeitet mit einem zweidimensionalen Koordinatensystem, das unbegrenzt in der Höhe ist und eine Standardeinteilung von →

▽ *Fortsetzung der Antwort* ▽

1 Point (= 1/72 Zoll) in x- und y-Richtung hat. Eine DIN-A 4 Seite im Hochformat ist also in Punkte eingeteilt, wobei der Punkt 0/0 die rechte untere Ecke einer Seite ist. Die Belichtung erfolgt vom Punkt 0/0 aus jeweils in Schwarz- und Weißschritten (Licht bzw. kein Licht). Das bedeutet, dass der Belichtungs- oder Druckvorgang kein ganzheitlicher Prozess ist, sondern es erfolgt ein punktweises „Zusammenbauen“ der Buchstabenformen oder Rasterpunkte.

36 Was versteht man unter der Abkürzung dpi?

dpi = dots per inch.

37 Wie viel cm hat ein Inch?

1 Inch = 2,54 cm.

38 Ein Belichter hat eine mögliche Auflösung von 2000 dpi. Wie viel Punkte pro cm wird diese Maschine belichten?

1 Inch = 2,54 cm.
2000 dpi : 2,54 = 787 dots pro cm.

39 Berechnen Sie die Anzahl der Belichtungspunkte bzw. -pixel für eine DIN A 4 Seite bei einer Auflösung von 2000 dpi.

21 cm × 29,7 cm = 623,7 cm^2 Seitenfläche
787 dots pro cm = 787 × 787 = 619 369 dots pro cm^2
619 369 dots pro cm^2 × 623,7 cm^2 = 386 300 445,3 dots pro DIN-A 4 Seite

40 PostScript-Level-1. Erläutern Sie den Begriff.

Spezielle Programmiersprache, auch Seitenbeschreibungssprache genannt, die von der Firma Adobe insbesondere zur Hardware unabhängigen, hochqualitativen Ansteuerung von Druckern und Belichtern entwickelt wurde. Sie steuert den Ausdruck von Seiten mit Text, Bild und Grafik. Anweisungen und Befehle sind unabhängig vom Ausgabegerät. Der Drucker bekommt keine Steuercode sondern die Information in einer Sprache ähnlich BASIC.
Vorteile: wesentlich bessere Druckausgabe, veränderbare Seitenlayouts. 1984 erstmals als so genannter PostScript-Level-1 definiert, der im Wesentlichen folgende Möglichkeiten der Druckausgabe bietet: Schriften können ohne Qualitätsverluste skaliert werden, die Ausgabe von Seiten erfolgt optimiert nach den Auflösungsmöglichkeiten der jeweiligen Ausgabegeräte und Bilder können S/W in 256 Tonstufen ausgegeben werden.

41 PostScript-Level-2. Erläutern Sie diesen Begriff.

1991 wird PostScript mit der Level-2-Spezifikation erweitert. PostScript beschreibt Inhalt und Aussehen aller Elemente einer Seite (Text, Vektor-Grafiken, Bilder) hardwareunabhängig durch besondere Anweisungen für das Ausgabegerät. Solche Ausgabe-Geräte sind i. d. R. spezielle PostScript-Laserdrucker oder Belichter, die durch entsprechende Prozessoren und einen erweiterten Arbeitsspeicher die erweiterten PostScript-Befehle ausführen können. Mit Hilfe von so genannten Software-PostScript-Emulatoren kann die Ausgabe aber auch auf normalen Druckern erfolgen.
PostScript-Level-2 ermöglichte die Verwendung eines erweiterten Zeichenumfang und wurde dadurch auf über 7000 Zeichen erhöht. Damit wurden vor allem japanische Zeichen und Sonderzeichen aller europäischen Sprachen möglich. Die Farbverarbeitung wurde durch so genannte Color Extensions ermöglicht. Jedem Text- oder Grafikelement können bestimmte Farbwerte zugeordnet werden und damit auch farbverbindlich separiert und ausgegeben werden. Farbraumtabellen (RGB, CYMK, HKS, Pantone) werden aufgenommen und ermöglichen eine professionelle Farbbearbeitung bzw. -ausgabe. Voreingestellte Rasterwinkelungen vereinfachen die Farbseperation. Grauwertetabellen optimieren die Wiedergabe von Rasterverläufen und Graustufenbildern.

42 PostScript-Level-3. Erläutern Sie diesen Begriff.

Derzeit ist der PostScript-Level-3 Standard und wird zur Ansteuerung sowie Ausgabe bei PDF fähigen Druckern und Belichtern eingesetzt. PS-Level-3 ermöglicht eine optimierte Farbverarbeitung (Farbverläufe), Farbprofile können integriert werden. Freistellungen werden deutlich exakter als in Level-2 interpretiert und verarbeitet. Es werden jetzt bis zu 4096 Graustufen unterstützt. Ein weiterer Vorteil ist die optimierte Umsetzung von PS-Level-2-Befehle in Level-3-PostScript. Mithilfe dieser Erweiterungen ist ein echtes Highend-Repro möglich. Ein weiterer entscheidender Schritt ist die Möglichkeit, PDF-Dokumente direkt zu verarbeiten. Dies hat sich bei PS-Level-2 bereits angedeutet und ist mit PS-Level-3 Realität geworden. Vor allem beinhaltet dies PDF-Kompressionsverfahren. Diese ermöglichen es, die deutlich kleinereren PDF-Dateien in einer sehr guten Qualität auf Druckern und Belichtern auszugeben. PS-Level-3 ist daher Voraussetzung, um einen durchgängigen und funktionierenden PDF-Workflow zu ermöglichen.

43 Das Suffix .pdf an einem Dateinamen gibt ein Dateiformat an. Um welches Format handelt es sich?

PDF = Portable Document Format von Adobe zum plattformunabhängigen Austausch von Daten. Das Format wird von vielen Verlagen, Druckereien, Softwareherstellern, Behörden und Betrieben als Austausch- und Ausgabeformat genutzt.

44 Nennen Sie die wichtigsten Eigenschaften des PDF-Formates.

Das Portable Document Format ist ein flexibles, plattform- und anwendungsunabhängiges Dateiformat. Die auf dem PostScript-Modell basierenden PDF-Dateien zeigen Schriften, Seitenlayouts, Vektor- und Bitmap-Grafiken exakt und in unterschiedlich wählbaren Auflösungen an und erhalten diese. Darüber hinaus können PDF-Dateien elektronische Such- und Navigationsfunktionen in Form von Links enthalten. Außerdem können unterschiedliche Medientypen eingebunden werden.

45 Dateien im PDF-Format können die unterschiedlichsten Medientypen enthalten. Zählen Sie auf.

PDF-Dateien können enthalten: Text, Grafik, Video, Sound, Animationen.

46 PostScript und das Acrobat-PDF-Format im World Wide Web. Welches Format ist für den Einsatz im Internet besser geeignet? Begründen Sie Ihre Meinung.

PostScript ist für die Datenausgabe durch Drucker und Belichter konzipiert und mit den verschiedenen PostScript Leveln auch dafür optimiert worden. Es eignet sich nicht als Online-Format, da vor allem die Dateigröße zu groß ist, um eine schnelle und sichere Datenübertragung zu gewährleisten. Diese Möglichkeit der Datenübertragung wird vom PDF-Format übernommen, das speziell für den Daten- bzw. Dokumentenaustausch, unabhängig →

▷ *Fortsetzung der Antwort* ▷

von Plattformen, Systemen und Programmen entwickelt wurde. Dabei ist man mit dem PDF-Format in der Lage, Dateien sowohl für den Online-Datenaustausch als auch für die Print-Produktion in verschiedenen Qualitätsstufen zu erstellen.

47 Erläutern Sie den prinzipiellen Weg, um aus einer Layout-Datei (z. B. QuarkXPress-Datei) eine PDF-Datei für die hochauflösende Druck-Ausgabe auf einem PostScript-Belichter durchzuführen.

Die normale PDF-Produktion ist in mehrere Arbeitsschritte eingeteilt:

1. Erstellen einer Layout-Datei.
2. Erstellen einer PostScript-Datei (PS) aus der Layoutanwendung.
3. Konvertieren der PS-Datei mit Hilfe des Distillers in das PDF-Format (printoptimiert).
4. Die Seite kann in Acrobat-Reader betrachtet werden.
5. Belichtung mit PS-Belichter mit PS-Level 3.

48 Welche speziellen Einstellungen sind für das Anfertigen eines High-End-PDFs durchzuführen?

Der einzige Unterschied zwischen der Erstellung einer High-End-PDF-Datei und einer Standard-Datei für den Reader liegt in der richtigen Einstellung und Wahl der richtigen Distiller-Parameter beim Herstellen.

Herstellung High-End-PDF (Prinzip):

1. Standardgeräteauflösung zwischen 300 bis 600 dpi wählen.
2. Bildkompression so niedrig wie möglich.
3. Schriften in das PDF einbetten.
4. Überdrucken/Überfüllen-Option aktivieren.
5. Epilog/Prolog mitdestillieren, damit es keine Farbfehler gibt.
6. Einstellung der Bildausgabe/Separationswege je nach Belichter testen und einstellen.
7. Bilder können in RGB, CYMK, DCS-Modus verarbeitet werden.
8. OPI-Kommentare beibehalten, damit Feindaten vom RIP gefunden werden, sofern OPI-Funktion verwendet wird.
9. Bei der Einstellung des PostScript-Levels ist mindestens der Level 2 zu wählen, da sonst nur eine eingeschränkte Farbseparation durchgeführt werden kann.
10. Testlauf durchführen, wenn man es noch nie gemacht hat, PDF-Belichtung funktioniert nie auf das erste Mal.

49 Was versteht man unter dem DCS-Format?

DCS = Desktop-Color-Separation-Format. Dies ist eine besondere Form einer PostScript-Belichtungsdatei. Diese CYMK-Bilddatei ist bereits vor der Belichtung separiert worden. Somit besteht die CMYK-Datei aus vier Einzeldateien, die nacheinander zum Belichten geschickt werden können. Eine CYMK-Datei wird normalerweise an den Belichter geschickt und dort farbsepariert. Bei großen CYMK-Dateien ist es sinnvoll, den Separationsvorgang bereits vor der Belichtung durchzuführen. Damit wird nur der Teil zum Belichter gesendet und verarbeitet, der tatsächlich zur direkten Belichtung benötigt wird. Damit reduziert sich die zu bearbeitende Datenmenge um 75 %, da jeweils nur 25 % direkt belichtet werden können.
Eine DCS-Datei besteht aus fünf Datensätzen innerhalb einer PostScript-Datei: Dies sind die vier hochaufgelösten Farben C, Y, M, K und eine fünfte, niedrig aufgelöste Preview-Datei für Layoutzwecke.

50 Was versteht man unter „Separated Workflows“ und „Composite Workflows“?

Separated Workflows: Die Farbauszüge und die Überfüllungen (Trappings) sind komplett als DCS-Dateien errechnet, werden einzeln gespeichert und als einzelne Dateien durch das Netzwerk zum Belichten geschickt. In medienneutralen Produktionsumgebungen, bei denen verschiedene Datenprodukte (Print/Nonprint) erstellt werden, ist der Separated Workflow nicht sinnvoll, da zu große Datenmengen (= Anzahl der Daten, nicht Größe der Daten) anfallen.
Composite Workflows: CMYK-Dateien werden als zusammenhängende Datei zum Belichten gesendet und erst im RIP separiert.

51 GIF-Format – erläutern Sie die Anwendungsmöglichkeiten dieses Formates.

Abkürzung für „Graphics Interchange Format“ – Grafik-Austausch-Format. Neben JPEG ist GIF das wichtigste Format, um Bilder WWW-gerecht zu speichern. Aktuelle Web-Browser können beide Bildformate verarbeiten.
GIF-Bilder können maximal 256 verschiedene Farben enthalten, die innerhalb der GIF-Datei in der CLUT (Color Lookup Table) definiert werden. GIF eignet sich deshalb vor allem für Grafiken, Logos oder Schriftzüge. (JPEG kann dagegen TrueColor darstellen und eignet sich deshalb besser für Fotos!)

52 Welche GIF-Versionen unterscheidet man?

Man unterscheidet 2 GIF-Versionen: 87a und 89a.

53 Erläutern Sie die Besonderheiten von GIF 89a-Bildern.

GIF 89a-Bilder zeichnen sich gegenüber anderen Bildformaten durch folgende Besonderheiten aus:
- Sie können Text im ASCII-Code enthalten – z. B. für Copyright-Informationen
- Sie können im so genannte Interlaced-Format abgespeichert werden, bei dem ein stufenweiser Aufbau des Bildes erfolgt.
- Es können transparente Bildteile definiert werden, damit der Hintergrund durchscheint (siehe *Transparenz*)
- Mit animierten GIFs sind kleine Animationen möglich.
- Hardware- und Plattform-Unabhängigkeit.
- Starke, verlustfreie Komprimierung von Bildern mit maximal 256 Farben.

54 PNG ist ein noch wenig bekanntes Dateiformat. Wo wird es eingesetzt?

Abkürzung für „portable network graphic" format (sprich: ping). Das vom World Wide Web Consortium (W3C) entwickelte und als Standard verabschiedete Format ist lizenzfrei und soll GIF- und JPEG-Bilder ablösen – komprimierend und ohne gravierende Qualitätseinbußen. Aktuelle Internetbrowser können dieses Bildformat nur mit Hilfe von Plug-ins darstellen. Flash Animationen verwenden dieses Format häufig.

55 Nennen Sie die Eigenschaften des PNG-Formates im Vergleich zu GIF.

Es weist alle Eigenschaften des GIF-Formates auf. Darüber hinaus bietet PNG folgende zusätzliche Eigenschaften:
- Größere Farbtreue durch TrueColor mit bis zu 48 Bit pro Pixel,
- Unterstützung indizierter und Graustufen-Bilder,
- Alpha-Kanal zur Realisierung abgestufter Transparenzeffekte oder für Auswahlbereiche, die später als Masken verwendet werden,
- Integritäts-Check, der erkennt, ob ein Übertragungsfehler vorliegt,
- Möglichkeit von automatischen Gamma-Korrekturen, um Helligkeitsschwankungen auf unterschiedlichen Plattformen auszugleichen,
- PNG bietet eine sehr gute Darstellungsqualität,
- und nicht zuletzt besticht PNG durch eine verhältnismäßig starke, verlustfreie Komprimierung.

56 Was war der Anlass zur Entwicklung des PNG-Formats?

Der Startschuss für PNG fiel Ende 1994, als die Firma Unisys Lizenzgebühren für das GIF-Format bzw. die verwendete LZW-Komprimierung verlangte und erhielt. Doch die zu erwartenden Kosten schreckten viele Software-Hersteller auf. Gebühren für das gebräuchlichste Pixelgrafikformat im WWW lassen sich zudem nicht zwingend mit dem Internet-Gedanken vereinbaren. Bereits am 1. Mai 1995 kündigte daher ein Zusammenschluss aus Software-Entwicklern, Publizisten und technischen Autoren PNG als eine echte Alternative an.

57 JPEG 2000 – Erklären sie dieses Format (Vorteile).

JPEG 2000 ist der Nachfolger des JPEG-Formats. Es behebt die geringe Bildqualität des bisherigen Formats bei gleichzeitig höherer Datenkompression ohne Informationsverluste bei der Wiedergabe. Hierzu werden unifarbene, glatte Flächen nur grob aufgelöst, während detailreiche Bilder hoch aufgelöst gespeichert werden. Zusätzlich können digitale Wasserzeichen und Alphakanäle mit gespeichert werden.

4 Medienkonzeption

4.1 Briefing

1 Briefing – ein schwieriger Begriff in der Werbe- und Medienindustrie. Versuchen Sie eine allgemein gültige Definition zu geben.

Briefing ist die Auftragserteilung für werbliche Arbeiten an eine Agentur, Druckerei oder sonstigen Medienbetrieb. Dabei kann es um die Entwicklung ganzer Kampagnen gehen oder um die Ausarbeitung und Ausführung einzelner Teilaufträge aus einer Kampagne.

2 Mithilfe des Briefings informiert ein Auftraggeber einen Medienbetrieb über beabsichtigte Werbemaßnahmen und die damit zusammenhängenden Punkte. Nennen Sie mindestens sechs Punkte, über die ein Briefing informieren soll.

Marketingstrategie, Käuferverhalten, Werbeziele, Werbeobjekte, Werbeetat, Beurteilung der bisherigen Werbung, Beurteilung der Werbung für Konkurrenzprodukte, Kontrolle des Werbeerfolgs, Zielgruppe usw.

3 Es gibt verschiedene Briefing-Arten, die hier wiedergegeben werden. Erläutern Sie deren Funktionen, Aufgaben und die Zusammenhänge zwischen diesen einzelnen Briefing-Arten.
a) Briefing
b) Re-Briefing
c) De-Briefing
d) Brand-Review Meeting

a) Briefing: Erteilung eines Werbeauftrages an einen Medienbetrieb.
b) Re-Briefing: Nachbesprechung des Auftrages mit dem Kunden nach der Auftragserteilung. Hier ist eine Korrektur bzw. Abstimmung zwischen Auftraggeber und Auftragnehmer vor Produktionsbeginn möglich.
c) De-Briefing: Feedback durch den Auftraggeber nach Abschluss der Auftragsarbeiten hinsichtlich Qualität und Auftragsdurchführung. →

▷ *Fortsetzung der Antwort* ▷

d) Brand-Review Meeting: Alle am Auftragsgeschehen beteiligten Personen tauschen nach Möglichkeit in festgelegten Abständen Meinungen und Informationen aus mit dem Ziel, Arbeitsabläufe und -prozesse zu verbessern und zu optimieren.

4 Aus einem Briefing leiten sich die einzelnen Planungsschritte für die Ausführung eines Werbeauftrages ab. Zählen Sie diese Planungsschritte in der richtigen Reihenfolge auf und erläutern Sie diese in Stichworten.

1. *Grundlagenphase* – Beschreibung des Werbeauftrages durch Kunden und Außendienst des Medienbetriebes.
2. *Strategiephase* – Definition des Werbezieles, der Marketingziele, Festlegung der Gestaltungsstrategie, Auswahl der Werbemedien bezogen auf die Zielgruppenansprache.
3. *Entwicklungsphase* – kreative Arbeit in Teams kennzeichnet diese Phase. Entwürfe werden erstellt und auf die Machbarkeit und Stimmigkeit mit den Vorstellungen des Kunden überprüft. In dieser Phase wird oftmals der so genannte Produktioner hinzugezogen. Der Produktioner überprüft und beurteilt die Entwürfe auf die spätere Realisierbarkeit und gibt in dieser Entwicklungsphase Hinweise für die technische Umsetzung.
4. *Gestaltungsphase* – jetzt werden die Rohentwürfe praktisch umgesetzt. Mithilfe digitaler Technologie werden jetzt präsentationsreife Layouts so erstellt, dass diese dem Kunden präsentiert werden können. Diese Phase endet in der Regel mit einer Kundenpräsentation.
5. *Ausführungsphase* – hier werden die laut Briefing geplanten Werbemittel komplett erstellt. Diese Phase ist in verschiedenen Medienbetrieben möglich: Drucksachen werden in der Druckerei produziert, Sounds und Videoclips in entsprechenden Studios und interaktive Medien in den dafür spezialisierten Agenturen. Ziel der Ausführungsphase ist die termingerechte Platzierung aller Werbemittel an den geplanten Mediastandorten.
6. *Kontrollphase* – die Werbemaßnahme wird anhand der Vorgaben des Briefings kontrolliert. Jede Wirkung einer Werbemaßnahme lässt sich mithilfe der Werbeerfolgskontrolle nachweisen. Verkaufserfolge, Steigerung des Bekanntheitsgrades einer Marke, Publikumszulauf zu einer Veranstaltung sind nachweisbare Indikatoren für den Erfolg einer Werbemaßnahme.

4.2 Kalkulation

1 Es gibt verschiedene Aufgabenbereiche der Kalkulation. Allgemein unterscheidet man in der Betriebswirtschaftslehre die folgenden Kalkulationsbereiche:
a) Vorkalkulation/Angebotskalkulation
b) Auftragskalkulation
c) Auftragsabrechnung (Nachkalkulation).
Erläutern Sie in kurzen Worten die Aufgaben der beiden Kalkulationsbereiche.

a) Vorkalkulation oder Angebotskalkulation. Hier werden die Kosten eines Auftrages erfasst. Darunter fällt das Einschätzen des Zeit- und des Materialbedarfs, um einen Auftrag durchzuführen. Aus dieser Kalkulation errechnen sich die geschätzten Selbstkosten der Fertigung. Hierauf wird ein Gewinnzuschlag addiert.
Dies ergibt den errechneten Nettopreis. Mit diesem zuzüglich der Mehrwertsteuer erhält der Kunde dann den Bruttoverkaufspreis in einem Angebot für ein angefragtes Produkt.
b) Auftragskalkulation. Wird erstellt, sobald aus dem Angebot ein Auftrag erfolgt. Das heißt, es ist eine Überprüfung der Angebotskalkulation. Sollten sich die Fakten der Angebotskalkulation ändern, so ist eine Auftragskalkulation unabdingbar.
c) Nachkalkulation. Aus den Tageszetteln und den Materialverbrauchsscheinen bzw. den erfassten Betriebsdaten werden die tatsächlich benötigten Fertigungszeiten und das wirklich verbrauchte Material für einen Auftrag zusammengerechnet. Die Nachkalkulation ergibt die tatsächlich entstandenen Selbstkosten eines Auftrages. Kennzeichen der Nachkalkulation ist, dass nicht mehr mit geschätzten Fertigungsdaten gerechnet wird, sondern mit den real entstandenen Daten, die nach der Abrechnung ein genaues Bild der Kostensituation eines Auftrages ergeben.

Durch den Vergleich der Vorkalkulation mit der Nachkalkulation ergibt sich der **Gewinn** oder **Verlust** an einem Auftrag.

2 Die Berechnung der Selbstkosten für eine Fertigungsstunde ist die Aufgabe der betrieblichen Kostenrechnung. Um diese durchführen zu können, wird ein Betrieb in Kostenstellen aufgeteilt. Was versteht man unter einer Kostenstelle?

Kostenstellen sind Arbeitsstationen wie Workstation, PC- oder MAC-Arbeitsplätze, Videodigitalisierungs-PCs, Druckmaschinen oder Buchbindereimaschinen. An derartigen Kostenstellen wird produktiv →

▽ *Fortsetzung der Antwort* ▽

gearbeitet. Die Kosten der so genannten unproduktiven Kostenstellen, wie Buchhaltung, Kalkulation oder z. B. der Hausmeister, müssen auf die Fertigungskostenstellen umgelegt werden. Diese Umlegung der unproduktiven Kosten auf die Fertigungskostenstellen geschieht mithilfe der Gemeinkostenzuschläge.

3 Für die Kalkulation eines Medienauftrages müssen die Selbstkosten pro Fertigungsstunde bekannt sein. Wie werden diese berechnet?

Selbstkosten pro Fertigungsstunde = Gesamtkosten pro Jahr : Zahl der jährlichen Fertigungsstunden

4 Errechnen Sie die Selbstkosten pro Fertigungsstunde für folgende Kostenstellen:
a) Ein EBV-Arbeitsplatz kostet jährlich 77.000,– € und wird pro Jahr 1200 Fertigungsstunden genutzt.
b) Ein Arbeitsplatz zur elektronischen Seitenmontage kostet jährlich 75.750,– € und wird für 1500 Fertigungsstunden pro Jahr genutzt.

a) Die Selbstkosten (Stundensatz) betragen 64,17 €/Stunde.
b) Die Selbstkosten (Stundensatz) betragen 50,50 €/Stunde.
(Lösungsweg auf Seite 314)

5 Die Abschreibung wird definiert als Wertminderung der Anlagegüter, die in einem Betrieb als Produktionsmittel eingesetzt werden. Die steuerlichen Abschreibungssätze für Maschinen und Geräte sind von den Finanzbehörden festgelegt und richten sich nach der voraussichtlichen Nutzungsdauer. Welche durchschnittliche Nutzungsdauer gilt bei einschichtiger Nutzung.
a) für Computer, die zur Bildbearbeitung eingesetzt werden,
b) für Druckmaschinen mit einem Bogenformat von 50 cm × 70 cm?

a) Computer sind mit einer Nutzungsdauer von zwei bis vier Jahren anzusetzen, PCs zur reinen Bildbearbeitung können in zwei Jahren abgeschrieben werden.
b) Druckmaschinen sind langlebige Investitionsgüter und werden in der Regel in einem Zeitraum zwischen 6 und 8 Jahren abgeschrieben.

6 Ein Filmbelichter kostet 80.000,– €. Die Wertminderung, gleichmäßig auf die Gebrauchsdauer von 5 Jahren verteilt, ergibt die Abschreibung. Errechnen Sie den Abschreibungssatz und die jährliche Abschreibung für den Filmbelichter.

Der Abschreibungssatz beträgt 20 % bei einer Nutzungsdauer von 5 Jahren. Für den Filmbelichter können dann pro Jahr 16.000,– € abgeschrieben werden.
(Lösungsweg auf Seite 314)

7 Ein Filmbelichter kostete 80.000,– € und soll nach einer Nutzungsdauer von zwei Jahren verkauft werden. Vor dem Verkauf möchte der Betriebsleiter wissen, mit welchem Buchwert (Restwert) die Maschine noch anzusetzen ist. Errechnen Sie den Wert der Maschine nach der zweijährigen Betriebsdauer.

Der Filmbelichter hat nach zwei Jahren einen Buchwert von 48.000,– €.
(Lösungsweg auf Seite 314)

8 Ein Auto für den Außendienstmitarbeiter einer Druckerei kostet 30.000,– €. Die Nutzungsdauer liegt bei normalem Gebrauch bei sechs Jahren.
a) Errechnen Sie den Abschreibungssatz.
b) Errechnen Sie die jährliche Wertminderung des Fahrzeuges.
c) Errechnen Sie die Wertminderung nach 2,5 Jahren.
d) Wie hoch ist der Buchwert nach 3,5 Jahren?

a) Der Abschreibungssatz beträgt 16,66 %/Jahr
b) Die jährliche Wertminderung des Autos beträgt 5.000,– €.
c) Die Wertminderung nach 2,5 Jahren liegt bei 12.500,– €.
d) Der Buchwert beträgt nach 3,5 Jahren 12.500,– €.
(Lösungsweg auf Seite 315)

9 Die Kosten eines Betriebes lassen sich am einfachsten nach der Art der verbrauchten Güter gliedern. Dies sind Arbeitskosten, Materialkosten, Kapitalkosten, Fremdleistungskosten und Kosten der menschlichen Gesellschaft. Erläutern Sie diese Kostenarten.

Arbeitskosten = Lohn- und Gehaltskosten, freiwillige und gesetzliche Sozialkosten.
Materialkosten = Kosten für das Einzelmaterial eines Auftrages und das Gemeinkostenmaterial.
Kapitalkosten = Zinsen und Abschreibungen.
Fremdleistungskosten = Fremdreparaturen, Versicherungen, Beratungskosten, Mieten u. Ä.
Kosten der menschlichen Gesellschaft = Steuern, Gebühren, Beiträge.

10 Welche Kostenarten sind Ihnen bekannt?

- Lohnkosten wie Akkordlohn, Zeitlohn
- Kosten für Werkzeuge, Materialien, Maschinen
- Abschreibungen usw.

11 Was versteht man unter der Kostenstellenrechnung?

Anfallende Kosten werden dem Ort der Kostenentstehung direkt zugeordnet. Die anfallenden Kostenarten werden für die jeweilige Kostenstelle verrechnet. Kostenstellen sind in der Regel organisatorische Einheiten wie Electronic Publishing, Druckerei, Bildbearbeitung, Buchbinderei, usw.

12 Die Betriebsergebnisrechnung vergleicht die Leistungen für einen Auftrag mit den entstandenen Kosten. Welche Hilfsmittel gibt es dazu?

Kalkulation (Angebotskalkulation und Auftragsabrechnung), Ergebnisrechnung/Ergebniskontrolle, Gewinn- und Verlustrechnung, Untersuchung der Rentabilität eines Auftrages und letztlich, über einen Monat oder ein Jahr betrachtet, die Rentabilität einer Abteilung oder eines Betriebes.

13 Erläutern Sie die folgenden Begriffe:
a) Fertigungsstunden (-zeiten)
b) Hilfsstunden (-zeiten)

a) Fertigungsstunden dienen unmittelbar der Erstellung eines Medienproduktes. Die dafür aufgewendeten Zeiten können direkt dem Kunden bzw. dem Auftraggeber in Rechnung gestellt werden.
b) Hilfsstunden dienen der allgemeinen Betriebsbereitschaft. Sie werden nicht durch einen bestimmten Auftrag verursacht und können deshalb nicht direkt auf Aufträge verrechnet werden.

14 Nennen Sie je ein denkbares Beispiel für Tätigkeiten, die Fertigungszeiten und Hilfszeiten zugeordnet werden, bei folgenden Kostenstellen: Satz, Bildreproduktion, Bogenmontage, Druck.

Kostenstellen	Fertigungszeiten	Hilfszeiten
Satz	Texterfassung	Schrift installieren
Bild	Scannen	Auswechseln und Reinigen von Scannertrommeln
Montage	Montage	Reinigungsarbeiten
Druck	Drucken	kleine Wartung Druckmaschine

15 Nutzungsgrad – erklären Sie diesen Begriff.

Der Nutzungsgrad gibt an, zu welchem Prozentsatz die gesamte Arbeitszeit einer Kostenstelle direkt für die Produktion genutzt wurde.
Nutzungsgrad = (Fertigungsstunden × 100) : Gesamtarbeitszeit

16 Für die folgenden Kostenstellen sollte Ihnen der jeweils durchschnittliche Nutzungsgrad bekannt sein. Vervollständigen Sie die Aufstellung:

Fortsetzung der Frage und der Antwort auf der nächsten Seite →

▽ Fortsetzung der Frage ▽

Computersatz	**ca.? %**
Offsetdruckmaschine	**ca.? %**
PC-Videoschnittplatz	**ca.? %**
Bogenmontage	**ca.? %**
Scanner	**ca.? %**

▽ Fortsetzung der Antwort ▽

Computersatz	ca. 89 %
Offsetdruckmaschine	ca. 86 %
PC-Videoschnittplatz	ca. 70 %
Bogenmontage	ca. 86 %
Scanner	ca. 89 %

(Nach Kalkulationshandbuch Druck + Medienindustrie BVDM Wiesbaden)

17 Von welchen Faktoren hängt der Nutzungsgrad eines Arbeitsplatzes bzw. einer Kostenstelle ab? Nennen Sie fünf mögliche Faktoren.

- Ergonomische Bedingungen
- Durchsatz der Daten
- Organisation des Workflows
- Ausbildungsstand der Mitarbeiter
- Motivation
- Leistungsfähigkeit des Mitarbeiters
- Arbeitsorganisation
- Sinnvolle hierarchische Über- oder Unterordnung
- Materialfluss

18 Welches Ziel hat eine Platzkostenrechnung?

Ziel ist die Ermittlung der Kosten für einen Arbeitsplatz und des sich daraus ableitenden Stundensatzes für eine Fertigungsstunde.

19 Eine Platzkostenrechnung wird nach einem bestimmten Schema erstellt. Zeigen Sie den prinzipiellen Aufbau (Schema) dieser Kostenrechnung.

Kostengruppe 1

- Lohnkosten des Arbeitsplatzes
- Lohnkosten Verwaltung
- Urlaubslohn
- Lohnfortzahlung
- Sozialkosten (gesetzliche + freiwillige S.)

= Σ Personalkosten

Kostengruppe 2

- Wasch-/Putz-/Schmiermittel
- Kleinmaterial
- Instandhaltung

= Σ Fertigungsgemeinkosten →

▷ *Fortsetzung der Antwort* ▷

Kostengruppe 3
- Miete, Heizung
- Abschreibung
- Kalkulatorische Zinsen

= Σ Fertigungskosten

Kostengruppe 4
- VV-Kosten

= Σ VV-Kosten

Die Summe der Kostengruppen 1 bis 4 sind die Selbstkosten bzw. Gesamtkosten des Arbeitsplatzes. Die Berechnung des Stundesatzes: Stundensatz = Gesamtkosten : Fertigungsstunden

20 Zeigen Sie das Schema einer Zuschlagskalkulation auf.

Schema:

  Fertigungskosten
\+ Materialkosten
\+ Fremdleistungskosten
\+ Materialgemeinkostenzuschlag

= Herstellungskosten

\+ Gewinnzuschlag

= Nettopreis

\+ Versand- und Verpackungskosten
\+ Mehrwertsteuer

= Endpreis (Bruttopreis)

21 Erläutern Sie folgende Kostenarten:
a) Fertigungskosten
b) Materialgemeinkosten
c) Gewinnzuschlag
d) Nettopreis
e) Bruttopreis
f) 1000-Stück-Preis

a) Fertigungskosten ergeben sich aus der Summe aller Selbstkosten, die in der Produktion entstehen. Darunter fallen alle Fertigungsstunden an den verschiedenen Einrichtungen eines Medienbetriebes.

b) Materialgemeinkosten entstehen durch die betriebliche Materialwirtschaft. Hier entstehen Beschaffungskosten, Lagerkosten, Transportkosten und Finanzierungskosten. →

▷ *Fortsetzung der Antwort* ▷

c) Ein Gewinnzuschlag wird vom Unternehmen auf die Herstellungskosten berechnet und kann prinzipiell frei festgelegt werden. Er ist abhängig von der Konkurrenzsituation. Der sich daraus ergebende Preis ist der Nettopreis.
d) Der Nettopreis setzt sich aus den Herstellungskosten und dem Gewinnzuschlag zusammen.
e) Der Bruttopreis ist der Nettopreis + Versand- und Verpackungskosten + der MwSt.
f) Der 1000-Stück-Preis wird bei Angeboten für ein Druckprodukt oftmals neben dem angefragten Preis angegeben. Dies ist der Preis für weitere 1000 Exemplare eines Auftrages. Dieser Preis ist sehr günstig, da die Fixkosten (Druckvorstufe, Druckplatten usw.) bereits abgedeckt sind. Dem Kunden gibt man einen Anreiz, eine höhere Menge (= höhere Auflage) zu bestellen.

22 Erstellen Sie ein vereinfachtes Ablaufschema der Auftragsgewinnung für ein Multimedia-Produkt.

⇛ Kundenkontakt ⇛ Ideen und Vorstellungen ⇛ Investitionsempfehlung ⇛ Schriftliches Briefing und Angebotserstellung ⇛ Re-Briefing und Auftragskalkulation ⇛ Kostenvoranschlag ⇛ Angebot und erste Umsetzung und Muster-Screens ⇛ Auftragsvergabe ⇛ Produktionsbeginn.

23 Erläutern Sie den Begriff „Pflichtenheft“.

Die Basis für eine Kalkulation und die spätere Produktion ist das Pflichtenheft. Hier sind alle technischen, inhaltlichen und gestalterischen Anforderungen an ein MM-Produkt definiert. Dies sind in der Regel Aussagen und Festlegungen über die Funktionalität, Mengen- →

▷ *Fortsetzung der Antwort* ▷

definitionen über Texte, Bilder, Screens, Animationen usw. Danach kann eine Angebotskalkulation erstellt werden.

24 Eine MM-Kalkulation weist eine bestimmte Struktur auf, die sich aus den besonderen Produktionsbedingungen für ein MM-Produkt ergeben. Dabei wird grundsätzlich nach „Prozessen" und „Aktivitäten" differenziert. Erläutern Sie diese beiden Begriffe.

Prozesse: Darunter versteht man eine Kette von Aktivitäten gleicher oder ähnlicher Zielsetzung. Der Gesamtprozess ist die Herstellung des Produktes. Dieser Prozess wird unterteilt in Teilprozesse wie Konzeptionsphase, Projektmanagement, Produktion, Korrekturphase usw.
Aktivitäten: Dies sind die Handlungen oder Vorgänge im Rahmen der Herstellung eines Multimedia-Produktes. Sie sind die kleinsten bewertbaren Einheiten und bilden in ihrer Summe einen Teil eines Prozesses. Aktivitäten können einmalig oder mehrmalig anfallen. Storyboarderstellung ist eine einmalige Aktivität, während Screenerstellung, Programmierung, Bild- und Grafikerstellung mehrmalig bewert- und berechenbare Aktivitäten darstellen.

25 Nennen Sie vier Beispiele für Prozessaktivitäten im Rahmen einer MM-Kalkulation.

- Konzeptphase
- Testphase
- Fremdleistungen
- Projektmanagement

26 Die Herstellung einer MM-Applikation ist ein Gesamtprozess, der durch Prozesse und Aktivitäten gekennzeichnet ist. Nennen Sie für die Prozesse „Konzeption" und „Produktion" die dazu möglichen Aktivitäten.

Konzeption und mögliche Aktivitäten sind z. B.: Grobkonzept mit Schaltplanung/Verlinkung, Kreativkonzept/Navigationskonzept, Screen-Design, Basis-Konzeption mit Zeitplanung und Kalkulation, Pflichtenheft erstellen, Storyboard erstellen usw.

→

▷ *Fortsetzung der Antwort* ▷

Produktion und mögliche Aktivitäten sind z. B.: Screen-Design, Bildbearbeitung, Videoschnitt, Audiobearbeitung, Animation 2D/3D, Textredaktion, Datenbankerstellung, Programmierung, Medienintegration usw.

27 Bei der Kalkulation eines Internetauftrittes müssen Zusatzkosten berücksichtigt werden, die nichts mit der Herstellung der Websites zu tun haben. Diese Kosten sind im Zusammenhang mit dem Betrieb, der Wartung und Aktualisierung zu betrachten, müssen aber in die Gesamtkalkulation mit eingebracht werden. Nur wenn dies geschieht, hat der Kunde einen Überblick über die Kosten der Herstellung und des Betriebs bzw. der Nutzung der Seiten. Welche Kosten fallen für den Bereich Betrieb einer Internetseite an?

- Kosten für Platz auf dem Server des Internet-Providers.
- Registrierung, Einrichtung und Unterhalt eines Domain-Namens.
- FTP-Zugang zur Pflege, Wartung und Aktualisierung der Seiten.
- Mail-Verwaltung.
- Online-Submitting/Suchmaschinen-Anmeldung.
- Auswertungen der Nutzung der Seiten.

28 Bei Ihrer täglichen Arbeit müssen Sie in der Regel einen Tageszettel ausfüllen. Dies geschieht mithilfe eines Vordrucks oder per Bildschirm bei einem Produktionsmanagement-System. Welche Funktion hat das Ausfüllen dieses „analogen“ oder „digitalen“ Tageszettels für Ihren Betrieb?

Der Tageszettel dient der Erfassung der Produktionszeiten an den einzelnen Kostenstellen innerhalb eines Betriebes. Des Weiteren ist er Grundlage für die Lohnerfassung für die einzelnen Mitarbeiter, der hier seine geleistete Arbeit einträgt. Die Kosten- und Zeit-Kontrolle der einzelnen Kostenstellen mithilfe des Tageszettels ist Grundlage für die Nachkalkulation eines Auftrages, da hier die geplanten Soll-Zeiten mit den tatsächlich benötigten Ist-Zeiten verglichen werden können.

29 Situationsbeschreibung:

Zweiseitiger Rechnungsbogen, DIN A4, 1/1-farbig schwarz, Vorderseite: Formular mit 800 Zeichen, Strukturklasse A, Rückseite: Allgemeine Geschäftsbedingungen, 4000 Zeichen, Strukturklasse A. Das Manuskript ist gut lesbar und es handelt sich um allgemein verständlichen Text. Komplett einfarbig, Auflage 10 000. Kunde wünscht zweifache korrigierte Korrekturabzüge.
Das Druckprodukt wird mittels Texterfassung, -gestaltung, Korrektur lesen, konventioneller Filmbelichtung, Bogenmontage und auf einer Einfarben-Offsetdruckmaschine Klasse 3, 36 cm×52 cm hergestellt. Das Produkt wird zum Umschlagen gedruckt.
Die fertig geschnittenen Rechnungsbogen sollen 1000-stückweise zu Paketen verpackt werden.
Es wird ungestrichenes Papier mit 70 g/qm verwendet.

a) Beschreiben Sie den Arbeitsablauf des nachfolgenden Druckproduktes.
b) Ermitteln Sie die Fertigungszeiten und deren Kosten mithilfe der Kosten- und Leistungsgrundlagen für Klein- und Mittelbetriebe der Druckindustrie, Juli 2002 (Bundesverband Druck und Medien e. V., Biebricher Allee 79, 65187 Wiesbaden).
c) Welche Kosten müssten für einen Angebotspreis noch berücksichtigt werden?

a) Texterfassung der Rückseite ⇛ Textgestaltung der Rückseite ⇛ Textgestaltung der Vorderseite ⇛ Proof ⇛ Korrektur lesen ⇛ Kunden-Proof nach Korrektur-Ausführung ⇛ Filmbelichtung ⇛ Bogenmontage ⇛ Lichtpause ⇛ Rahmenkopie ⇛ Druck ⇛ Druckweiterverarbeitung (Schneiden und Verpacken).

b)

Texterfassung der Rückseite:	18,95 €
Textgestaltung der Rückseite:	38,88 €
Textgestaltung Vorderseite:	46,44 €
Proof von Vorder- und Rückseite:	0,40 €
Korrektur lesen von Vorder- und Rückseite:	20,40 €
Proof von Vorder- und Rückseite für Kunde:	0,80 €
Filmbelichtung/Entwicklung:	2,70 €
Bogenmontage:	39,14 €
Lichtpause:	11,99 €
Rahmenkopie mit maschineller Druckplattenentwicklung:	18,97 €
Druck zum Umschlagen:	163,94 €
Druckweiterverarbeitung Schneiden:	55,81 €
Druckweiterverarbeitung Verpacken:	28,80 €
Gesamtkosten für Fertigungszeit:	**447,22 €**

(Lösungsweg auf Seite 315 bis 317) →

▽ *Fortsetzung der Antwort* ▽

c) Fertigungsmaterialien, Zuschläge für Vertrieb und Verwaltung, Materialgemeinkostenzuschlag, Gewinn.

30 Situationsbeschreibung:

Loseblatt-Werk mit Gesetzestext.

Manuskript:	**113 Seiten, 54 Zeichen/Zeile, 27 Zeilen/Seite, gut lesbare Textvorlagen.**
Layout:	**2-spaltig, 50 Zeichen/Zeile, 35 Zeilen/Spalte, Strukturklasse A.**
Korrekturabzüge:	**2-fach mit ausgeführter Hauskorrektur.**
Druck:	**Formatklasse I (52 cm×74 cm), 2/2-farbig, 2-seitig, 3000 Auflage.**

Zusammentragen der Einzelseiten.
Zu Paketen stückweise verpacken.
Das Druckprodukt wird mittels Texterfassung, -gestaltung, Korrektur lesen, digitaler Bogenmontage, Computer-to-Plate und auf einer Zweifarben-Offsetdruckmaschine Klasse I, einschichtig hergestellt. Das Produkt wird im Schön- und Widerdruck gedruckt. Es wird ungestrichenes Papier mit 60 g/qm verwendet.

a) Beschreiben Sie den Arbeitsablauf des nachfolgenden Druckproduktes.
b) Ermitteln Sie die Fertigungszeiten und deren Kosten mithilfe der Kosten- und Leistungsgrundlagen für Klein- und Mittelbetriebe der Druckindustrie, Juli 2002 (Bundesverband Druck und Medien e. V., Biebricher Allee 79, 65187 Wiesbaden).
c) Welche Kosten müssten noch für einen Angebotspreis berücksichtigt werden?

a) Texterfassung ⇛ Textgestaltung ⇛ Proof ⇛ Korrektur lesen ⇛ Kunden-Proof nach Korrektur-Ausführung ⇛ Digitale Bogenmontage ⇛ Formproof ⇛ CtP ⇛ Druck ⇛ Druckweiterverarbeitung (Schneiden, Zusammentragen und Verpacken).

b)

Texterfassung:	802,63 €
Textgestaltung:	849,53 €
Proof:	9,60 €
Korrektur lesen:	896,24 €
Proof für Kunden:	115,20 €
Bogenmontage (digitales Ausschießen):	50,46 €
Digitaler Formproof:	42,00 €
Computer-to-Plate:	192,00 €

→

▽ *Fortsetzung der Antwort* ▽

Druck Schön und Wider:	825,92 €
Druckweiterverarbeitung Schneiden:	70,90 €
Druckweiterverarbeitung Zusammentragen mit 30 Stationen (da 24 Blatt):	288,41 €
Druckweiterverarbeitung Verpacken:	527,36 €
Gesamtkosten für Fertigungszeit	**4.470,25 €**

(Lösungsweg auf Seite 318 bis 320)

c) Fertigungsmaterialien, Zuschläge für Vertrieb und Verwaltung, Materialgemeinkostenzuschlag, Gewinn.

4.3 Struktur + Planung MM

1 Erstellen Sie ein Ablaufschema für ein lineares selbst ablaufendes Multimediaprodukt. Das Produkt besteht aus einer Startseite, fünf Screens und einem Schlussbild. Danach springt die Präsentation automatisch wieder auf die Startseite. Insgesamt sind also sieben Seiten in den Ablaufplan zu integrieren. Entwerfen Sie nach diesen Angaben Ihren Schaltplan.

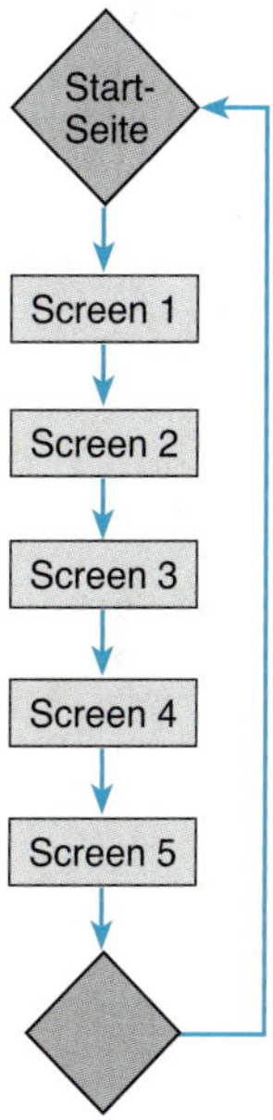

2 Erstellen Sie ein Ablaufschema für ein verzweigtes Multimediaprodukt. Es ist eine Startseite (Intro) zu planen. Von hier erreicht man automatisch das Hauptmenü mit drei Auswahlmöglichkeiten. Jede Wahlmöglichkeit führt zu drei Seiten (Screens), welche linear durchlaufen werden. Am Ende des jeweiligen Durchlaufs gelangt man zum Hauptmenü. Auf dem Hauptmenü befindet sich als vierte Wahlmöglichkeit ein Beenden-Button, der zur ©-Seite führt. Hier bleibt der Nutzer ca. 5–6 Sekunden stehen und die Anwendung wird dann automatisch beendet. Entwerfen Sie nach diesen Angaben Ihren Schalt- oder Navigationsplanplan.

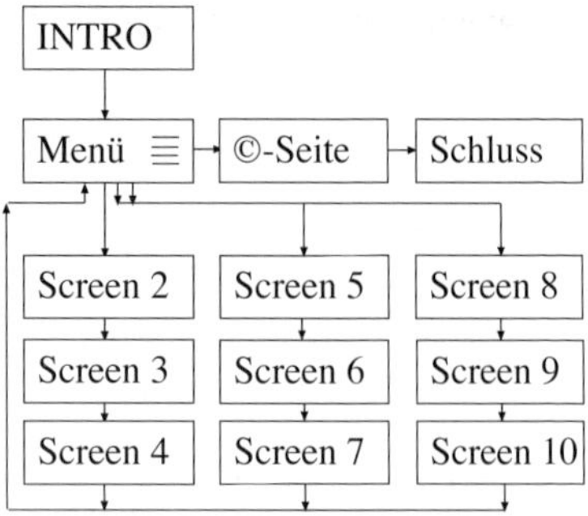

3 Erklären Sie folgende Begriffe:
a) Treatment
b) Ablaufstruktur
c) Pflichtenheft
d) Drehbuchkonzept
e) Planungskarten / Stichwortkarten
f) Gesamtdrehbuch einer MM-Produktion

a) Erste Präsentation einer geplanten Multimediaproduktion für den Kunden mit Funktionsdarstellungen.

b) Die Ablaufstruktur zeigt eine mögliche Schalt- bzw. Navigationsstruktur für ein Multimediaprodukt.

c) Im Pflichtenheft werden die Bedingungen formuliert, nach denen ein Multimediaprodukt hergestellt wird. Hier werden alle Funktionalitäten, technische und eventuell gestalterische Anforderungen definiert und verbindlich festgelegt. Das Pflichtenheft →

▷ *Fortsetzung der Antwort* ▷

ist die Vergleichsbasis und Kontrollinstrument für das Fertigprodukt.

d) Das Drehbuchkonzept legt fest, wie der Aufbau und die Darstellung der einzelnen Screens einer Produktion erfolgen.

e) Planungs- oder Stichwortkarten sind Hilfsmittel zur Konzeption und Erstellung eines Drehbuches. Darauf werden die einzelnen Screenelemente wie z. B. Bild, Schrift, Animation, Soundeinbindung usw. festgehalten. Des Weiteren werden hier alle Links eines Screens zu anderen definiert. Daraus ergibt sich mit dem Schaltplan eine gute Übersicht über ein gesamtes Projekt. Die Zusammenfassung aller Planungskarten zu einer Gesamtheit wird mit dem Begriff Storyboard umschrieben.

f) Das Gesamtdrehbuch einer MM-Produktion besteht aus den unterschiedlichsten Elementen: Schaltplan, Pflichtenheft oder dessen Ableitungen, Scribbles zu Screens mithilfe von Planungskarten, Detailscribbles für Buttons oder Navigationselemente, Planungsunterlagen für Videoschnitt, Animationsvorgaben und Soundanweisungen (Tonaufnahme, Texte).

4 Nennen Sie drei Grundsätze, welche bei der Navigationsentwicklung für ein interaktives Medium beachtet werden müssen.

- Einfache Bedienung
- Übersichtliche und klare Navigationsstruktur
- Orientierungshilfe muss jederzeit abrufbar sein.

5 Bei der Entwicklung interaktiver Medien haben sich, trotz aller Technik, Scribbletechniken bewährt. Nennen und bewerten Sie die Vor- und Nachteile des Scribblens (Skizzierens) von Screens.

Designer halten so Ideen und Gedanken fest, ohne sie vorerst zu bewerten. Man kann auf eine sehr effektive und schnelle Art mit Bleistift, Filzer und Buntstiften Gedanken unabhängig von technischen Abläufen festhalten. Die so entstandenen Entwürfe werden nach einem „Kreativschub“ mit benötigten Texten, Bildern und Grafiken vernetzt, um eine erste Struktur für einen Gestaltungsauftrag zu erhalten. Das kreative Gestalten und das schnelle Festhalten von Ideen werden durch das Skizzieren bzw. Scribblen gefördert, da dies technikunabhängig durchgeführt werden kann. Im Mittelpunkt steht die Idee, der Einfall, der Gedankenblitz und nicht die technische Umsetzung. Nachteilig ist, dass die technische Machbarkeit einer Idee und die daraus entstehenden Kosten zuerst unberücksichtigt bleiben. Bei genauerer Betrachtung der verschiedenen Ideen fällt das eine oder andere aus Gründen der Wirtschaftlichkeit, der aufwändigen technischen Umsetzung oder aus gestalterischen Gründen heraus.

6 Nennen Sie Anwendungsbeispiele und Kennzeichen für die lineare Struktur eines MM-Produktes.

Beispiele: Messepräsentationen, Lernsysteme, Prüfungen, Tests.
Kennzeichen: unkomplizierte Bedienung, kein Erklärungsaufwand. Der Nutzer kann den Inhalt nur passiv aufnehmen. Man spricht bei linearen Produkten auch nicht von einer Multimedia-Anwendung, sondern von einer Präsentation. Multimedia-Anwendungen setzen immer Interaktivität in Verbindung mit Entscheidungsmöglichkeiten voraus.

7 Nennen Sie Anwendungsbeispiele und Kennzeichen für die jumplineare Struktur einer Multimedia-Applikation.

Beispiele: Kiosksysteme, z. B. Hotelauswahl in einem Verkehrsamt oder Ankunft-/Abfluginformation am Flughafen, einfache interaktive Präsentationen.
Kennzeichen: Von einer Auswahlseite oder Titelseite besteht die Möglichkeit, auf jede Seite direkt zu springen. Eine vertiefende Navigation findet nicht statt.

8 Skizzieren Sie eine Baumstruktur.

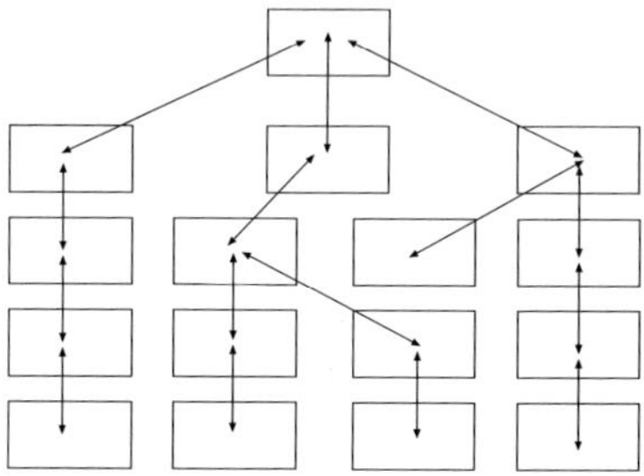

9 Nennen Sie Anwendungsbeispiele und Kennzeichen einer Baumstruktur.

Beispiele: Produktpräsentationen, Lern-CDs, z. B. für Grundschulen.
Kennzeichen: Die Baumstruktur ermöglicht eine leichte Orientierung für den Nutzer. Der Anwender findet sich in den einzelnen Ästen leicht zurecht, muss allerdings immer wieder zu einem Auswahlscreen zurück, um an einem anderen Ast aufsteigen zu können.

10 Skizzieren Sie eine Netzstruktur.

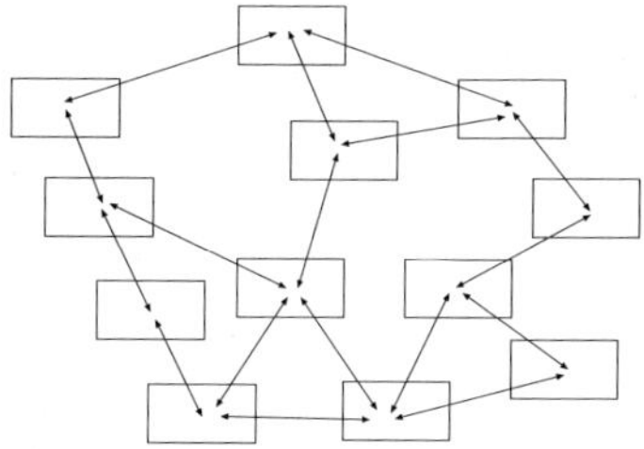

11 Nennen Sie Anwendungsbeispiele und Kennzeichen einer Netzstruktur.

Beispiele: Präsentationen größerer Firmen, Darstellung von Freizeitparks wie Disney-World Paris, Lern-CDs mit Lexika, Nachschlagewerke.
Kennzeichen: Die Netzstruktur weist keine eindeutige und klare Struktur auf und ist für den Anwender schwerer zu durchschauen. Die Navigationsstruktur ist komplex angelegt und ermöglichen einen hohen Grad der Interaktivität für den User.

12 Skizzieren Sie eine Single-Frame-Struktur.

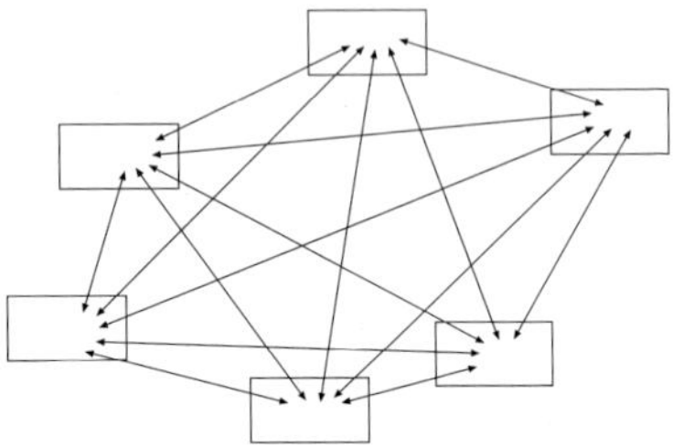

13 Nennen Sie Anwendungsbeispiele und Kennzeichen einer Single-Frame-Struktur.

Beispiele: Lexikon, Internetauftritte.
Kennzeichen: Der Nutzer erlebt die Single-Frame-Struktur als eine Seite. Allerdings finden auf dieser Seite nach einem Mausklick viele Aktionen statt, Inhalte werden ausgetauscht, Darstellungen wechseln. Dies alles aber immer in einem gleichen oder ähnlichen Umfeld. Die Orientierung für den User ist daher schwierig und komplex. Ein Beispiel ist ein Lexikon, auf dem die Hauptausgabeseite immer gleich ist, sich die Inhalte je nach Aufruf verändern.

14 Skizzieren Sie eine See-and-Point-Struktur.

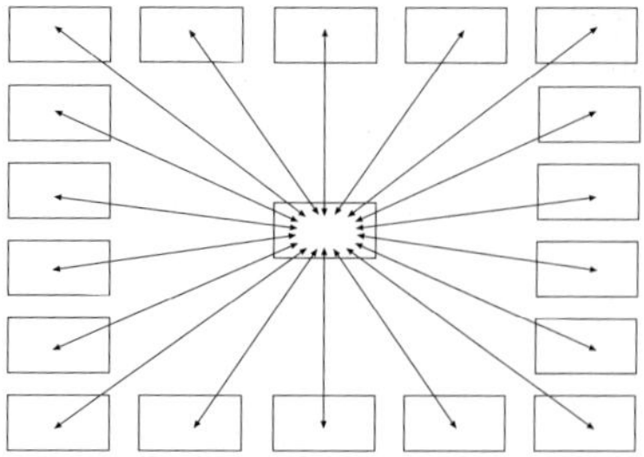

15 Nennen Sie Anwendungsbeispiele und Kennzeichen einer See-and-Point-Struktur.

Beispiele: Stadtführer, Lern-CD, Internetauftritt, kleinere Kiosksysteme.
Kennzeichen: Über einer Hauptseite klappt eine Zusatzseite (Flying Window) auf. Mithilfe dieser Seite werden wichtige Informationen weitergegeben, ohne dass die Hauptseite verlassen werden muss.

16 Interface-Design – ein Schlagwort aus dem Bereich Mediendesign. Was versteht man darunter?

Der Mensch kommuniziert mit einer Maschine, um Informationen zu erhalten, zu verarbeiten und aufzunehmen. Die Oberfläche des Maschinensystems und deren Gestaltung müssen so beschaffen sein, dass der Mensch möglichst leicht Informationen der audio-visuellen Art empfangen und verarbeiten kann. Die Qualität dieser Interaktion zwischen Mensch und Maschine wird entscheidend durch das Design der Softwareoberfläche bestimmt. Das Design des Human-Interface bestimmt, ob eine Multimedia-Applikation ankommt oder nicht. Die Schnittstelle zwischen Mensch und Maschine muss so aufbereitet und gestaltet werden, dass eine Interaktion für den Menschen ermüdungsfrei und effektiv möglich ist.

17 Nennen Sie die Entwicklungsstufen des Interface-Designs.

1. Zielgruppendefinition.
2. Ideensammlung durch Scribblen, Brainstorming u. a.
3. Auswertung und Selektion der Ideensammlung.
4. Ausarbeitung und Verfeinern der verwertbaren und zur Zielgruppe passenden Ideen zum konkreten Screenentwurf.
5. Entwickeln einer Navigationsstruktur und Schaltlogik mit erster Schaltplanung.
6. Screen-Entwicklung am Rechner für verschiedene Seitentypen wie Hauptmenü, Kapitelanfänge mit Verzweigungen, Hilfeinformation, Untermenüs, Flying-Windows u. a.
7. Erstellen eines funktionsfähigen Musters.
8. Präsentation beim Kunden.
9. Usability Tests

18 Die Zielgruppendefinition ist mit das Wichtigste, bevor es an die Entwicklung eines Werbeauftritts, einer Internetpräsentation oder einer CD-ROM geht. Nennen Sie sieben Punkte, die eine mögliche Zielgruppe genauer eingrenzen und definieren.

- Lebensalter der Zielgruppe?
- Über welches Einkommen verfügt die Zielgruppe?
- Welchen Bildungsstand besitzt die Mehrzahl der anzusprechenden Personen?
- Welche Berufe sind in der Zielgruppe vertreten?
- Welche Freizeitgewohnheiten hat die Zielgruppe?
- Welche Einstellungen hat die Zielgruppe zu relevanten Themen?
- Welche Sprachkenntnisse hat die Zielgruppe?
- Besitzt die Zielgruppe Erfahrungen im Umgang mit Computern?
- Besitzt die Zielgruppe Erfahrungen im Umgang mit Multimedia-Anwendungen? →

▷ *Fortsetzung der Antwort* ▷

- Welche Kenntnisse über ähnliche Produkte besitzt die Zielgruppe?
- Ist die Zielgruppe markengebunden?

19 Navigationselemente führen den Nutzer einer Multimedia-Applikation durch die Informationsvielfalt des Internets oder einer CD-ROM. Nennen Sie fünf Punkte, die Sie bei der Gestaltung von Navigationselementen beachten müssen.

- Gute Lesbarkeit bzw. Erkennbarkeit der Einzelelemente.
- Klar definierte und erkennbare Funktionalität.
- Mouse-Over-Effekte sollen kontrastierend angelegt sein, damit die Erkennbarkeit gegeben ist.
- Die Wahl der Farben muss einen deutlichen Interaktionscharakter signalisieren.
- Navigationstools, Schieberegler, Lautstärketasten, versteckte Navigationstools, Spielelemente usw. müssen so dimensioniert sein, dass auch der ungeübte Nutzer diese noch gut „treffen" und anwenden kann.
- Cursoränderungen erleichtern das Auffinden versteckter Navigationstools.
- Das Anlegen gleichartiger Navigationstools führt zu einer gewissen Navigationsgewohnheit beim Nutzer. Dies führt zu einer erhöhten Konzentration auf den Inhalt einer Multimedia-Applikation, da kein dauerndes Einstellen auf neue Navigationsfunktionen notwendig ist.

20 Was versteht man unter den so genannten Hot-Spots bei Multimedia-Applikationen?

- Dies sind Navigationstools auf einem Screen, die auf Berührung mit dem Mauscursor auf vielfältigste Art reagieren. Hot-Spots dienen vor allem dazu, die interaktive Gestaltung eines →

▷ *Fortsetzung der Antwort* ▷

Screens attraktiv zu machen. Der Nutzer soll auf diese Art zu Teilen einer Präsentation geführt werden, die über die sichtbare Navigation hinausgehen.

- Bei QTVR-Filmen wird durch Hot-Spots eine Verbindung zwischen zwei oder mehr virtuellen Räumen hergestellt. Damit ist es möglich, sich z. B. durch ein virtuelles Fertighaus zu bewegen und dadurch einen Eindruck von den Räumlichkeiten zu erhalten.

21 Aus Untersuchungen kennt man die Lese- und Nutzungsgewohnheiten der Leser von Print- und Nonprintmedien sehr genau. Diese Gewohnheiten sind auch bei der Screengestaltung zu berücksichtigen. Erklären Sie die folgenden Teile eines Screens und deren Bedeutung hinsichtlich der Lesegewohnheiten:
Linker oberer Teil
Rechter unterer Teil
Andere Bereiche.

- Linker oberer Teil: Leser erwarten hier etwas Neues, Aktives, Animiertes. Hoher Beachtungsgrad.
- Rechter unterer Teil: Geringe Beachtung, Platz für Elemente, die nicht dauernd beachtet werden müssen.
- Dazwischen liegende Teile: Beachtung abhängig von der Seitengestaltung und Struktur.

22 Bei der Planung von Multimedia-Applikationen ist der Farbwahl und -gestaltung eine erhöhte Aufmerksamkeit zu widmen. Welche Überlegungen sind in dieser Hinsicht von Ihnen anzustellen?

- Kräftige und deutliche Farbkontraste.
- Flimmereffekte vermeiden.
- Farben sind unter dem Aspekt der Lesbarkeit von Text anzulegen.
- Farbverläufe sind in der Wiedergabe auf manchen Monitoren problematisch, daher nur bedingt anwendbar. →

▷ *Fortsetzung der Antwort* ▷

Keine farbigen Strukturen in den Hintergrund, da Texte, Bilder, Grafiken und Animationen schlecht erkennbar sind.

- Nach Möglichkeit keine metallisch wirkenden Farben einsetzen, da diese simuliert werden müssen und in der Darstellung erhebliche Probleme bereiten können.

22 Welche der folgenden Kombinationen von Hintergrundfarbe und Schrift sind gut lesbar?
a) Hintergrund Cyan und Schrift Magenta.
b) Hintergrund Gelb und Schrift Magenta.
c) Hintergrund Cyan und Schrift Gelb.
d) Hintergrund Cyan und Schrift Grün.

b) Hoher Kontrast mit guter Lesbarkeit.
c) Hoher Kontrast mit guter Lesbarkeit bei kleiner Schriftmenge.

4.4 Abwicklung + AV Druckauftrag

1 Stellen Sie den prinzipiellen Weg eines Druckauftrages durch eine Druckerei dar.

1. Druckvorlagenbearbeitung (Textmanuskript, Bildvorlagen)
2. Arbeitsvorbereitung Text (Manuskriptbearbeitung)
3. Arbeitsvorbereitung Bild (Bildvorlagenbearbeitung)
4. Texterfassung (Schreiben oder Datenübernahme)
5. Bilderfassung (Scannen oder Datenübernahme)
6. Textgestaltung, Seitenaufbau, Text-/Bild-Integration (Elektronische Seitenmontage)

→

▷ *Fortsetzung der Antwort* ▷

7. Korrektur (Haus- und Autorenkorrektur)
8. Datenausgabe (Computer-to-Film, Computer-to-Plate, Computer-to-Press, Computer-to-Print)
9. Druck der geplanten Auflage
10. Druckweiterverarbeitung (Falzen, Schneiden, Kleben, Heften, Binden)
11. Konfektionierung (Versandverpackung)
12. Versand

2 Die Arbeitsvorbereitung unterteilt sich in die Funktionsbereiche Arbeitsplanung, Arbeitssteuerung, Auftragsbearbeitung und Terminsteuerung. Beschreiben Sie in Stichworten die Aufgaben der genannten Arbeits- oder Funktionsbereiche in einer Druckerei.

Arbeitsplanung: Hier wird die grundlegende Festlegung der Arbeitsabläufe für die Abwicklung eines Druckauftrages im Betrieb geplant und festgelegt. Dabei müssen die Kapazität und das Leistungsvermögen von Mitarbeitern, Arbeitsmitteln und Räumlichkeiten eingeplant werden. Die sich daraus ergebenden Einschätzungen und Festlegungen führen zur Erstellung der Unterlagen für die Arbeitssteuerung. Aufgabe der Arbeitsplanung ist nicht generell die Behandlung eines Einzelauftrages, sondern die Festlegung von Arbeitsabläufen, die Ermittlung der Kapazitäten und Fähigkeiten der Mitarbeiter, die Arbeitsplatzgestaltung und den damit verbundenen betrieblichen Workflow. Dazu gehört auch die Ermittlung von Fertigungszeiten für einzelne Fertigungsschritte. Dies ergibt in der Summe einen Leistungskatalog der Druckerei, nach dem die Kalkulation und Planung des Auftragsdurchlaufes erfolgt.
Arbeitssteuerung: Hier erfolgt die Steuerung der Einzelaufträge unter Anwendung des Grundlagenmaterials aus der Arbeitsplanung. Die Steuerungsaufgaben sind schwerpunktmäßig: Kalkulation, produktionsreife Vorbereitung der Auftragsunterlagen, Bereitstellung des Materials, Arbeitseinteilung und Auftragsüberwachung.
Auftragsbearbeitung: Die Angebotskalkulation, Erstellung der Auftragsunterlagen, Festlegung der Fertigungsverfahren und die Materialdisposition werden von der Auftragsbearbeitung durchgeführt.
Terminsteuerung: Ermittelt die Kapazitätsauslastung der →

Produktionseinrichtungen, legt Zwischen- und Endtermine für die einzelnen Fertigungsstufen fest und informiert über Liefertermine und noch freie Kapazitäten. Daneben gehört die Arbeitsfortschrittsüberwachung, die Erfassung eventueller Abweichungen von geplanten Vorgängen, die Festlegung neuer Termine und die Rückmeldung aller Terminprobleme zu dieser Funktion.

3 Welche Angaben und Festlegungen werden in der Arbeitsvorbereitung für Texte getroffen?

Satzbreite, Satzhöhe, Satzart bzw. -anordnung, Schriftart, Schriftgrad, Zeilenabstand, Auszeichnungen, Einzüge. Je detaillierter diese Anweisungen für die spätere Textverarbeitung sind, um so weniger Korrekturen werden später notwendig.

4 Dürfen an einem Manuskript sprachliche Änderungen durch die Druckerei vorgenommen werden? Begründen Sie.

Nein – dazu ist der Druckereibetrieb nach dem Urheberrecht nicht befugt. Hat ein Manuskript nach Meinung der Druckerei stilistische oder sonstige Mängel, dürfen Änderungen nur in Absprache mit dem Verlag oder dem Autor durchgeführt werden.

5 Welche Kontrollen und Festlegungen werden in der Arbeitsvorbereitung für Bilder getroffen?

- Kontrolle der Vorlagen auf Vollständigkeit und Qualität.
- Vorlagenverbesserung im Hinblick auf die Verarbeitung. Es könnten eventuell Duplikate oder Dias hergestellt werden, um eine standardisierte Bildreproduktion zu ermöglichen.
- Erstellen der Reproduktionsanweisungen. Dies können folgende Festlegungen sein: einfarbig/ mehrfarbig/Bildausschnitt/ Vergrößerung/Verkleinerung/ Scanauflösung/Druckauflösung/ Rasterweite/RasterartBeschnitt/ Dateiformat/Modus/Sonderfarben/Dateiablage

6 Nach der Text-/Bild-Integration wird die Hauskorrektur durchgeführt. Was ist darunter zu verstehen?

Erste Korrektur des Druckproduktes nach dem Seitenumbruch durch die Druckerei. Diese Korrektur bezieht sich auf die Rechtschreibung, es müssen aber auch der Stand der Bilder und Grafiken, deren richtige Zuordnung zum Text und die Einhaltung der Layout-Vorgaben geprüft werden. Die Kosten der Hauskorrektur trägt die Druckerei. Die Hauskorrektur ist in den Leistungswerten enthalten.

7 Erläutern Sie den Begriff „Autorenkorrektur“.

Korrektur des Medienproduktes durch den Autor oder Verlag. Häufig werden hier nicht nur Rechtschreibkorrekturen durchgeführt, sondern inhaltliche Änderungen vorgenommen, die zu erheblichen Kosten führen können. Vor allem die Änderung ganzer Kapitel oder das Erweitern oder Verkürzen des Inhalts mit neuen Bildern oder Grafiken kann zu einem neuen Umbruch führen. Die Kosten der Autorenkorrektur werden von diesem oder dem Verlag getragen. Dies sollte dem Kunden mit der Übergabe der Autorenkorrektur mitgeteilt werden – manchmal hilft es, Kosten einzusparen.

8 Erklären Sie den Begriff „Imprimatur“.

Imprimatur = Druckfreigabe durch den Autor, Verlag, Auftraggeber. Danach kann mit dem Auflagendruck begonnen werden.

9 In vielen Betrieben ist die Filmbelichtung mit großformatigen Belichtern üblich. Dabei werden die einzelnen Seiten ausgeschossen belichtet. Was versteht man darunter?

Die Seiten einer Druckform müssen nach einem bestimmten Schema so zusammengestellt werden, dass sich die gemeinsam gedruckten Seiten nach dem Falzen der Druckbogen in der richtigen Reihenfolge befinden. Dieses Ausschießen der Seiten →

▷ *Fortsetzung der Antwort* ▷ ist in verschiedenen Varianten möglich und ist abhängig vom Druckformat, Bogenformat und den Weiterverarbeitungsmöglichkeiten des Druckereibetriebes bzw. der Druckweiterverarbeitung.

10 Erklären Sie die Computer-to-Film Technik.

Computer-to-Film: Aus dem digitalen Datenbestand heraus werden die umbrochenen Seiten mithilfe eines PostScript-Belichters auf Film belichtet. Dabei ist die Belichtung als Seiten-Film möglich. Das bedeutet, dass jede Seite vollständig mit Text und Bild auf einen Film ausbelichtet wird. Danach erfolgt die Montage der einzelnen Seiten auf einen Druckbogen zu einer Druckform. Bei dieser so genannten Bogenmontage ist es notwendig, dass die Seiten „ausgeschossen" montiert werden. Sind großformatige Belichter verfügbar, kann diese Bogenmontage digital mithilfe eines Ausschießprogrammes durchgeführt und danach belichtet werden. Die zeitaufwändige Bogenmontage entfällt dann.

11 Was versteht man unter der Computer-to-Plate Technik.

Computer-to-Plate: Die Layout-Daten werden nicht auf Film belichtet, sondern mithilfe eines Laserstrahls direkt auf die Druckplatte übertragen. Diesen Vorgang der Plattenbelichtung nennt man auch „Bebildern". Es sind zwei prinzipielle Wege möglich:
Das Bebildern findet in einer Computer-to-Plate Anlage außerhalb der Druckmaschine statt. Die Druckmaschine kann während der Bebilderung einen Auftrag drucken und hat keine Stillstandszeit.
Dies ist bei der zweiten Variante der Bebilderung der Fall. Hier wird die Druckform in der Druckmaschine bebildert. Während dieses Vorgangs steht die Maschine still und es kann nicht gedruckt werden. Nachdem die Bebilderung durchgeführt wurde, kann von der erstellten Druckform der Auflagendruck hergestellt werden.

12 Erläutern Sie die Computer-to-Print Technik.

Computer-to-Print: Die Layout-Daten werden an einer RIP-Station für den direkten Druck auf einer Digitaldruckmaschine vorbereitet. Es wird keine Druckplatte im herkömmlichen Sinn erstellt, sondern bei jeder Umdrehung des Druckformzylinders wird dieser aus dem →

Datenbestand neu bebildert. Bei jeder Umdrehung des Zylinders wird also das Druckbild komplett neu aufgebaut. Da bei jeder Zylinderumdrehung ein Druckbild neu erstellt wird, kann dieses bei jedem Druck anders aussehen.

13 Die letzte Station der Druckproduktion ist die Weiterverarbeitung. Was ist darunter zu verstehen?

Hier erhält das Druckprodukt seine endgültige Form durch Arbeitsvorgänge wie z. B. Schneiden, Falzen, Stanzen, Kleben, Heften oder Binden.

14 Warum muss der Mediengestalter über die grundlegenden Weiterverarbeitungsgänge eines Druckauftrages informiert sein.

Die Arbeitsvorbereitung muss die Form und Gestalt des Endproduktes kennen und festlegen. Materialbedarf und Produktionsabläufe müssen aufeinander abgestimmt werden. Für die Planung des Produktionsablaufes sind viele Schritte und Kenntnisse notwendig. Vor allem das richtige Anbringen von Hilfszeichen wie Passmarken, Farbkontrollstreifen, Farbmesskeilen, Formatbegrenzungen o. Ä. für die Druckweiterverarbeitung erfordert Weiterverarbeitungskenntnisse von den Mitarbeitern in der Druckvorstufe.

15 Die traditionelle Abwicklung eines Druckauftrages wird mithilfe einer Auftragstasche durchgeführt. Welche Funktion hat ein solches Organisationsmittel für den Betrieb.

Jeder Mitarbeiter innerhalb eines Betriebs kann aus der Auftragstasche die Anweisungen und Informationen für seine Fertigungsstelle entnehmen, die für die Produktion des Auftrages notwendig sind. Dabei sind Informationen über vorgelagerte und nachgeordnete Fertigungsstellen möglich und notwendig, die über die dortigen vorgelagerten und nachgeordneten Produktionsschritte und Verfahren informieren.

16 Welche Informationen sind auf einer Auftragstasche üblicherweise enthalten?

- Auftragsnummer
- Kunde und dortiger Ansprechpartner
- Auftragssachbearbeiter und betriebliche Ansprechpartner
- Liefertermin für Fertigprodukt
- Auftragsbeschreibung
- Manuskript- und Bildlieferung
- Angaben über:
  - Text- und Bilderfassung
  - Grafikerstellung
  - Text-/Bild-Integration/Seitenmontage
  - Korrektur (Haus- und Autorenkorrektur)
  - Belichtung
  - Montage
  - Plattenkopie
  - Kontrolle
  - Druck
  - Weiterverarbeitung
  - Versand
  - Angaben über notwendige Fremdarbeiten (Lieferung mit Terminvorgabe)

4.5 CIP + Jobticket – vernetzte Druckerei

1 CIP3 bzw. CIP4 – was bedeuten diese Abkürzungen?

CIP steht für Cooperation in Prepress, Press und Postpress.

2 Was verbirgt sich hinter CIP3?

Unter der Führung der Firmen Adobe, Agfa, Heidelberger Druckmaschinen AG und MAN Roland wurde ein so genanntes →

▷ *Fortsetzung der Antwort* ▷

Jobticket entwickelt, das den Datenaustausch zwischen den verschiedenen Produktionsstufen erleichtern soll. CIP3 steht für die Entwicklung von PPF und allen damit verbundenen Anregungen und Ideen, die vor allem im Bereich der Ganzseitenausgabe zu finden waren. Jede Maschine in Druck und Weiterverarbeitung, die über eine CIP3-Schnittstelle verfügt, kann mithilfe einer PPF-Datei für den jeweiligen Auftrag automatisiert eingerichtet werden. Druckmaschinen und Weiterverarbeitungsmaschinen mit dieser Schnittstelle werden vermehrt auf dem Markt angeboten. Ziel der Entwicklung ist die vernetzte Druckerei.

3 Welches Ziel verfolgt man mit CIP3?

Mit CIP3 soll der Austausch von Dateien zwischen Vorstufe, Druck und Weiterverarbeitung realisiert werden, um einen schnellen und sicheren Arbeitsfluss zu gewährleisten. Zudem sollen administrative Daten als auch Produktionsdaten vereint werden.

4 Im Zusammenhang mit CIP3 spricht man von so genannten Job-Tickets. Was versteht man unter Job-Tickets?

Das Job-Ticket ist ein Format, welches helfen soll administrative Daten (Abrechnung, Kundendaten, Preis, Lieferdatum) und Produktionsdaten (Nachbearbeitung, Ausschießschemata, Papier) zu vereinen.

5 Es gibt unterschiedliche Job-Ticket-Formate. Nennen Sie drei.

Job Definition Format (JDF), Print Production Format (PPF), Portable Job Ticket Format (PJTF).

6 Was verbirgt sich hinter der Abkürzung PPF?

PPF = Print Produktion Format. Dahinter verbirgt sich ein Standardisierungsformat, das eine weit gehende Automatisierung von Prepress, Press und Postpress ermöglichen soll. Das bedeutet, dass Produktionsdaten der Druckvorstufe (=Prepress) weit gehend automatisiert zum Druck (=Press) übergeben und Druckabläufe von den erzeugten Daten der Vorstufe bestimmt werden. Die Weiterverarbeitung (Postpress) wird durch die vorgegebenen Daten der Druckvorstufe wie Papierformat und -art, Ausschießart, Schneidevorgabe, Binde- bzw. Heftart usw. eingestellt und gesteuert. Der gesamte Workflow auf der Basis des Print Produktion Formates beruht darauf, dass einmal erfasste Daten und technische Einstellungen nicht nur von einer Produktionsstufe genutzt werden. Die mehrmalige Nutzung einmal eingegebener Produktionsdaten ist das Ziel dieses Produktionsformates.

7 Was bedeutet die Abkürzung PJTF?

Dieses Portable Job Ticket Format kommt von der Firma Adobe. PJTF verwaltet technische und administrative Daten eines Jobs. Technische Daten sind z. B. Fonts, Format, Papier, Rasterung und Farbseparation, administrative Daten sind z. B. Kunde, Liefertermin, Zahlung und Versand. PJTF ist vom PDF abgeleitet. Daher ist es möglich, das Jobticket als Bestandteil einer PDF-Datei zu verschicken.

8 Welcher wesentliche Vorteil ist beim Portable Job Ticket Format (PJTF) gegeben?

Das Portable Job Ticket Format basiert auf dem Portable Document Format (PDF), welches bereits beim Datenaustausch einen gewissen Standard darstellt. Des Weiteren ist das PJTF dank PDF geräteunabhängig.

9 Erläutern Sie kurz den Begriff der „vernetzten Druckerei".

Unter vernetzter Druckerei versteht man einen Workflow, in dem manuelle Eingriffe in den Auftragsdurchlauf von der Druckvorstufe bis zur Weiterverarbeitung auf ein Minimum beschränkt werden. Der Auftragsstand selbst kann jederzeit über entsprechende Überwachungssoftware am Monitor (z. B. Produktions- und Informationssystem DataControll von Heidelberger Druckmaschinen) abgerufen werden. Ziel der vernetzten Druckerei ist, dass der Auftragsdurchlauf und damit die Auftragsauslieferung beschleunigt wird.

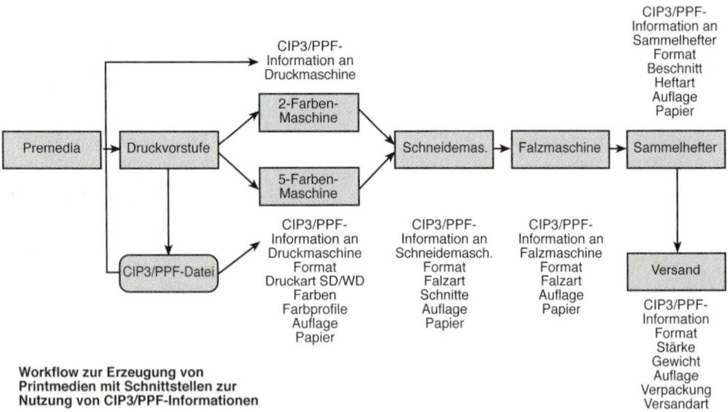

Workflow zur Erzeugung von Printmedien mit Schnittstellen zur Nutzung von CIP3/PPF-Informationen

10 Welche Inhalte kann eine CIP3/PPF-Datei enthalten?

Eine derartige Datei kann alle Informationen enthalten, die zur Herstellung von Druckerzeugnissen notwendig sind. Spätestens beim Ausschießen eines Auftrages müssen alle Produktinformationen und alle notwendigen Bogen- und Weiterverarbeitungsinformationen feststehen. Daher können die meisten →

▷ *Fortsetzung der Antwort* ▷

modernen Ausschießprogramme CIP3/PPF-Dateien mit allen Produktionsdaten und den dazugehörigen PPF-Directorys (Inhaltsverzeichnis) herstellen. Diese Daten sind unterteilt nach den Fertigungsstufen in Druck, Weiterverarbeitung und Versand.

11 Welche Informationen für den Druck können in einer CIP3/PPF-Datei gespeichert werden?

Beim Drucken können die Farbzonenvoreinstellung, der Papierlauf, Registereinstellung, Farb- und Dichtemessungen mithilfe der Daten aus der Druckvorstufe, An- und Auslegervoreinstellung und die Festlegungen für die Kontrollelemente festgelegt und gespeichert werden.

12 Für die Fertigungsstufe Weiterverarbeitung werden in einer CIP3/PPF-Datei wichtige Daten für die einzelnen Prozessschritte festgelegt bzw. gespeichert. Welche sind das?

Die wichtigsten Prozessschritte in der Druckweiterverarbeitung sind Schneiden und Falzen und die Verarbeitung zum Endprodukt. Beim Schneiden sind die Abmessungen der Schneideblöcke und die Position der Schneidemarken festzulegen. Dadurch werden die Voreinstellungen für die jeweilige Maschine vorgenommen und es ist nur noch eine Feinjustierung notwendig. Für das Falzen werden die einzelnen Schritte des Falzvorganges, das Falzschema und die dazu notwendigen Maße an die Falzmaschine zur Voreinstellung gespeichert und an die Falzmaschine übergeben. Bei der anschließenden Herstellung des Fertigproduktes/Endproduktes werden die einzelnen Produktionsschritte beschrieben, sodass die PPF-Datei eine komplette Produktbeschreibung in Fertigungsschritten für ein Druckprodukt ent-

→

▷ *Fortsetzung der Antwort* ▷

halten kann. Nach dieser Beschreibung werden die Produktionsschritte wie Zusammentragen oder Sammeln, Binden, Kleben, Heften, Dreiseitenbeschnitt und Fertigmachen definiert.

13 Innerhalb der CIP3-Produktion können so genannte „Private Data“ gespeichert werden. Zu welchem Zweck werden diese Daten abgespeichert?

Private Data – damit ist es möglich, die tatsächlich bei der Produktion verwendeten Einstellungen der verschiedenen Maschinen (Druck- und Weiterverarbeitungsmaschinen) zusammen mit den aus der Druckvorstufe stammenden Daten in einer Datei zu speichern. Bei einem Wiederholauftrag auf gleichen oder ähnlichen Maschinen lassen sich dann alle Produktionseinrichtungen direkt verwenden. Über die Wiederverwendung dieser Daten lassen sich die Rüstzeiten für Wiederholaufträge erheblich verkürzen.

14 PPML – was versteckt sich hinter diesem Produktionskürzel?

PPML = Personalized Print Markup Language. Dahinter verbergen sich Daten, die zum digitalen Drucken personalisierter Drucksachen aufbereitet wurden. Dieses Format ist noch kein fester Standard, da es derzeit (Stand Dezember 2002) nur von AGFA- und Efi-RIPs, Xeikon-Digitaldruckmaschinen und Next Press gelesen werden kann. Aber es zeichnet sich eine Produktionsstandardisierung in Richtung PPML ab.

15 Was bedeutet die Abkürzung XML?

XML = Extensible Markup Language.

16 Auf welchen Internetseiten können Sie die aktuellsten Entwicklungen und Definitionen zum Thema Job-Ticket, Workflow und Datenmanagement finden?

JDF	Job Definition Format	www.cip4.org
PPF	Print Production Format	www.cip3.org
PJTF	Portable Job Ticket Format	www.adobe.com
XML	Extensible Markup Language	www.xml.org
		www.xml.com
IFRA-Track	Jobticket für Zeitungsdruck	www.ifra.com
V-PDF	Variables PDF	www.nexpress.net
PDF	Portables Dokument File	www.pdfnews.de
ETF	Electronic Ticket Format	www.e-t-f.com

17 Nennen Sie die derzeitigen Grundprobleme aller Job-Ticket-Formate, die in der Druck- und Medienindustrie vorhanden sind.

Derzeitig sind zu viele so genannte proprietäre Systeme bzw. Formate auf dem Markt anzutreffen, die noch keinen einheitlichen Auftragsdurchlauf z. B. von Verlag, Agentur zu Druckerei ermöglichen. Eine Vereinheitlichung würde die Arbeit und den Auftragsdurchlauf zwischen den verschiedenen Produktionsteilnehmern vereinfachen und beschleunigen.

18 Welche Aufgaben hat ein Produktionsmanagement-System?

Ein Produktionsmanagement-System überwacht die Abwicklung der Druckaufträge. Entscheidend sind die Überwachung der Terminplanung, die Transparenz des Produktionsfortschrittes und die Kostenkontrolle. Ziel eines solchen Systems ist die qualitätsgesicherte, termingerechte und kostengünstige Produktion eines Auftrages.

19 Ein wichtiger Begriff bei der Koordination druckereiinterner Abläufe ist das Tracking-System. Was versteht man darunter?

Die Einhaltung von engen Terminvorgaben in der Druckerei macht eine Terminüberwachung in Form einer Terminverfolgung (englisch: Tracking) erforderlich. Mithilfe →

▷ *Fortsetzung der Antwort* ▷

eines Productions-Tracking-Systems lässt sich die Terminüberwachung eines Druckauftrages durchführen. Ein solches System hat die Aufgabe, Informationen aus den verschiedenen Produktionsabteilungen zusammenzutragen und einen Überblick über den Stand der gesamten Produktion zu geben. Damit dies funktioniert, müssen alle Teilsysteme (= Abteilungen) nach festen Standardvorgaben ihre Produktionsinformationen an das Tracking-System liefern.

5 Medienproduktion – allgemein

5.1 Farbtechnologie

1 Welchem Prinzip folgen Farbmischsysteme?

Farbmischsysteme orientieren sich an herstellungstechnischen Kriterien.

2 Nennen Sie drei Beispiele von Farbmischsystemen.

Beispiele hierfür sind das System Itten und Hickethier, aber auch das RGB-System und das CMYK-System.

3 Welche Bildeigenschaft wird durch die Farbtiefe charakterisiert?

Die Farbtiefe ist die Gesamtzahl der Bits, die für die Tonwert- bzw. Farbwert-Charakterisierung eines Pixels in einem Bild-, Grafik- oder Videodatenformat zur Verfügung gestellt werden. Eine Farbtiefe von 24 Bit/Pixel bedeutet z. B. eine Pixeltiefe von 8 Bit je Farbkanal R, G und B, also 3×8 Bit, und das sind $2^{24} = 16.777.216$ darstellbare Farben.

RGB-System

4 Welche Bedeutung haben die Buchstaben R, G und B?

Sie stehen für Rot, Grün und Blau (additiver Farbaufbau) und sind die Primärfarben des vom menschlichen Auge wahrgenommenen Lichts. Es ist das gängige additive Farbmodell mit den Primärfarben Rot, Grün und Blau, mit dem selbst leuchtende Ausgabegeräte wie Bildschirme, aber auch elektronische Aufnahmegeräte wie Scanner und Videokameras arbeiten. Von RGB gibt es eine Reihe verschiedener Varianten.

5 Wird ein Bild im RGB-Modus unabhängig vom Betriebssystem immer gleich dargestellt?

Nein, die RGB-Farbanzeige auf einem Bildschirm variiert je nach Betriebssystem des Computers. Ein Bild erscheint z. B. auf einem Windows-System grundsätzlich dunkler als auf einem Mac OS-System.

6 Eine sRGB-Datei soll in einem Bildverarbeitungsprogramm bearbeitet und für eine Multimedia-Anwendung im RGB-Modus wieder gespeichert werden. Beim Öffnen der Datei müssen Sie die richtige Option auswählen:
a) Eingebettetes Profil verwenden
b) Dokumentfarben in den Arbeitsfarbraum konvertieren
c) Eingebettetes Profil verwerfen.
Erklären Sie die Bedeutung der drei Optionen a), b) und c).
d) Welche Option wählen Sie? Begründen Sie Ihre Auswahl.

a) Der sRGB-Farbraum entspricht dem Farbraum eines Computerbildschirms. Er eignet sich deshalb gut für Internet- und CD-ROM-Anwendungen. Für die Bildverarbeitung in der Druckvorstufe ist er durch den eingeschränkten Farbumfang nicht geeignet.
Die erste Option erhält diesen Farbraum.
b) Der Adobe-RGB-Farbraum umfasst einen großen Farbumfang. Er ist besonders für Bilder geeignet, die in CMYK separiert und anschließend gedruckt werden. Die zweite Option würde in diesen Farbraum konvertieren.
c) Bei dieser Option wird die Bildschirmdarstellung bei der Bildverarbeitung durch den Arbeitsfarbraum emuliert. Die Dateien werden beim Speichern nicht mit Tags für Profile versehen. Sie eignet sich für Bildschirmpräsentationen mit Programmen, z. B. Internet-Browsern, die keine Profile unterstützen.
d) Die erste Option, d. h. die Erhaltung des eingebetteten sRGB-Farbraums ist zu bevorzugen. Zwar unterstützten derzeit noch nicht alle Browser Farbprofile, die Bildschirmdarstellung bei →

▷ *Fortsetzung der Antwort* ▷

der Bildverarbeitung entspricht aber weit gehend der späteren Darstellung auf der Webseite.

CMYK-System

7 Welche Bedeutung haben die Buchstaben C, M, Y und K?

Sie stehen für Cyan, Magenta, Yellow und Key oder BlacK (beide Interpretationen des Buchstaben K sind gebräuchlich). CMY sind die Primärfarben der subtraktiven Farbmischung. CMYK sind die Skalendruckfarben des Mehrfarbendrucks. Schwarz dient dabei zur Kontraststeigerung.

8 Beschreiben Sie das Prinzip der Farbmischung im Mehrfarbendruck.

Hier werden additive und subtraktive Farbmischung vereinigt. Das remittierte Licht der nebeneinander liegenden Farbflächen mischt sich additiv im Auge. Die eingesetzten Druckfarben sind lasierend. Dadurch mischen sich die übereinander gedruckten Flächenelemente subtraktiv auf dem Bedruckstoff. Die Farbempfindung ist das Ergebnis der Integration des remittierten Lichtes.

9 Erklären Sie den Begriff Skalenfarben.

Skalenfarben sind die im Mehrfarbendruck eingesetzten Druckfarben.

10 Was versteht man unter der Euroskala?

Die Euroskala oder Europa-Skala ist eine in Europa verwendete, normierte Farbtabelle, welche die im Vierfarbdruck eingesetzten Druckfarben Gelb, Magenta, Cyan und Schwarz (CMYK), die Druckreihenfolge, die Sättigung und den Buntton festlegt. Die Skala liegt als Nach- →

▷ *Fortsetzung der Antwort* ▷

schlagewerk oder Farbatlas vor und gibt die im Druck möglichen Farbtöne wieder.

11 Wie lauten die Abkürzungen GCR und UCR ausgeschrieben und mit ihren deutschen Bezeichnungen?

GCR: Grey Component Replacement, Unbuntaufbau
UCR: Under Color Removal, Unterfarbenreduzierung

12 Beschreiben Sie das Prinzip der Unterfarbenreduzierung UCR.

Die Unterfarbenreduzierung oder Under Color Removal (UCR) ist eine Art der Separation von Farbbildern im CMYK-Farbmodus. UCR reduziert an den Stellen, an denen lediglich Schwarz erscheinen soll, die anderen drei Farbkomponenten Cyan, Magenta und Gelb und vermeidet auf diese Weise einen unnötigen Farbauftrag.

13 Beschreiben Sie das Prinzip des Unbuntaufbaus GCR.

Der Unbuntaufbau ist ein Verfahren zur Farbseparation, bei der Herstellung von Farbsätzen für den Vierfarbendruck, bei dem man sämtliche (gleichen) Anteile der drei Buntfarben Cyan, Magenta und Gelb des CMYK-Farbsystems, die im Idealfall zusammen einen Grauwert ergeben, durch entsprechende Anteile der Farbe Schwarz ersetzt.

14 Welche Funktion hat die Farbseparation?

In der Reproduktionstechnik wird eine Farbvorlage durch das Vorschalten von Filtern (analog) oder durch die Berechnung von Farbanteilen (digital) in Farbauszüge (Teilbilder bzw. Farbkanäle) zerlegt. Sinn der Farbseparation ist es, ein viele Farben beinhaltendes Farbbild durch geeignete Kombination →

▷ *Fortsetzung der Antwort* ▷

weniger Auszugsfarben (Primärfarben, z. B. Cyan, Magenta, Gelb und Schwarz) darzustellen.

15 Mit welchem Fachbegriff wird die Teilfarbe eines Druckbildes bezeichnet?

Mit Farbauszug bezeichnet man den Farbanteil einer Druckvorlage, die einer Farbe eines Mehrfarbendrucks entspricht. Für den zumeist verwendeten Vierfarbdruck mit dem CMYK-Farbmodell sind vier Farbauszüge in den Farben Cyan, Magenta, Gelb und Schwarz erforderlich, die zur Herstellung der entsprechenden Druckplatten dienen.

16 Wie heißt die Summe aller Farbauszüge?

Die Farbauszüge, die zusammen wieder das komplette farbige Bild ergeben, nennt man Farbsatz.

17 Was wird durch den Farbmodus festgelegt?

Der Farbmodus bestimmt das Farbmodell für die Anzeige und Ausgabe von Bildern.

18 Welche Bedeutung hat die Farbdichte *D* bei der Produktionskontrolle im Druck?

Mit Farbdichte bezeichnet man die optische Dichte von farbig gedruckten Flächen. Dieser Wert spielt in der Qualitätskontrolle im Druckprozess eine Rolle, er lässt sich dazu mit speziellen Geräten (Auflichtdensitometer) messen. Dabei kann man aber immer nur Farbdichten eines einzelnen Farbtons miteinander vergleichen.

5.1.1 Farbauswahlsysteme

19 Welchem Prinzip folgen Farbauswahlsysteme?

Aus den Farben eines Bildes werden bestimmte Farben ausgewählt und in eine Farbpalette/Farbtabelle übertragen.

20 Auf welchem Prinzip beruht der Farbmodus „indizierte Farben"?

Das System der indizierten Farben ist weder ein Farbmischsystem noch ein Farbmaßsystem. Es ist ein Farbauswahlsystem. Ein indiziertes Farbbild basiert auf einer Farbtabelle mit maximal 256 Farben. Die begrenzte Grafikfähigkeit einzelner Rechner und der geringe Speicherbedarf indizierter Bilder (8 Bit) bedingen eine Auswahl von 256 Farben. Diese Auswahl ist nicht genormt, sondern systembedingt verschieden.

21 Wie viele Farben darf ein Bild maximal enthalten, das mit der Option „exakt" indiziert wird?

„Exakt" erstellt eine Palette aus den exakten Farben des RGB-Bildes. Diese Option steht nur für Bilder mit maximal 256 Farben zur Verfügung, da eine Farbpalette maximal 256 Farben umfasst.

22 Beschreiben Sie die Grundlagen der Web-Palette.

Die Web-Palette umfasst die 216 Farben, die der Win- und der Mac-Systempalette gemeinsam sind. Netscape Communicator und der Microsoft Internet Explorer unterstützen diese Palette.
Die 216 Farben wurden nach mathematischen, nicht nach gestalterischen Gesichtspunkten ausgewählt. Die RGB-Werte jeder Farbe haben 6 mögliche Einstellungen mit einer Schrittweite von 51.

23 Wie viele browserunabhängige Farben gibt es?

216 Farben, die Farben der Web-Palette.

24 Die Definition websicherer Farben für Grafiken und Text stützt sich auf die so genannte Web-Palette.

a) Wie lauten die Farbzahlen im Dezimalsystem bzw. im Hexadezimalsystem und

b) wie viele Farben lassen sich damit erzeugen?

a) In R,G und B jeweils:
Dezimal
0, 51, 102, 153, 204, 255
Hexadezimal
00, 33, 66, 99, CC, FF

b) $6 \times 6 \times 6$ Farben = 216 Farben

25 Beschreiben Sie das System der HKS-Farben.

HKS ist ein Mischsystem für Druckfarben mit 88 Farbtönen, das die drei Druckfarbenhersteller Hostmann-Steinberg, Kast + Ehinger und H. Schminke & Co. gemeinsam herausgegeben haben. Die Basis bilden neun Grundfarben sowie Schwarz und Weiß. HKS 3000 plus enthält 3520 Farbtöne. Für Bogenoffset auf gestrichenen und ungestrichenen Papieren, Zeitungsdruck und Endlosdruck stehen jeweils eigene Farbenreihen zur Verfügung.

26 Was sind Pantone-Farben?

Pantone-Farben folgen einem weltweit genutzten System von Standardfarben, das die Firma Pantone, Inc., Carlstadt/New Jersey, ursprünglich eine Druckerei, 1963 für die grafische Industrie einführte. Das System lieferte als Referenz 512 Farbtöne, die aus acht Grundfarben, Schwarz und Weiß gemischt wurden, auf gestrichenem und ungestrichenem Papier gedruckt. Heute sind über 1100 Pantone-Farben auf einer breiten Palette von Papieren verfügbar. Auch hat Pantone Farbsysteme für Textilien, Kunststoffe und Farben sowie für Film und Video herausgebracht.

27 Erläutern Sie das System der RAL-Farben.

RAL-Farben sind Standardfarben gemäß einer Reihe von Farbsammlungen für die Industrie, die das Deutsche Institut für Gütesicherung und Kennzeichnung, Sankt Augustin (ursprünglich „Reichsausschuss für Lieferbedingungen“) herausgibt. Insgesamt gibt es über 2000 RAL-Farben. 1688 Farbtöne enthält das RAL-Design-System, ein den ganzen Farbraum umfassendes Farbsystem. Darüber hinaus sind sämtliche RAL-Farben aus dem RAL-Design-System und der klassischen Farbsammlung RAL 840-HR auch digital definiert und für gängige Grafikprogramme unter Windows und Macintosh verfügbar, und zwar für mehr als 20 Ausgabevarianten, das heißt für verschiedene Bildschirme und Drucker.

5.1.2 Farbmaßsysteme

28 Welchem Prinzip folgen Farbmaßsysteme?

Farbmaßsysteme basieren auf der valenzmetrischen Messung von Farben. Sie unterscheiden sich damit grundsätzlich von den Farbmischsystemen.

29 Nennen Sie die Farbmaßsysteme.

Als Beispiele wären das CIE-Normvalenzsystem, das CIE-L*a*b*-System und das CIELUV-System zu nennen.

CIE-Normvalenzsystem

30 Erläutern Sie das CIE-Normvalenzsystem.

Das System basiert auf der Definition der Farbe als Gesichtssinn. Die subjektive Farbempfindung →

▷ *Fortsetzung der Antwort* ▷

wurde durch eine Versuchsreihe mit verschiedenen Testpersonen auf allgemeine Farbmaßzahlen, den Farbvalenzen, zurückgeführt (Normalbeobachter). Als eine der ersten internationalen Normen wurde 1931 von der CIE das Normvalenzsystem eingeführt.

31 Welche Kenngrößen charakterisieren eine Farbe im Normvalenzsystem.

Farbton T, Lage auf der Außenlinie
Sättigung S, Entfernung von der Außenlinie
Helligkeit Y, Ebene im Farbraum

32 Wie werden die additiven Mischfarben zweier Farben im Normvalenzsystem definiert?

Alle Farben auf der Geraden zwischen den beiden Ausgangsfarben sind deren Mischfarben.

33 Welche Größe wird mit dem Hellbezugswert bezeichnet?

Der Hellbezugswert ist das Maß für die Helligkeit einer Farbe. Er ist identisch mit dem Normfarbwert Y im Normvalenzsystem.

34 Was wird mit dem Bildschirmdreieck beschrieben?

Das Bildschirmdreieck beschreibt den RGB-Farbraum eines Monitors im Normvalenzsystem.

*CIE-L*a*b*-System*

35 Was ist das CIE-L*a*b*-System?

Das CIE-L*a*b*-System ist ein von der "Commission Internationale de l'Eclairage" (Internationale Beleuchtungskommission) 1976 festgelegter Farbraum, der besonders für die Bewertung von Farbunterschieden (Delta-E-Werte) geeignet ist und im Rahmen des Color-Managements als geräteunabhängiger, umrechnungs- und medienneutraler Basisfarbraum verwendet wird.

36 Welche Funktion haben die drei Größen L*, a* und b*?

Es bedeuten: L* Helligkeit, a* Rot-Grün-Farbinformation und b* Gelb-Blau-Farbinformation.

37 Benennen Sie in der Grafik die Koordinatenachsen und Strecken des Farbquaders mit den entsprechenden Kurzzeichen.

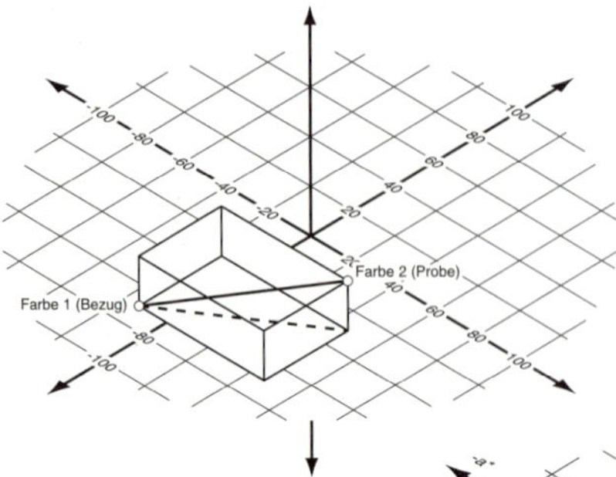

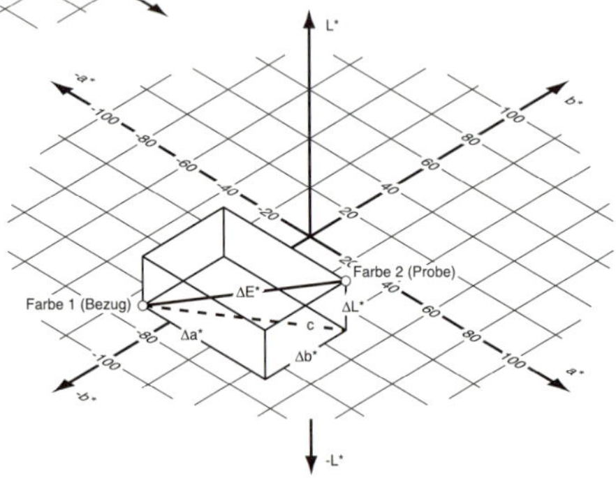

38 Für welche Kenngrößen stehen die drei Buchstaben L*,C* und H*?

Luminanz L* (Helligkeit), Chroma C* (Sättigung), Hue H* (Buntton).

39 Nennen Sie ein Beispiel für die technische Anwendung von L*C*H*.

In manchen Bildbearbeitungsprogrammen ist die zur Farbkorrektur verwendete Bedienoberfläche empfindungsgemäß und anschaulich nach Helligkeit (Luminanz L*), Buntheit (Chroma C*) und Buntton (Hue H*) aufgebaut.

40 Welche Differenz wird mit dem Delta-E*-Wert definiert?

Der Delta-E*-Wert ist das Maß für den Farbunterschied, z. B. bezüglich der Wiedergabe einer Farbe in Vorlage und Druck, in Proof und Druck oder in den aufeinander folgenden Drucken einer Auflage.

41 Das Druckergebnis des Nachdrucks einer Firmendrucksache wurde mit dem Muster visuell verglichen. Ein Farbbalken mit der Hausfarbe erscheint dem Betrachter nicht gleich. Die Farbabstandsmessung ergab einen dE*-Wert von 7. Interpretieren Sie den Messwert.

Ein Farbabstand dE* von 7 bedeutet starke, nicht tolerierbare Farbunterschiede. Da sich der dE*-Wert aus den Differenzen dreier Farbwerte (da*, db* und dL*) errechnet, muss bei starken Abweichungen untersucht werden, welcher der drei Farbwerte die stärkste Abweichung hat. da* und db* sind Differenzen des Farbtons und/oder der Sättigung, dL* sind Helligkeitsdifferenzen.

42 Welchen Nutzen bringt das L*a*b*-System bei der Bildverarbeitung?

Die Nutzung von CIE-L*a*b* in einem Bildverarbeitungssystem führt dazu, dass die drei Grundeigenschaften der Farben Helligkeit, Sättigung und Farbton getrennt voneinander verändert werden können.

43 Ein Rot wird im L*a*b*-System korrigiert. Die Farbe soll heller und gelblicher werden. Welche Einstellgrößen müssen wie verändert werden?

Der L*-Wert, d. h. die Helligkeit muss erhöht werden. Zusätzlich muss der b*-Wert erhöht werden. Dadurch wird der Farbort Richtung Gelb verschoben.

44 Wie ist der Farbabstand definiert?

Der Farbabstand ist die Distanz zwischen zwei Farborten in einem visuell gleich abständigen Farbraum, z. B. CIE-L*a*b*.

45 Wie lautet die Formel zur Berechnung des Farbabstands?

$$\Delta E = \sqrt{(\Delta a^*)^2 + (\Delta b^*)^2 + (\Delta L^*)^2}$$

46 Welche Kenngrößen bilden die Basis der Farbmessung in der Druckindustrie?

In der Druckindustrie werden die 1976er CIE-L*a*b*-Formel, das 2°-Gesichtsfeld und ein Tageslicht mit 5 000 Kelvin zu Grunde gelegt.

47 Bewerten Sie die Delta-E*-Werte von 0 bis 6.

Die Delta-E*-Werte bedeuten
0 bis 0,2 „nicht wahrnehmbar“,
0,2 bis 0,5 „sehr gering“,
0,5 bis 1,5 „gering“,
1,5 bis 3,0 „mittel“,
3,0 bis 6,0 „deutlich“ und
über 6,0 „groß, stark“.

5.1.3 Farbmetrik

48 Wovon handelt die Farbmetrik?

Von der quantitativen Bewertung von Farben und den Beziehungen zwischen farbmetrischen Größen.

49 Welche Bedeutung haben die drei Buchstaben CIE?

CIE ist die Abkürzung von Commission Internationale de l'Eclairage (Internationale Beleuchtungskommission). CIE ist eine internationale Organisation, die eine Reihe von allgemein verwendeten Farbdefinitionen erarbeitet und festgelegt hat.

50 Was ist die European Color Initiative?

Die European Color Initiative (ECI) ist eine Expertengruppe, die sich mit der medienneutralen Verarbeitung von Farbdaten in digitalen Publikationssystemen beschäftigt. Sie wurde 1996 gegründet.

51 Welche Eigenschaft einer Farbe kennzeichnet die Helligkeit?

Die Helligkeit kennzeichnet die Stärke einer Lichtempfindung oder die Stärke der Lichtreflexion einer Körperfarbe.

52 Welche Farbeigenschaft charakterisiert die Sättigung?

Die Sättigung ist die Kennzeichnung für den Grad der Farbigkeit unabhängig von der Helligkeit.

53 Definieren Sie den Begriff Buntheit.

Buntheit ist die Kennzeichnung für den Grad der Farbigkeit unter Berücksichtigung der Helligkeit. Die helligkeitsunabhängige Farbigkeit heißt Sättigung. Bei gleicher Buntheit nimmt die Sättigung mit abnehmender Helligkeit zu.

54 Sind die Begriffe Farbton und Buntton in ihrer Bedeutung identisch?

Die Bedeutung der beiden Begriffe ist identisch. Der Begriff Buntton wird allerdings in der offiziellen deutschen Farbmetrik-Terminologie dem Begriff Farbton vorgezogen.

55 Welche Farbeigenschaft wird durch den Buntton festgelegt?

Der Buntton ist die Kennzeichnung für die Art der Buntheit einer Farbe. Er wird durch die Wellenlänge des Lichts einer Farbe in ihrer reinsten Form (ohne Zugabe von Weiß oder Schwarz) bestimmt.

56 Definieren Sie den Begriff Farbart.

Farbart ist der Oberbegriff für Buntton und Sättigung. Farben, die sich nur durch die Helligkeit unterscheiden, besitzen die gleiche Farbart.

57 Welche Farbeigenschaft wird durch den Farbort festgelegt.

Geometrischer Ort für eine Farbvalenz im Farbraum oder auf einer Farbtafel.

58 Wodurch wird die Lichtart beschrieben?

Die Lichtart wird durch die Strahlungsfunktion des Lichts definiert.

59 Definieren Sie den Begriff Farbtemperatur.

Die Farbtemperatur wird als Näherungswert für die Beschreibung der Charakteristik vor allem von Lichtquellen und selbst leuchtenden →

▷ *Fortsetzung der Antwort* ▷

Bildausgabegeräten (Bildschirmen) verwendet. Man nimmt als Maßstab einen idealen schwarzen Körper („planckscher Strahler“) und gibt an, bei welcher Temperatur, gemessen in Kelvin, dieses Körpers dessen spektrale Farbenverteilung dem Prüfobjekt am nächsten kommt.

60 Erklären Sie das Phänomen der Metamerie.

Metamerie ist die bedingte Gleichheit von Farben. Zwei Farben erscheinen nur unter einer bestimmten Lichtart (z. B. Glühlampenlicht) gleich und unterscheiden sich ansonsten aufgrund ihrer spektralen Eigenschaften (z. B. die verwendeten Pigmente und Farbstoffe) bei jeder anderen Beleuchtung.

61 Was ist der Metamerieindex?

Der Metamerieindex ist der Delta-E-Wert im CIE-L*a*b*-System unter jeweils zwei Lichtarten.

5.1.4 Color-Management

62 Was wird mit Color-Management gemanagt?

Mit Color-Management bezeichnet man die Steuerung der Farbwiedergabe in einem digitalen grafischen Produktionsprozess. Die verschiedenen Ein- und Ausgabegeräte vom Scanner bis zur Druckmaschine arbeiten gerätebedingt mit unterschiedlichen Farbräumen. Um die Farbdarstellung über den Produktionsprozess hinweg zu vereinheitlichen, werden Farbprofile für die beteiligten Geräte und Verfahren gebildet. Aus ihrer Verbindung ergeben sich die zur Umrechnung →

▷ *Fortsetzung der Antwort* ▷

notwendigen Koeffizienten. Farben aus einem Farbraum, die in einem anderen nicht darstellbar sind, werden weitestmöglich angenähert.

63 Welche Aufgabe hat ein Color-Management-System (CMS)?

Die Software des CMS sorgt entweder auf Betriebssystemebene oder im Rahmen von Anwendungsprogrammen dafür, dass die Ausgabe in möglichst hohem Maß der Bildschirmdarstellung und der gescannten Vorlage entspricht. Ein CMS korrigiert die Farbverfälschungen, indem es die Daten in einem geräteunabhängigen Farbraum definiert und sie in den gerätespezifischen umrechnet. So kalibriert ein CMS beliebige Publishingsysteme, das heißt, es stimmt Eingabe- und Ausgabeeinheiten aufeinander ab.

64 Beschreiben Sie die Funktion von ColorSync.

ColorSync ist eine von der Firma Apple definierte Betriebssystemerweiterung. Sie besteht aus einem standardisierten Farbrechneralgorithmus und einer Modul- und Programmschnittstelle. ColorSync wird automatisch aktiv, wenn eine Color-Management-Software Geräteprofile erstellt sowie zur Verwendung in ICC-konformen Bildbearbeitungs- und Layout-Programmen oder zur Verknüpfung aufruft.

65 Für welche Organisation stehen die drei Buchstaben ICC?

International Color Consortium.

66 Welche Aufgaben hat das ICC?

Unter der Federführung der Fogra (Deutsche Forschungsgemeinschaft für Druck- und Reproduktionstechnik e. V.) arbeitet dieses Komitee →

▷ *Fortsetzung der Antwort* ▷

an der Standardisierung der Handhabung von Farbbildern und von Farbprofilen. Ziel ist es, das Color-Management in Zukunft unabhängig von Plattformen und Applikationen zu realisieren.

67 Welcher Farbraum wurde vom ICC als farbmetrisches Referenzsystem festgelegt?

Das ICC wählte als farbmetrisches Referenzsystem den CIE-L*a*b*-Farbraum.

68 Was ist ein ICC-Profil?

Eine Datei, die das Farbverhalten eines bestimmten Ein- oder Ausgabegeräts in einer vom ICC definierten Form beschreibt.

69 Bei der Profilkonvertierung stehen verschiedene Arten zur Wahl. Welche Funktion haben die Optionen
a) perzeptiv
b) absolut farbmetrisch und
c) relativ farbmetrisch?

a) Perzeptiv versucht, das optische Verhältnis zwischen Farben auf für das menschliche Auge natürliche Weise zu erhalten, auch wenn sich die Farbwerte ändern. Diese Priorität eignet sich vor allem für Fotos.
b) Alle Farben innerhalb des Zielfarbumfangs bleiben unverändert. Die Farbtreue wird zulasten des Verhältnisses zwischen Farben bewahrt. Bei der Umwandlung in einen kleineren Farbumfang können zwei unterschiedliche Farben aus dem Quellfarbraum in die gleiche Farbe des Zielfarbraums konvertiert werden.
c) Diese Priorität entspricht bis auf den folgenden Unterschied der Option „absolut farbmetrisch“: Der Weißpunkt des Quellfarbraums wird mit dem des Zielfarbraums verglichen, und alle Farben werden entsprechend verschoben.

70 Erläutern Sie die Funktion einer CLUT.

CLUT ist die Abkürzung von Color Look-up Table. In dieser Farbwertetabelle ist bei der Bild- und Grafikdatenbearbeitung die Zuordnung zu den Graustufen angelegt. So werden z. B. bei 24-Bit-Datenformaten jedem Farbkanal (RGB) $2^8 = 256$ Graustufen zugeordnet ($2^8 \times 3 = 16{,}7$ Mio. Farben). In Video-/Grafikkarten standardisierte Tabellen sollen für eine farbgleiche Darstellung in verschiedenen Formaten und Programmen sowie auf Ein- und Ausgabegeräten sorgen.

71 Warum sind Farbprofile notwendig?

Alle Geräte, die Farbe verarbeiten, verfälschen diese auch in gewissem Maß. Jeder Scanner, Monitor oder Drucker hat seine eigene Farbcharakteristik, denn verschiedene Gerätetypen und Baureihen unterscheiden sich. Außerdem kommen individuelle Abweichungen von Gerät zu Gerät hinzu, die sich im Lauf der Zeit weiter ändern. Farbprofile dienen dazu, die Farbeigenschaften eines Geräts zu beschreiben. Entweder liefert der Hersteller ein Profil oder der Anwender generiert mithilfe entsprechender Tools individuelle Profile für seine Geräte. Aufgrund dieser Farbprofile kann das Color-Management-System die einzelnen Komponenten aufeinander abstimmen (Farbkalibrierung).

72 Was versteht man unter Kalibrierung?

Die Einstellung von Geräten und Maschinen auf einen Standardwert zur Erzielung gleichmäßiger Ergebnisse. Die Kalibrierung und stabile Arbeitsweise farbverarbeitender →

▷ *Fortsetzung der Antwort* ▷

Geräte ist zugleich eine Voraussetzung für erfolgreiches Color-Management.

73 Warum ist die Farbkalibrierung notwendig?

Zur korrekten Reproduktion von Bildern im Druck sollten sämtliche eingesetzten Geräte, etwa Farbbildschirm und Grafikkarte, Farbdrucker und Belichter, aufeinander abgestimmt sein, so dass sie nummerisch festgelegte Werte für Rot, Grün und Blau, aber auch für Cyan, Magenta, Gelb und den Schwarzanteil, übereinstimmend darstellen.

74 Wie heißt der englische Fachbegriff für Farbumfang?

Gamut.

75 Wodurch wird der Farbumfang bestimmt?

Über seine Größe entscheidet die Sättigung der Basisfarben des jeweiligen Farbraums, z. B. die Farbstoffe in einem Dia (am größten), die Bildschirmphosphore, die Inkjet-Tintenpigmente oder die Druckfarben-Skalenpigmente (am kleinsten). Zwischen Dia und Druck muss also eine Farbraumkompression stattfinden, wenn die ursprüngliche Beziehung der Farben zueinander erhalten bleiben soll.

76 Welche Bedeutung haben Farbräume beim Color-Management?

Beim Color-Management werden die individuellen Farbraumfehler der beteiligten Geräte mittels Geräteprofil neutralisiert, indem sie in einen geräteunabhängigen Basisfarbraum eingerechnet (Farbraumtransformation) und an den Farbraumumfang (Gamut) der Zielfarbwiedergabegeräte, z. B. der Druckmaschine, angepasst werden (Gamut-Mapping).

77 Beschreiben Sie das Prinzip des Gamut-Mapping.

Eingabe-, Betrachtungs- und Ausgabesysteme arbeiten mit unterschiedlichen Techniken der farbmetrischen Darstellung. Ein Color-Management-System sollte daher die Aufgabe erfüllen, diese verschiedenen Techniken im Arbeitsprozess so zu optimieren, dass bei jedem Verarbeitungsschritt – auch bei der optischen Kontrolle – eine zur Ausgabe deckungsgleiche Information simuliert wird. Im Zusammenhang damit muss das Problem gelöst werden, dass insbesondere die häufig genutzten Farbräume CMYK und RGB nicht standardisiert sind. Und immer gilt es, Farbräume mit höherem Informationsumfang zu einem solchen mit niedrigem Umfang zu transformieren. Von dem Referenzfarbraum mit dem größtmöglichen Farbumfang wird dann zum jeweiligen Zielfarbraum umgerechnet.

5.2 Bilddatenerfassung

5.2.1 Vorlagen

1 Wie werden Vorlagen unterschieden?

Bei Vorlagen unterscheidet man zwischen Strich- oder Halbtonvorlagen sowie Kombinationsformen. Dabei kann es sich um ein- oder mehrfarbige, um positive oder negative sowie um Aufsichts- bzw. Durchsichtsvorlagen handeln.

2 Definieren Sie die drei Kategorien zur Vorlagenanalyse:
a) reproreif
b) reprofähig
c) nicht reprofähig

a) reproreif: ohne Mehraufwand direkt reproduzierbar.
b) reprofähig: mit angemessenem Aufwand reproduzierbar.
c) nicht reprofähig: nicht oder nur mit unverhältnismäßig hohem Aufwand reproduzierbar.

3 Was ist ein Graustufenbild?

Ein Halbtonbild, das nur aus Schwarz-, Weiß- und Grautonwerten besteht.

4 Definieren Sie den Begriff Halbtonbild.

Ein Halbtonbild ist ein Farb- oder Graustufenbild, das im Gegensatz zu Strichbildern kontinuierlich variierende Tonwerte hat.

5 Worin unterscheiden sich Strichvorlagen von Halbtonvorlagen?

Strichvorlagen bestehen nur aus Volltönen: Schwarz, Weiß oder Buntfarben. In Halbtonvorlagen variieren die Ton- und/oder Farbwerte in Helligkeit und Sättigung.

6 Nennen Sie zu den drei Kategorien der Einteilung von Strichvorlagen jeweils ein Beispiel:
a) Grobstrich
b) Feinstrich
c) Feinststrich.

a) Flächige Grafik mit dicken Linien.
b) Strichvorlage mit feinen Details, z. B. auch Texte kleinerer Schriftgrade mit Serifen.
c) Kupferstich oder Radierung, feinste Details wie Haarlinien.

7 Welche Vorlagenart hat grundsätzlich einen höheren Dichteumfang?
a) Aufsichtsvorlage
b) Durchsichtsvorlage

b) Durchsichtsvorlage

8 Definieren Sie die Begriffe zur Tonwertcharakterisierung:
a) Licht
b) Vierteltöne
c) Mitteltöne
d) Dreivierteltöne
e) Tiefe

a) Lichter sind die hellen Bildbereiche, bis ca. 10 Prozent.
b) Vierteltöne sind die Tonwerte zwischen den Lichtern und den Mitteltönen, von ca. 10 bis 40 Prozent.
c) Mitteltöne liegen zwischen 40 und 60 Prozent.
d) Dreivierteltöne sind die Tonwerte zwischen Mitteltönen und Tiefen, von 60 bis 80 Prozent.
e) Tiefen sind die dunklen Bildbereiche ab ca. 80 Prozent.

9 Wie ist der optische Kontrast definiert?

Der optische Kontrast ist die visuell bewertete Differenz zwischen Ton- bzw. Farbwerten.

10 Was versteht man unter dem Begriff Zeichnung?

Die Zeichnung eines Bildes sind regelmäßige und/oder unregelmäßige Strukturen im Bild. Ein erhöhter Kontrast unterstützt die Wirkung der Zeichnung.

11 Wodurch unterscheiden sich
a) optischer Kontrast und
b) optische Dichte?

a) Der optische Kontrast wird nur visuell bewertet.
b) Die optische Dichte ist der dekadische Logarithmus des Verhältnisses zwischen auftreffender und durchgelassener bzw. remittierter Lichtintensität bei der densitometrischen Messung.

12 Definieren Sie die Begriffe
a) Tonwertumfang
b) Tonwert

a) Der Tonwertumfang ist der Bereich vom hellsten Weiß bis zum dunkelsten Schwarz.
b) Die Stufen zwischen hellster und dunkelster Bildstelle heißen Tonwerte.

5.2.2 Scanner und Digitalkameras

13 Scanner werden meist nach der Vorlagenaufnahme unterschieden. Nennen Sie drei Scannertypen.

1. Trommelscanner
2. Flachbettscanner
3. Filmscanner

14 Nennen Sie die vier wesentlichen Komponenten eines Scanners.

1. Vorlagenaufnahme, Vorlagenhalter
2. Lichtsensor
3. Optik und Farbfiltersystem
4. A/D-Wandler

15 Nennen Sie die Sensorentypen, die bei der Umwandlung von Licht in Strom bei der Bilderfassung verwendet werden. Bei welchen Geräten werden die jeweiligen Sensoren hauptsächlich verwendet? (Sensortyp; Gerät)

- Fotomultiplierröhre (PMT: Photo Multiplier Tube): Trommelscanner
- CCD-Zeilensensor (CCD: Charge Coupled Device): Flachbettscanner
- CCD-Flächensensor: Digitalkamera, Videokamera
- CIS (CMOS): Flachbettscanner

16 Generell unterscheidet man zwischen Flachbettscannern mit CCD-Zeilensensoren und Trommelscannern mit einer Fotomultiplierröhre als Licht erfassendem Medium.
a) Erklären Sie die prinzipielle Funktionsweise einer Fotomultiplierröhre (inkl. Skizze).
b) Welche Vorteile weisen Fotomultiplier- gegenüber CCD-Sensoren auf?

a) Die Fotomultiplierröhre ist eine luftleere Elektronenröhre aus Glas. Fällt Licht auf eine Fotokathode, werden Elektronen freigesetzt. Die Elektronen treffen auf die Dynode – weitere Elektronen werden frei geschlagen. Es kommt zu einem Verstärkungseffekt. Ein analoger Strom verlässt die Röhre an der Anode.

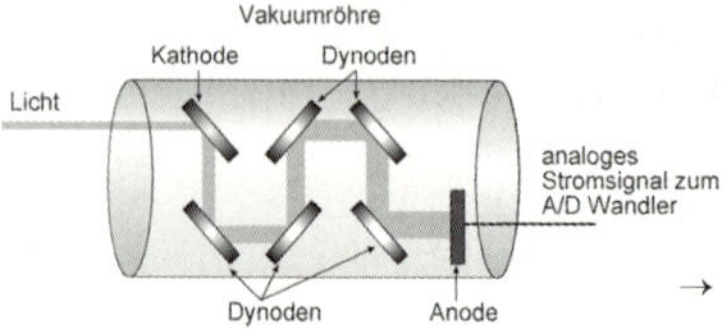

→

▷ Fortsetzung der Antwort ▷

b) Die Fotomultiplierröhre ist sehr lichtempfindlich, dies bedeutet, dass sie sehr kleine Lichtmengen erfassen und verstärken kann. Sie eignet sich deshalb für Vorlagen mit hohen Kontrastumfängen wie z. B. Dias.

17 Erklären Sie die Begriffe „Supersampling“ und „Downsampling“ beim Scannen in Verbindung mit der Ausgabe auf einem PostScript-Belichter.

Supersampling: pro erfasstem Bildpixel werden mehr als 8 Bit je Farbe vergeben = erhöhte Datentiefe z. B.: 10 Bit, 12 Bit, Grund: mehr Details können erfasst und dargestellt werden.
Downsampling: nach der Bildbearbeitung Reduzierung auf 8 Bit pro Pixel, Grund: PostScript belichtet nur mit 8 Bit/Pixel.

18 Welche Bedeutung hat die Abkürzung CCD?

Charge Coupled Device: Ladungsgekoppelte Bauelemente, die als Zeilen- oder Flächenchip in Flachbettscannern und Digitalkameras die optische Information in elektronische Information umwandeln.

19 Welche Aufgabe haben CCD-Elemente bei der Bilddatenerfassung?

Die in Scannern als schmale Zeile nebeneinander angeordneten optoelektronischen Sensoren tasten eine Vorlage Zeile für Zeile fotografisch ab und zerlegen das aufgenommene Bild in Tausende winziger Bildpunkte (Pixel). In Digitalkameras kommen meist Flächen-CCD-Elemente zum Einsatz.

20 Erklären Sie den Begriff Blooming.

Blooming (Überstrahlen) ist ein Störeffekt beim Scannen, digitalen Filmen oder Fotografieren, der sich u. a. im Nachziehen einer Szene beim Kameraschwenk in zu großen, farbsäumigen Hellbereichen äußert.

21 Worin unterscheidet sich die Bildabtastung durch
a) PMT,
b) CCD?

a) Die Bildabtastung durch PMT in Trommelscannern erfolgt rein seriell. Die drei PMT, jeweils für Rot, Grün und Blau, erfassen das Bildsignal und verstärken es. Dadurch ist ein höherer Dynamikumfang als bei den nicht verstärkenden CCDs möglich.

b) CCD-Zeilenchips in Flachbettscannern erfassen die Bildinformation in ihrer Breite parallel. Dadurch ist Blooming möglich. Die physikalische Auflösung wird durch die Auflösung der Chipzeile bestimmt. Es findet keine Signalverstärkung statt.

22 Wie sind analoge Signale definiert?

Analoge Signale sind sich kontinuierlich verändernde variable Signale.

23 Was kennzeichnet digitale Signale?

Digitale Signale verändern sich diskontinuierlich. Sie können sich innerhalb des zulässigen Wertebereichs, z. B. Licht und Tiefe, nur in endlich vielen Stufen verändern.

24 Beschreiben Sie das Prinzip der Analog-/Digital-Wandlung.

Bei der A/D-Wandlung wird der analoge Pegel, etwa eines CCD-Sensors, in digitale Informationen umgewandelt. Ein 8-Bit-A/D-Wandler wandelt die Analoginformationen in 256 unterscheidbare Werte.

25 Definieren Sie den Begriff Pixel.

Ein Pixel, die Abkürzung für Picture Element (englisch: Bildelement), ist in der Bildverarbeitung die Bezeichnung für einen Bildpunkt, das heißt die kleinste Einheit eines digital dargestellten Bildes.

26 Wodurch wird der Speicherbedarf eines Pixelbildes beeinflusst?

Der Speicherbedarf eines aus Pixeln bestehenden Bildes richtet sich nach seiner Größe, seiner Auflösung und der Anzahl darstellbarer Farben.

27 Welche Tonwerte werden mit den Begriffen a) Schwarzpunkt und b) Weißpunkt bezeichnet?

a) Der Schwarzpunkt bezeichnet die dunkelste neutrale Stelle einer Vorlage.
b) Der Weißpunkt ist der hellste neutrale Punkt einer Bildvorlage.

28 Welche Funktion hat ein Copydot-Scanner?

Mit einem Copydot-Scanner werden gerasterte Filme hoch aufgelöst eingescannt. Die Bildinformation wird anschließend in digitale Halbtoninformation umgerechnet.

29 Welche Funktionalität des Scanners wird durch den Schwellwert festgelegt?

Der Schwellwert wird bei Strichzeichnungen verwendet. Er gibt an, welche Grauwerte vom Scanner als Weiß und welche als Schwarz gesehen werden sollen.

30 Beschreiben Sie das Prinzip des Entrasterns.

Unter Entrastern versteht man das Beseitigen von Rasterpunktmustern während oder nach dem Scannen bereits gedruckter Vorlagen. Dies geschieht durch Defokussierung des Bildes oder mittels spezieller Rechenalgorithmen in der Bildverarbeitungssoftware. Hierdurch werden Moiré und Farbverschiebungen bei der anschließenden Rasterproduktion verhindert.

31 Welche Bedeutung hat der Qualitätsfaktor beim Scannen von Halbtonbildern?

Eine Vorlage wird meist um den Qualitätsfaktor 2 höher auflösend eingescannt als die Rasterweite der Ausgabe. Dies ist notwendig, um bei einer Rasterwinkelung von 45 Grad für jede Rasterzelle unabhängige Information zur Verfügung zu haben.

32 Ein Scanner und das zugehörige Bildbearbeitungsprogramm sind in der Lage Bilder mit einer Farbtiefe von
a) 10 Bit/Pixel
b) 12 Bit/Pixel und
c) 14 Bit/Pixel zu scannen.
Berechnen Sie die Anzahl der darstellbaren Graustufen (Tonwertstufen)?

a) $2^{10} = 1\,024$
b) $2^{12} = 4\,096$
c) $2^{14} = 16\,384$

33 Eine Halbtonvorlage wird mithilfe eines Flachbettscanners eingescannt. Welche Scanauflösung (in dpi) ist zu wählen wenn das Bild auf 200 % vergrößert im Offsetdruck (60er Raster) wiedergegeben werden soll? (Qualitätsfaktor, QF = 1,5)

Gerundet ca. 460 ppi bzw. 500 dpi
(Lösungsweg auf S. 320)

34 Welche Rasterweite (L/cm) kann erreicht werden, wenn ein Bild 1:1 mit 300 dpi gescannt wird? (Vorgabe QF = 2)

Gerundet: 60 Linien/cm
(Lösungsweg auf S. 320)

35 Bis zu welchem Abbildungsmaßstab kann ein 800 dpi-CD-Scanner ein Bild, das im 60er Raster gedruckt werden soll, in der dafür geeigneten Scanauflösung scannen? (QF = 1,5).

Abbildungsmaßstab = 350 %
(Lösungsweg auf S. 320)

36 Für eine Schulung wird ein Satz OH-Folien hergestellt. Als Vorlagen dienen Farbdias, die um 250 % vergrößert werden und auf einem Proof-Printer (Ink-Jet-Drucker, 600 dpi) auf Transparentfolie ausgegeben werden. Welche Scannerauflösung ist zu wählen?

2 100 dpi
(Lösungsweg auf S. 321)

37 In einem Druckunternehmen wird im Offsetdruck ausschließlich mit einem Raster von 48 Linien/cm gedruckt. Für die Druckvorstufe steht ein preiswerter DTP-Scanner mit einer max. Auflösung von 1200 dpi zur Verfügung. Welche Vergrößerungswerte in % sind maximal auf diesem Scanner erreichbar? (QF = 2)

Ca. 500 %
(Lösungsweg auf S. 321)

38 Für ein DTP-Studio wurde ein Flachbettscanner angeschafft, der eine maximale Auflösung von 2400 ppi erreicht. Bis zu welcher Größe in cm können Sie Dias im Format 24 mm × 36 mm beim Scannen vergrößern, wenn diese später im Offsetdruck in einer Rasterweite von 80 Linien/cm gedruckt werden. (Qualitätsfaktor = 1,5) (Ergebnis auf ganze Zahlen runden).

19,2 cm × 28,8 cm
(Lösungsweg auf S. 321)

39 Für eine Bildschirmpräsentation (Bühnengröße 640×480 Pixel) sollen Dias eingescannt und in doppelter Größe wiedergegeben werden. Welche Scannerauflösung ist zu wählen? Ergebnis auf ganze Zahlen runden.

144 dpi, gerundet 150 dpi (Lösungsweg auf S. 321)

5.3 Bildbearbeitung

5.3.1 Retusche und Composing

1 Welche Aufgabe hat die Bildretusche?

Mit der Retusche werden Bildmängel korrigiert.

2 Beschreiben Sie die Funktionalität der Stempelretusche in Bildverarbeitungsprogrammen.

Der Stempel ist ein Klonwerkzeug. Mit ihm werden Bildteile aus einem Bereich in einen anderen Bildbereich kopiert. Als wichtigste Parameter lassen sich u. a. die Größe der Werkzeugspitze und die Transparenz einstellen.

3 Welche Bildkorrekturen können durch Verändern der Gradationskurve durchgeführt werden?

Durch Verändern der Gradationskurve wird die Verteilung der Tonwerte innerhalb eines Bildes verändert. So können z. B. die Tonwertbereiche für Lichter und Tiefen gestaucht und gleichzeitig der Bereich der Mitteltöne gestreckt werden.

4 Im Einstellungs-Dialogfeld „Tonwertkorrektur“ von Bildverarbeitungs- oder Scanprogrammen wird oft ein Histogramm dargestellt. Welche Information wird darin dargestellt?

Das Histogramm zeigt an, wie viel Pixel in einem Bild einem bestimmten Helligkeitswert entsprechen.

5 Welche Bildeigenschaft wird durch ein Histogramm beschrieben?

Ein Histogramm ist die grafische Darstellung der Tonwertverteilung in einem Bild. Für jede der 256 Stufen in einem 8-Bit-Bild oder -Kanal wird die Anzahl der Bildpunkte ermittelt, die diesen Wert repräsentieren.

6 Im folgenden Histogramm ist die charakteristische Tonwertverteilung eines Graustufenbildes dargestellt.

a) Interpretieren Sie das Histogramm.
b) Welche Funktion haben die dreieckigen Regler?

a) Das Histogramm zeigt deutlich mehr Dreivierteltöne und Tiefen als helle Tonwerte. Ein Bild wird durch die Häufigkeit seiner Tonwerte charakterisiert. Das Bild wird also eher dunkel sein. Die Zeichnung im bestimmenden Tonwertbereich ist relativ hoch, da die Tonwertverteilung nicht gleichmäßig ist.
b) Tiefenregler, Mittelton-/Gammaregler, Lichterregler

7 Die Kombination zweier oder mehrerer Bilder zu einem neuen Bild heißt Composing. Nennen Sie vier wesentliche Bildparameter, die beim Composing beachtet werden müssen.

- Schärfe
- Farbcharakter
- Lichteinfall und Schatten
- Perspektive
- Größenverhältnisse
- Proportionen

8 Beschreiben Sie das Prinzip der selektiven Farbkorrektur.

Zur selektiven Farbkorrektur wird der Farbbereich ausgewählt, der die zu korrigierende Farbe enthält. Einige Programme ermöglichen zusätzlich die Feinjustierung des Farbbereichs. Alle Farben, die dem selektierten Bereich zugeordnet sind, werden beeinflusst. Deshalb muss gegebenenfalls zu der Farbselektion noch die geometrische Maskierung erfolgen.

9 Worin liegen die wesentlichen Vorteile der LAB-Farbkorrektur?

In verschiedenen Bildverarbeitungsprogrammen sind Farbkorrekturen im LAB-Farbenraum möglich. Dabei ist es meist nicht notwendig, das Bild in den LAB-Modus zu konvertieren. Durch die voneinander unabhängige Steuerung der drei Kenngrößen Farbton, Sättigung und Helligkeit sind komplexe Farbkorrekturen und sogar Umfärbungen einfach durchzuführen.

10 Welche Aufgabe hat ein neutral graues Kontrollfeld bei der Farbkorrektur?

Das neutrale Grau steht stellvertretend für das ausgewogene Verhältnis der Teilfarben. Die nachträgliche Festlegung ist u. a. zum Farbstichausgleich notwendig.

11 Durch die Wahl des Farbmodus werden verschiedene Bildeigenschaften bestimmt. Nennen Sie vier Parameter.

- Anzahl der Kanäle
- Dateigröße
- Dateiformat
- Anzahl der darstellbaren Farben
- Übernahmemöglichkeiten der Bilddatei in andere Programme

12 Nennen Sie jeweils die Anzahl der Kanäle und der maximal darstellbaren Farben für folgende Farbmodi:
a) Bitmap
b) Graustufen
c) Indizierte Farben
d) RGB
e) LAB
f) CMYK

a) Bitmap (Strich) mit 1 Bit Farbtiefe (1 Bit × 1 Kanal), 2 Tonwerte (Schwarz und Weiß)
b) Graustufen mit 8 Bit Farbtiefe (8 Bit × 1 Kanal), 256 Tonwerte (Graustufen)
c) Indizierte Farben mit max. 8 Bit Farbtiefe (max. 8 Bit × 1 Kanal), 256 Farben
d) RGB mit 24 Bit Farbtiefe (8 Bit × 3 Kanäle), 16,7 Millionen Farben
e) LAB mit 24 Bit Farbtiefe (8 Bit × 3 Kanäle), 16,7 Millionen Farben
f) CMYK mit 32 Bit Farbtiefe (8 Bit × 4 Kanäle), 16,7 Millionen Farben.

13 Welcher Vorgang der Bildverarbeitung wird mit dem Begriff Separation beschrieben?

Die Aufteilung der Farbinformation eines Farbbildes/einer farbigen Grafik in die vier separaten Farben (Farbauszüge) für den Druck (CMYK).

14 Beschreiben Sie den Gradationsverlauf der verschiedenen Schwarzauszüge
a) Skelettschwarz
b) Kurzes Schwarz
c) Langes Schwarz

a) Das Skelettschwarz hat nur einen Tonwertumfang von den Mitteltönen bis zur Tiefe. Der Tonwertverlauf steigt überproportional zur Tiefe hin an.
b) Das kurze Schwarz hat nur einen Tonwertumfang von den Mitteltönen bis zur Tiefe. Der Tonwertverlauf steigt proportional zur Tiefe hin an.
c) Das lange Schwarz hat einen Tonwertumfang vom Licht bis zur Tiefe. Der Tonwertverlauf steigt proportional zur Tiefe hin an.

15 Welche Bildwirkung hat die Funktion Aufhellen in der Bildverarbeitung?

Aufhellen bedeutet in der Bildbearbeitung, dass der Helligkeitswert eines jeden Pixels um den gleichen Wert erhöht wird. Kontrast und Tonwertumfang bleiben gleich.

16 Erklären Sie die Funktion der Interpolation bei der Bildberechnung.

In Zusammenhang mit der Bildbearbeitung bezeichnet Interpolation die Erhöhung der Bildauflösung durch Hinzufügung neuer Pixel im gesamten Bild. Zur Berechnung der neuen Pixel werden die Nachbarpixel herangezogen.

17 Wie wird ein Bild im Positiv dargestellt?

Das Positiv zeigt die farb- und tonwertrichtige Wiedergabe einer Vorlage.

18 Wodurch unterscheiden sich das Positiv und das Negativ eines Bildes?

Das Positiv gibt die Ton- und Farbwerte der Vorlage entsprechend wieder. Beim Negativ sind die Ton- und Farbwerte umgekehrt. Es ist das Komplement des Positivs.

19 Erklären Sie den Begriff seitenverkehrt.

Der Begriff seitenverkehrt beschreibt die spiegelverkehrte Darstellung einer Vorlage.

20 Welcher Vorgang der Bildverarbeitung wird mit dem Begriff Scharfzeichnen bezeichnet?

Beim Scharfzeichnen werden in einem Bild per Software die Konturen geschärft. Dies geschieht durch die Hervorhebung von Linien, Kanten und Übergängen mittels Kontraststeigerung.

21 Was ist ein Alpha-Kanal?

Ein Alpha-Kanal ist ein in verschiedenen *Bildbearbeitungsprogrammen* für Masken, Transparenz oder zusätzliche Farbinformationen reservierter Kanal.

22 Nennen Sie drei Möglichkeiten der geometrischen Freistellung in einem Bildverarbeitungsprogramm.

- Zauberstab, automatische Auswahl nach Ton- und/oder Farbwertbereichen
- Auswahllasso
- Geometrische Auswahlformen, z. B. Rechteckauswahl
- Auswahlpfad

23 Nennen und beschreiben Sie die drei Verlaufsarten.

Durch stufenlos veränderte Rasterung erzeugter allmählicher Übergang zwischen mindestens zwei Farbnuancen (Farbverlauf), zwei Grautönen (Helligkeitsverlauf) oder bunter und unbunter Farbnuancen (Sättigungsverlauf); mit der geeigneten Bildbearbeitungssoftware lassen sich Verläufe auch in geometrischen Figuren wie Vielecken →

▷ *Fortsetzung der Antwort* ▷

und Kreisen mit beliebig vielen Bezugsfarbnuancen erzeugen.

5.3.2 Format- und Maßstabsänderungen

24 Wie lautet die Formel zur Berechnung des Abbildungsmaßstabes?

$v = y' / y$

v: Abbildungsmaßstab als Vergrößerungs- bzw. Verkleinerungsfaktor

y': lineare Bildgröße (Reproduktion)

y: lineare Gegenstandsgröße (Vorlage)

25 Ein Kleinbilddia soll im Format DIN A5 reproduziert werden.

a) Welche Bildgröße in mm haben beide Formate?

b) Welches Seitenverhältnis haben beide Formate?

c) Durch geeignete Bildretusche soll das Motiv ergänzt werden. Welche Seite der Reproduktion muss um wie viel mm angesetzt werden?

a) Kleinbilddia: 24 mm × 36 mm; DIN A5: 148 mm × 210 mm

b) Kleinbilddia: 2 : 3; DIN A5: 1 : $\sqrt{2}$

c) Die Breite der Reproduktion muss um 8 mm angesetzt werden.

(Lösungsweg auf S. 321)

26 Ein Bild wird als DIN-A5-Hochformat im 60er Raster gedruckt. Die RGB-Datei soll in einer Multimediaproduktion zur Anwendung kommen. Dazu wird die Auflösung mit 72 ppi in einem Bildverarbeitungsprogramm neu berechnet.

a) Berechnen Sie die Bildgröße in Pixel nach der Neuberechnung.

b) Welche Dateigröße in Kilobyte hat die neue Datei?

c) Wodurch lässt sich die Dateigröße weiter reduzieren? Nennen Sie zwei Faktoren, die dabei zu beachten sind.

a) 420 px × 595 px (Lösungsweg auf S. 321)

b) 733 Kilobyte (Lösungsweg auf S. 321)

c) Durch Komprimierung in geeigneten Dateiformaten, z. B. TIFF, GIF, JPEG oder PNG.
Das Dateiformat und die Stärke der Komprimierung sind vom Motiv und der späteren Anwendung abhängig.

27 Definieren Sie den Begriff randabfallend.

Eine oder mehrere Seiten des Bildes schließen mit dem Seitenrand ab.

28 Was ist bei der Bildgröße von randabfallenden Bildern zu beachten?

Um ein Blitzen zu vermeiden, wird das Bild an diesen Seiten 3 mm größer reproduziert. Diese 3 mm fallen in den Beschnitt.

29 Definieren Sie den Begriff Beschnitt.

Beschnitt ist der verarbeitungstechnisch notwendige Papierrand um das Endformat.

30 Was sind Beschnittmarken und welche Funktion haben sie?

Beschnittmarken sind kurze Linien, die mit auf den Druckbogen gedruckt werden. Sie zeigen an, wo ein Schnitt erfolgen soll.

5.3.3 Densitometrie

31 Welche Aufgabe hat die Densitometrie?

Die Densitometrie befasst sich mit der messtechnischen Erfassung von Tonwerten.

32 Beschreiben Sie die beiden densitometrischen Messverfahren:
a) Durchsichtsmessung,
b) Aufsichtsmessung.

a) Durchsichtsmessung: Zur Messung optischer Dichten bei Filmen, z. B. Diapositiven und Rasterfilmen. Das Licht einer Lichtquelle wird als 100 % (I_0) gesetzt und zum gemessenen transmittierten Licht (I_1) ins Verhältnis gesetzt.
b) Aufsichtsmessung: Zur Messung optischer Dichten bei Aufsichtvorlagen und Drucken. Das Licht einer Lichtquelle wird als 100 % (I_0) gesetzt und zum gemessenen remittierten Licht (I_1) ins Verhältnis gesetzt.

33 Nennen Sie die deutschen Fachbegriffe für
a) Opazität,
b) Transparenz.

a) Lichtundurchlässigkeit
b) Lichtdurchlässigkeit

34 Wie lauten die Formeln zur Berechnung der
a) Transparenz,
b) Opazität,
c) Dichte?

a) $T = I_1/I_0$
b) $O = I_0/I_1$, $O = 10^D$
c) $D = logO$

35 Wie wird die integrale Dichte eines Rastertonwertes gemessen?

1. Nullstellen der Anzeige während einer Messung auf einer blanken Filmstelle bzw. Papierweiß.
2. Messung des Rastertonwertes. Um eine ausreichende Mittelwertbildung (ca. 100 Rasterpunkte) zu gewährleisten, muss die Messblende größer gewählt werden als bei einer Halbtonmessung.

36 Wie wird aus der Rasterdichte der Rastertonwert berechnet?

Rastertonwert = 100 % – I_1
Der Rastertonwert ist die gedeckte Fläche in Prozent. I_1 bezeichnet die transmittierte Lichtmenge und somit die freie Fläche im Raster.

37 Berechnen Sie die integralen Dichten der folgenden Rastertonwerte
a) 10 %
b) 50 %
c) 90 %

a) $O = I_0/I_1$; O = 100 %/90 % = 1,11;
$D = \log O$; $D = \log 1.11 =$ **0.046**
a) $O = I_0/I_1$; O = 100 %/50 % = 2;
$D = \log O$; $D = \log 2 =$ **0.3**
a) $O = I_0/I_1$; O = 100 %/10 % = 10;
$D = logO$; $D = log10 =$ **1.0**

38 Welchem Rastertonwert entspricht die Dichte von 1.3?

95 %
(Lösungsweg auf S. 322)

39 Definieren Sie den Begriff Dichteumfang.

Der Dichteumfang ist die Differenz zwischen der Dichte der hellsten Bildstelle (D_{min}, Licht) und der Dichte der dunkelsten Bildstelle (D_{max}, Tiefe) eines Halbtonbildes.

40 Welchen Dichteumfang hat ein Bild mit D_{min} = 0.06 (Licht) und D_{max} = 3.5 (Tiefe)?

3.44
(3.5 – 0.06 = 3.44)

41 Was beschreibt der Begriff „kopierfähige Dichte“?

Mit kopierfähiger Dichte wird die Schwärzung einer Kopiervorlage (Film) beschrieben. Die Dichte muss so hoch sein, dass die transmittierte Lichtmenge an dieser Stelle keine fotochemische Reaktion auf dem Kopiergut auslöst.

42 Wie viel Licht wird an der Stelle einer Kopiervorlage transmittiert, die eine Dichte von 4.0 hat?

0,01 %
(Lösungsweg auf S. 322)

43 Wie wird die Dichte eines Halbtonbildes gemessen?

1. Nullstellen der Anzeige während einer Messung ohne Film. Im Gegensatz zur integralen Rasterdichtemessung zählt die Dichte des Trägermaterials zur optischen Dichte der Bildstelle.
2. Messung des Tonwertes. Die Messblende muss kleiner gewählt werden als bei einer Rastermessung.

5.4 Schrifttechnologie

1 Erklären Sie den Begriff „Bitmap-Font“.

Bei „Bitmap-Fonts“ werden für jeden Buchstaben in einer Matrix die Pixel gespeichert, die auf dem Bildschirm dargestellt werden sollen. Jedes Pixel in der Matrix entspricht einem Pixel auf dem Bildschirm.

2 Für welchen Verwendungszweck eignen sich Bitmap-Schriften?

Sie eignen sich für die Bildschirmdarstellung. Man bezeichnet Sie auch deshalb als „Screen-Fonts".

3 Aus welchem Grund sind Bitmap-Schriften nicht für die Ausgabe auf Drucker bzw. Belichter geeignet?

Auf Grund ihrer Struktur lassen sich Bitmap-Schriften nur mit großen Qualitätseinschränkungen vergrößern oder verkleinern. Es würde für jede Schriftgröße eine eigene Bitmap-Font-Datei benötigt.

4 Wie hoch, in Pixel, ist eine 12 Point große Bitmap-Schrift auf einem Bildschirm mit einer Auflösung von 72 dpi?

In der Regel ist die Schrift 12 Pixel hoch. (Anmerkung: Der DTP-Point beträgt 1/72 inch)

5 Erklären Sie den Begriff „Anti-Aliasing" im Zusammenhang mit Bitmap-Fonts.

Auf Grund ihrer Pixelstruktur haben Schriften besonders bei vergrößerter Darstellung auf dem Bildschirm unschöne, treppenstufenartige Außenkonturen. Um für das Auge ein glatteres Schriftbild darzustellen, werden beim „Anti-Aliasing" an den Außenkanten zusätzliche Pixel in verschiedenen Grauabstufungen hinzugefügt.

6 Erklären Sie den Begriff „Outline-Font".

Bei „Outline-Fonts" wird die Außenkontur der Zeichen in einer mathematischen Beschreibung abgespeichert.

7 Welchen Vorteil haben „Outline-Fonts" gegenüber „Bitmap-Fonts"?

Sie sind in Größe und Auflösung frei veränderbar. Erst im Ausgabegerät wird aus der Außenkonturbeschreibung ein aus einzelnen Punkten (Belichterpixel) aufgebautes Bild berechnet.

8 Nennen Sie zwei bekannte „Outline-Font"-Formate.

- Type 1 (Adobe)
- Type 3 (Adobe)
- TrueType (Apple/Microsoft)
- OpenType (Adobe/Microsoft)

9 „Type 1"-Schriften werden auch als „PostScript-Fonts" bezeichnet. Erklären Sie den Begriff „PostScript-Font".

PostScript ist eine Seitenbeschreibungssprache der Fa. Adobe. Schriften im Type 1-Format bestehen aus PostScript-Code, bei dem mittels Bézierkurven und mathematischer Beschreibungen die komplexe Außenkontur eines Schriftzeichens beschrieben wird.

10 Aus welchen Gründen ist bei einigen Betriebssystemen zur Darstellung von „Type 1- Schriften" auf dem Bildschirm ein zusätzlicher Bitmap-Font oder das Programm (Systemerweiterung) Adobe Type Manager notwendig?

Bei „Type 1-Schriften" handelt es sich um PostScript-Code. Die meisten Betriebssysteme können PostScript-Code nicht für die Bildschirmdarstellung interpretieren. Um trotzdem die Schrift so detailgetreu als möglich am Bildschirm darzustellen, kann ein gleichartiger Bitmap-Font verwendet oder mittels des Programms (Systemerweiterung) Adobe Type Manager ein Bitmap-Font aus dem PostScript-Font errechnet werden.

11 Erklären Sie den Begriff „TrueType-Format"

Beim „TrueType-Format" handelt es sich ebenfalls um ein Outline-Format. Es wurde von Microsoft und Apple in Konkurrenz zum „Type 1-Format" entwickelt. Die Konturen werden durch Eck-, Tangenten- und Kurvenpunkte mittels so genannter B-Splines beschrieben. Pro Schrift genügt eine Datei für die Bildschirm- und Druckausgabe.

12 Warum ist die Qualität von Outline Schriften (Type 1 und Type 3) beim Ausbelichten meistens besser als die von TrueType-Schriften?

Belichter arbeiten meist mit PostScript-RIP. Erst wenige RIP sind in der Lage TrueType-Fonts direkt in eine Belichter-Bitmap umzusetzen. Die meisten RIP müssen zuerst die TrueType Fonts in eine PostScript Beschreibung umrechnen. Hierbei kommt es zu Qualitäts- und Zeitverlusten.

13 Welche Vorteile hat das Outline-Format „OpenType“ im Vergleich zu „TrueType“ bzw. „Type 1“?

- Dieselbe Schriftdatei kann sowohl auf MacOS als auch auf Windows (Windows 2000 und XP) verwendet werden.
- Es gibt keine Trennung in Drucker- und Bildschirmfont.
- Es ist kein zusätzliches Programm (Systemerweiterung) zur Bildschirmdarstellung notwendig.
- Da die Zeichensatzbelegung UNICODE verwendet wird, kann ein Font bis zu 65 536 Zeichen enthalten.
- Die Datenmenge innerhalb eines Fonts lässt sich sehr stark komprimieren.

14 Erläutern Sie die Aufgaben von Schriftverwaltungsprogrammen.

Im Laufe der Zeit wird das Schriftenmenü auf einem PC immer länger und damit unübersichtlicher, da viele Programme neue Schriften installieren. DTP benötigt für Belichtungs- und Gestaltungszwecke eine Vielzahl unterschiedlicher Schriften. Daher ist es sinnvoll, ein Schriftverwaltungsprogramm zu verwenden, das Schriften nach verschiedenen Kriterien zusammenfassen kann. Dies kann wie folgt geschehen: Ordnen nach Schriftklassen, nach Auftragsstruktur, nach Zeichen- →

▷ *Fortsetzung der Antwort* ▷

satztypen u. Ä. Die Schriften werden in Sets zusammengefasst und nach Bedarf aktiviert bzw. deaktiviert.

5.5 Database Publishing

1 Erklären Sie den Begriff Database Publishing an einem Beispiel.

Die datenbankgestützte Produktion von Print- oder Nonprintmedien heißt Database Publishing. Dabei werden die variablen Daten aus einer Datenbank geladen, z. B. Preise in einem aktuellen Prospekt, Last-Minute-Angebote auf einer Website und Bilder bei der Medienproduktion oder beim Aufrufen der Seite im Browser.

2 Nennen Sie vier Einsatzbereiche von Database Publishing.

1. Publikationen mit großem Umfang und hohem Anteil an strukturierten Daten, z. B. Kataloge.
2. Regelmäßige Publikationen mit wechselndem Inhalt, z. B. Zeitschriften, Verzeichnisse.
3. Verschiedene Publikationen mit gleicher Struktur, z. B. mehrsprachige Publikationen.
4. Verschiedene Publikationen mit gemeinsamen Inhalten, z. B. Produktverzeichnisse und Bestelllisten.
5. Aktuelle Publikationen mit ständig wechselndem Inhalt, z. B. Online-Abfragen.

3 Welche Bedeutung hat die Abkürzung DBMS?

Data Base Management System, Datenbanksystem.

4 Definieren Sie die Begriffe
a) Datenbank
b) Datenverwaltungssystem
c) Datenbanksystem.

Datenbanken sind systematische Sammlungen von Daten. Zur Verwaltung und Nutzung der Daten benötigt man ein Datenverwaltungssystem. Datenbank und Datenverwaltungssystem heißen zusammen Datenbanksystem (DBMS).

5 Nennen Sie drei Beispiele relationaler Datenbanksysteme.

Oracle, Microsoft Access und FileMaker Pro.

6 Beschreiben Sie das Prinzip einer relationalen Datenbank.

Eine relationale Datenbank ist, vereinfacht gesagt, eine Tabellenkalkulation, auf die mehrere Benutzer zur gleichen Zeit zugreifen können. Alle Daten werden in zweidimensionale Tabellen/Relationen geschrieben. Die Tabelle besteht aus Zeilen/Tupeln und Spalten/Attributen. Jedes Objekt in einer Datenbank (z. B. Artikel in einer Produktdatenbank) wird durch seine Position in der jeweiligen Tabelle beschrieben. Die Attribute bilden die Datenelemente (z. B. Farbe, Größe), die wiederum zu einem Datensatz zusammengefasst werden. Die zusammengehörigen Datensätze ergeben eine Datei. Einzelne Dateien mit einer logischen Beziehung bilden die Datenbank.

7 Welche Bedeutung haben die Abkürzungen
a) RBMS,
b) SQL,
c) ODBC?

a) Relational Database Management System, relationales Datenbanksystem.
b) Structured Query Language, Anfrage- und Manipulationssprache der Datenbank.
c) Open Database Connectivity, Datenbank-Schnittstelle.

8 Erklären Sie die beiden grundsätzlichen Verfahren der Datenbankentwicklung
a) Bottom-up,
b) Top-down.

a) Als Ausgangspunkt dient eine spezielle Aufgabenstellung. Aus vorhandenen Dateien und Informationen wird das Datenbanksystem entwickelt, ein Verfahren, das bei größerem Umfang sehr schnell zur Unübersichtlichkeit und Redundanzen führt. →

▷ *Fortsetzung der Antwort* ▷

b) Die Informationsanforderungen aller zukünftigen Datenbanknutzer bestimmten die Entwicklung des Datenmodells. Dadurch ist diese Methode für komplexe Anwendungen geeignet.

9 Erläutern Sie die drei Grundsätze der Datenbankentwicklung
a) Redundanzfreiheit
b) Eindeutigkeit
c) Prozessdatenfreiheit

a) Eine Information ist nur einmal gespeichert, ist deshalb immer aktuell, kann aber von verschiedenen Nutzern in unterschiedlichem Kontext bearbeitet werden.
b) Jeder Datensatz ist über einen Schlüssel eindeutig zu identifizieren.
c) Prozessdaten sind Daten, die über einen Rechenprozess gebildet werden. Wird beispielsweise statt des Geburtsdatums das Alter in einer Personendatenbank gespeichert, so ist diese Angabe spätestens nach einem Jahr falsch.

10 Was wird bei der Datenbankerstellung unter Normalisierung verstanden?

Die in der Informationsstruktur festgelegten Datenfelder müssen im zweiten Schritt in eine konkrete, den Regeln entsprechende Datenstruktur gebracht werden. Jedes Attribut darf nur einmal vorkommen. Dieser Vorgang heißt Normalisierung.

11 Was bedeuten die drei Buchstaben CGI?

Common Gateway Interface, Datenbank-Schnittstelle.

12 Beschreiben Sie das Prinzip einer CGI-Datenbankabfrage.

Bei einer Datenbankabfrage setzt das CGI-Script das auf dem Server ankommende Formular um. Die Abfrage erfolgt meist durch SQL. Das Ergebnis wird nun vom CGI als HTML-Code an den anfragenden Browser geschickt. Auf dem Bildschirm erscheint eine neue Seite, dynamisch generiert vom CGI.

13 Welchem Zweck dient eine Abfrage?

Der Suche nach bestimmten Informationen in einer Datenbank.

14 Was ist der Index in einer Datenbank?

Eine sortierte Liste von Begriffen.

15 Welchen Nutzen hat ein Index?

Mit Hilfe eines Index kann sehr schnell und direkt auf bestimmte Informationen innerhalb einer großen Datenmenge, z. B. einer Datenbank, zugegriffen werden.

16 Welche Bedeutung hat die Abkürzung JDBC?

Java DataBase Connectivity; JDBC ist eine von Sun entwickelte Datenbankschnittstelle.

17 Beschreiben Sie die Arbeitsweise von Groupware?

Groupware-Programme ermöglichen ein verteiltes Arbeiten von Teams in Computernetzen. Die Daten werden über serverbasierte Datenbanken aktualisiert.

18 Welche Bedeutung hat die Abkürzung ASP?

Die Abkürzung ASP hat im Database Publishing zwei Bedeutungen:

a) Active Server Pages; Technologie für dynamische Webseiten, deren Inhalte serverseitig generiert werden.
b) Application Service Provider; Dienstleister, der bestimmte Anwendungen meist über das Internet anbietet.

19 Welche Bedeutung haben die Abkürzungen
a) PERL
b) PHP?

a) PERL heißt in der Langform Practical Extraction and Report Language; Interpreter-Skript-Sprache; zur Programmierung von CGI-Anwendungen.
b) PHP steht für Hypertext Preprocessor, eine serverseitige Scriptsprache für dynamische Internetseiten.

20 Was wird mit dem Begriff „File“ bezeichnet?

File ist die englische Bezeichnung für Datei.

21 Welche Funktion hat ein Backup?

Ein Backup ist eine Sicherheitskopie auf einen anderen Datenträger. Er soll Datenverluste verhindern.

22 Welche Bedeutung hat „CMS“ im Database Publishing?

CMS ist die Abkürzung von Content Management System; Software zur datenbankgestützten Generierung des Seiteninhalts.

5.6 Medienintegration

1 Medienintegration in der Druckproduktion: Welche Möglichkeiten gibt es, digitale Datenbestände für unterschiedliche Druckergebnisse zu nutzen?

Aus vorhandenem Text und Bilddaten können:

- individualisierte Einzeldrucke erstellt werden. Dazu ist ein Abrufen der Daten aus einer Datenbank erforderlich, die mit vorgefertigten Bild- und Textdaten kombiniert werden können. Durch diese Kombination von Datenbank- und Text-/Bild-Anwendung ist es möglich, mithilfe einer Digitaldruckmaschine individualisierte Drucke herzustellen.
- Auflagendrucke für identische, industriell erstellte Medienprodukte produziert werden. Dazu ist aus Text- und Bilddaten eine Druckform herzustellen, von der z. B. in einer Offsetdruckmaschine eine Auflage mit identischen Druckbogen gedruckt werden. Danach erfolgt durch unterschiedliche Weiterverarbeitungstechniken die Herstellung zum Prospekt, Buch usw.

2 Erläutern Sie den Begriff „Printing-on-Demand“ (PoD).

Drucken auf Abruf aus einer Datenbank. Die Abrufdatei wird als Demand File bezeichnet.

3 Präsentationssysteme integrieren verschiedene Datentypen zu einer Diapräsentation oder Slideshow. Welche Medien- oder Datentypen können hier eingesetzt werden?

Text-, Bild-, Animations-, Video- und Sounddateien. Der Grad der Interaktivität ist bei solchen Präsentationen gering. Er beschränkt sich vielfach nur auf eine einfache lineare Navigation, verbunden mit der Möglichkeit, Sounds und Videoclips manuell zu steuern.

4 Was versteht man unter einem Kiosksystem?

Mithilfe dieser Kiosksysteme werden Informationen abgerufen oder z. B. Geldauszahlungen veranlasst, z. B. bei Infoterminals an Flughäfen, Bahnhöfen, Schulen, Messen, Banken usw. Gesteuert werden diese Systeme durch so genannte Touch-Screens.

5 Was versteht man unter einem Touch-Screen?

Touch-Screens sind berührungsempfindliche Monitore, die durch Fingerdruck eine Softwareapplikation steuern und Informationen abrufen können. Auf dem eigentlichen Monitor liegt eine Touch-Scheibe mit eingelassenem Steuerungssystem, das mithilfe einer Steuerungssoftware die Berührung der Finger aufnimmt und weiterleitet. Die eigentlich für die Maus bestimmten Steuerungsfunktionen werden so durch den berührungssensitiven Monitor aufgenommen und Steuern die Funktionen eines Kiosksystems.

6 Was ist bei der Interfacegestaltung einer Touch-Screen-Anwendung zu beachten?

Die Bedienungselemente müssen sich auch durch ungeübte Nutzer gut „drücken“ lassen. Es sind gut zu lesende und gut zu bedienende Navigationselemente zu gestalten. →

▷ *Fortsetzung der Antwort* ▷

Auf Rollover u. ä. Effekte sollte zu Gunsten einer klaren und einfachen Navigation verzichtet werden. Eindeutige und klare Farbkontraste sind herzustellen, damit der Anwender auch bei ungünstigen Beleuchtungs- und Sichtverhältnissen notwendige Informationen abrufen kann.

7 Im Zusammenhang mit Kiosksystemen wird oft die Abkürzung PoI verwendet. Was bedeutet dies?

PoI = Point of Information.

8 Erläutern Sie den Begriff „medienintegratives Autorensystem".

Darunter versteht man Softwarepakete zur Herstellung hochwertiger multimedialer Präsentationen für CD-ROM, DVD oder Kiosksysteme. Diese Autorensysteme sind medienintegrativ, das bedeutet, dass Bild-, Text-, Sound-, Video- und Animationsdaten hier zu einer Multimediaapplikation zusammengeführt werden können. Weiter ist es möglich, Daten aus Datenbanken sowie Netzwerknutzungen zu integrieren. Kennzeichen dieser Autorensysteme ist die Anwendung einer Programmiersprache, um die Navigation und unterschiedliche Funktionalitäten herzustellen.

9 Erläutern Sie den Begriff „medienintegrative Web-Editoren".

Medienintegrative Web-Editoren verknüpfen Bild-, Text-, Sound-, Video- und Animationsdaten zu einem Multimedia-Auftritt. Die Einbindung von Datenbanken ist hier oft notwendig und gewünscht, um E-Commerce-Systeme (Shop-Systeme), Informationsnetzwerke, Videoserver oder eine WWW-Firmendarstellung zu erstellen.

6 Medienproduktion – print

6.1 RIP und Belichtungstechnologie

1 Definieren Sie den Begriff Bilddatenausgabe.

Visualisierung der Bilddaten auf dem Monitor, im Belichter oder Drucker.

2 Erklären Sie die drei Bilddatenausgabevarianten
a) Computer-to-Film
b) Computer-to-Plate
c) Computer-to-Press

a) Bebilderung eines Filmes mit einer einzelnen Seite (Einzelseitenbelichtung) oder mit einer ausgeschossenen Druckform mit digitalen Daten.
b) Bebilderung einer permanenten Druckform mit digitalen Daten außerhalb der Druckmaschine mit hierfür speziell geeigneten Einrichtungen.
c) Bebilderung einer permanenten Druckform mit digitalen Daten innerhalb der Druckmaschine.

6.1.1 Belichtung

3 Erklären Sie den Begriff Belichtung.

Einwirkung von Licht auf lichtempfindliche Schichten (Film, Druckplatte, Druckfolie).

4 Wie lautet die mathematische Formel zur Bestimmung der Belichtung?

$H = E * t$
H: Belichtung; E: Beleuchtungsstärke; t: Belichtungszeit

5 Welche physikalische Einheit hat die Belichtung?

Luxsekunden (lxs).

6 Was ist ein Belichter?

Ein Gerät zur Aufzeichnung von digitalen Daten auf Filmen, Platten oder speziellen Druckmaschinenzylindern mithilfe eines oder mehrerer intermittierender Lichtstrahlen.

7 Erklären Sie das Bauprinzip eines Außentrommelbelichters.

Bei einem Außentrommelbelichter wird der Film oder die Druckplatte auf eine Trommel aufgespannt. Während der Belichtung dreht sich die Trommel und die Belichtungseinheit bewegt sich horizontal außen an der Trommel entlang.

8 Nach welchem Prinzip erfolgt die Belichtung bei einem Innentrommelbelichter?

Bei einem Innentrommelbelichter wird das Material im Inneren der Trommel aufgespannt. Die Belichtung erfolgt horizontal durch einen rotierenden Spiegel, der den Strahl auf die Platte leitet.

9 Erklären Sie das Prinzip der Kontaktkopie.

Die Kontaktkopie ist die Direktübertragung (1:1) von Bildstellen einer Vorlage auf zu belichtendes Material. Die Vorlage und das zu belichtende Material liegen dabei Schicht auf Schicht übereinander.

10 Erklären Sie den Begriff Dot.

Ein Dot ist das kleinste auf Ausgabegeräten (d. h. Druckern oder Belichtern) darstellbare grafische Element.

11 Wovon ist die Dotgröße abhängig?

Die Dotgröße ist von der Auflösung des Ausgabegerätes (dots per inch) abhängig.

12 Welche Maßeinheit wird mit dpi bezeichnet?

Dots per inch. Maßeinheit, die die Auflösung bei der Bilddatenausgabe angibt.

13 Besteht ein Zusammenhang zwischen der Dotgröße und der Auflösung des Eingabegerätes?

Nein, sie ist unabhängig von der Auflösung des Eingabegerätes, welches eine Halbton-Auflösung (Pixel per inch, ppi) liefert.

14 Was ist ein Rel?

Rel ist die Abkürzung von Recorderelement, die kleinste adressierbare Einheit eines Belichters.

15 Welche Bedeutung hat die Kurzform RIP?

Raster Image Processor

16 Welche Aufgaben übernimmt der RIP im digitalen Workflow?

Im RIP werden die erfassten Daten (Texte, Bilder, Grafik), die als Post-Script Code vorliegen, in Steuerinformationen für das angeschlossene Ausgabegerät (Belichter, Drucker) berechnet. Hierbei erzeugt der RIP eine Belichter-Bitmap, die alle auszugebenden Objekte in Form von Belichterpixel aufweist.

17 Sie werden bei einem Kundengespräch nach dem Begriff „OPI“ gefragt, erklären Sie in kurzen Worten diesen Begriff.

OPI = Open Prepress Interface: Es werden zwei Dateien von einem Bild erzeugt, eine ist für die Druckausgabe optimiert (große Datei), die andere ist für den Umbruch am Bildschirm optimiert (kleine Datei). Bei der Ausgabe am Belichter wird nun durch einen speziellen OPI-Server das niedrig aufgelöste Bild durch das hoch aufgelöste ausgewechselt.

18 Erklären Sie die Begriffe
a) Grobdaten
b) Feindaten

a) Grobdaten/Layoutdaten sind niedrig aufgelöste Daten für die Layoutarbeit mit einer Auflösung zwischen 72 und 150 dpi. Bei dieser Auflösung ist der Speicherplatzbedarf nicht so hoch.
b) Hoch aufgelöste Daten zur Belichtung mit einer Auflösung von z. B. 304,8 dpi (120 Zeilen/cm) bei einem 58er- bis 64er Raster. Ein Bild (CMYK-Modus) im Format DIN-A4 benötigt ca. 30 MB Speicherplatz.

19 Erklären Sie den Begriff Passer.

Der Passer beschreibt den präzisen Über- bzw. Nebeneinanderdruck der einzelnen Farben im Mehrfarbendruck.

20 Was sind Passkreuze?

Passkreuze sind feine Fadenkreuze o. Ä. auf Farbauszügen und Druckplatten.

21 Welche Funktion haben Passkreuze?

Sie dienen als Hilfsmittel zum genauen Einpassen bei der Montage, beim Einrichten der Druckplatten und zur ständigen Kontrolle im Fortdruck.

22 Was sind Blitzer?

Blitzer sind Störungen beim Druck. Aneinandergrenzende Farbflächen lassen das Trägermaterial (in der Regel weißes Papier) „durchblitzen". Eine Folge ungenauer Bogenmontage bzw. ungenauer Papierführung in der Druckmaschine. Eine Gegenmaßnahme ist das Überfüllen oder Überdrucken.

23 Erklären Sie das Prinzip des Überfüllens.

Das Überfüllen dient zur Vermeidung von Blitzern. Benachbarte Farbflächen werden dabei so verändert, dass sie an den Rändern gegenseitig ein wenig überlappen. Die hellere Farbe wird dabei immer über die dunklere geschoben.

6.1.2 Rasterung

24 Beschreiben Sie das Prinzip des Rasterns.

In der Bildverarbeitung versteht man unter einem Raster eine Fläche mit kleinen, regelmäßig oder zufällig angeordneten geometrischen Formen (z. B. runde, quadratische oder anders geformte Punkte, Linien). Mit seiner Hilfe setzt man Halbtonbilder in eine für das Drucken erforderliche reine Schwarzweiß- bzw. vollfarbige Darstellung um. →

▷ Fortsetzung der Antwort ▷

Dabei wird entweder die Größe oder die Häufigkeit der Elemente gemäß der Bildhelligkeit variiert.

25 Wie ist der Rastertonwert definiert?

Der Rastertonwert ist der prozentuale Anteil der mit Rasterpunkten bedeckten Fläche zur Gesamtfläche.

26 Was beschreibt der Flächendeckungsgrad?

Den Anteil der bedruckten Fläche an der Gesamtfläche in Prozent.

27 Wie lässt sich der Rastertonwert messen?

Der Tonwert lässt sich exakt nur densitometrisch bestimmen.

28 Was bezeichnet die Rasterweite?

Mit der Rasterweite bezeichnet man die Anzahl der Rasterpunkte pro Längeneinheit. Gängige Angaben sind L/cm (Linien pro cm) und lpi (lines per inch).

29 Welche optische Erscheinung wird mit dem Begriff Moiré bezeichnet?

Mit Moiré (französisch: Moiré = Gewebe mit Schillermuster) bezeichnet man eine störende Musterbildung.

30 Welche Bedeutung hat der Rasterwinkel bei der Rasterung?

Bei regelmäßigen Rastern gibt der Rasterwinkel die Richtung der Rasterung von der Senkrechten aus gemessen an. Für einfarbige Darstellungen ist die Diagonalstellung des Rasters (45 oder 135 Grad) üblich. Bei mehrfarbigem Druck sollte man für die verschiedenen Farben unterschiedliche Rasterwinkel verwenden, um Überlagerungseffekte (Moiré) zu vermeiden.

31 Wie lauten die Rasterwinkelungen für CMYK nach der DIN-Norm 16 547?

Nach der Norm DIN 16 547 verwendet man für die vier Farben Gelb 0°, Magenta 15°, Cyan 75° und Schwarz 45°.

32 Erklären Sie die beiden Begriffe Punktzuwachs und Tonwertzunahme.

Beide Begriffe sind synonym. Sie beschreiben die Vergrößerung der Rasterpunkte im Druck. Ein Bild kann dadurch dunkler (voller) erscheinen, und/oder es kann eine Farbverschiebung auftreten.

33 Definieren Sie den Begriff Rasterzelle.

Die Rasterzelle ist eine Matrix von Recorderelementen (Rels), in der ein Rasterpunkt durch Belichtung gebildet wird. Die Anzahl der belichteten Rels in einer Rasterzelle bestimmt den Rastertonwert.

34 Beschreiben Sie das Prinzip der autotypischen Rasterung.

Die autotypische Rasterung ist eine flächenvariable Rasterung von Bildvorlagen durch Amplituden-Modulation. Bildhelligkeiten ergeben sich durch flächenmäßig unterschiedlich große Rasterpunkte. Der Mittelpunktabstand der Rasterpunkte ist in allen Tonwerten gleich.

35 Erklären Sie das Prinzip des frequenzmodulierten Rasters.

Beim frequenzmodulierten Raster haben alle Rasterpunkte die gleiche Größe. Die Anzahl der Punkte pro Flächeneinheit wird verändert. Ihre räumliche Verteilung erfolgt nach mathematischen Zufallsprinzipien.

6.1.3 Filmmaterial

36 Nennen Sie die Schichten eines grafischen Films beginnend mit der oberen Schutzschicht.

1. Schutzschicht,
2. Emulsionsschicht (lichtempfindliche Schicht),
3. Haftschicht,
4. Träger,
5. Haftschicht,
6. Rückschicht.

37 Erklären Sie die vier sensitometrischen Filmeigenschaften
a) Spektrale Empfindlichkeit
b) Allgemeinempfindlichkeit
c) Gradation
d) Auflösungsvermögen

a) Die spektrale Empfindlichkeit beschreibt, für welche Wellenlängenbereiche die Emulsion eine besonders hohe Lichtempfindlichkeit aufweist. Die spektrale Empfindlichkeit des Aufnahmematerials und die spektrale Emission der Lichtquelle müssen den gleichen Spektralbereich umfassen.
b) Die Allgemeinempfindlichkeit beschreibt die notwendige Energiemenge, um eine Belichtung auszulösen.
c) Die Gradation beschreibt die Tonwertabstufung des Aufnahmematerials nach der Belichtung. Maß für die Gradation ist Gamma, der Tangens des Steigungswinkels der Gradationskurve.
d) Das Auflösungsvermögen ist die Fähigkeit eines fotografischen Materials, zwei Informationen getrennt darzustellen. Es steht im Widerspruch zur Allgemeinempfindlichkeit. Je höher Allgemeinempfindlichkeit, desto geringer das Auflösungsvermögen.

38 Welche Filmeigenschaften visualisieren folgende Kennlinien:
a) Gradationskurve
b) Spektrogramm?

a) Fähigkeit der Tonwertabstufung
b) Spektralbereich der maximalen Empfindlichkeit

6.1.4 Ausgabeberechnungen

39 Wie viele Tonwertstufen lassen sich bei einer Belichtereinstellung von 2400 dpi und einer Rasterweite von 150 lpi in der Belichtung erzielen?

Anzahl der Tonwertstufen = 256
(Lösungsweg auf S. 322)

40 Sie wollen ein Bild im 60er Raster auf einem 600 dpi Laserdrucker bzw. 1 270 dpi Belichter ausgeben. Berechnen Sie die Anzahl der darstellbaren Tonwertstufen (Graustufen).

Anzahl der Tonwertstufen = 16 bzw. 72 (Lösungsweg auf S. 322)

41 Ein Bild soll 1:1 im 36er Raster ausbelichtet werden, der Tonwertumfang soll 256 Graustufen betragen. Welche Belichterauflösung ist zu wählen?

Gerundet 1 500 dpi (Lösungsweg auf S. 322)

42 Welche Informationen benötigen Sie, um eine einfache Vorauswahl für den Kauf eines Belichters treffen zu können? Nennen Sie 4 sinnvolle Informationen.

Anzahl der Belichtungsjobs pro Tag (Geschwindigkeit), benötigte Formate, Qualität, Integrationsfähigkeit in den bestehenden Workflow, Platzbedarf, Kosten/cm^2 belichteter Film, Anschaffungskosten, Service usw.

43 Ein Rasterpunkt mit 50 % Flächendeckung wird auf einem PostScript-Laserbelichter ausgegeben.

a) Wie viele Rasterelemente der Rasterzelle müssen geschwärzt (belichtet) werden?

b) Wie baut sich der Rasterpunkt beim amplitudenmodulierten Raster auf?

c) Wie baut sich der Rasterpunkt beim frequenzmodulierten Raster auf?

a) PostScript = 256 davon 50 % = 128 Rasterelemente.

b) Von innen nach außen, nebeneinander.

c) Nach einem Zufallsprinzip bzw. nach einem speziellen Algorithmus werden die zu belichtenden Rasterelemente in einer Rasterzelle festgelegt.

44 Welcher integralen Dichte entspricht ein Rastertonwert von 90 %?

1.0
(Lösungsweg auf S. 322)

45 Welche Auflösung muss ein Belichter zur Belichtung eines autotypisch gerasterten Bildes im 60er-Raster bei 8 Bit Datentiefe/Farbe haben?

2 400 dpi (1 inch ≈ 2,5 cm)
(Lösungsweg auf S. 322)

46 Wie viel Tonwerte (Rasterpunkte unterschiedlicher Größe) umfasst ein Tonwertumfang von 5 % bis 95 %?

230 Tonwerte
(Lösungsweg auf S. 322)

47 Kann mit einem Belichter mit 2 540 dpi Auflösung ein 80er Raster mit 256 Tonwerten belichtet werden (Standardpostscriptkonfiguration)?

Nein.
(Lösungsweg auf S. 323)

48 Welche maximale Rasterweite ist auf einem 3 600 dpi-Belichter bei 8 Bit Datentiefe möglich?

90 L/cm (1 inch ≈ 2,5 cm)
(Lösungsweg auf S. 323)

49 Welche Auflösung muss eine Bilddatei haben, die mit 70 L/cm belichtet wird (Qualitätsfaktor QF = 2)?

350 ppi (1 inch ≈ 2,5 cm)
(Lösungsweg auf S. 323)

50 Berechnen Sie jeweils den Durchmesser des fünfprozentigen Rasterpunkts eines 60er Rasters und eines 120er Rasters.

42 µ (60 L/cm), 21 µ (120 L/cm)
(Lösungsweg auf S. 323)

51 Belichter werden nach ihren Konstruktionsmerkmalen in Flachbett-, Außentrommel- und Innentrommelbelichter unterteilt. Welche Aussage hinsichtlich der Geschwindigkeit, der Qualität und der Rasterweite gilt hauptsächlich für den Einsatzbereich von Innentrommelbelichtern?

- Mittlere Geschwindigkeit,
- höchste Qualität,
- über 70er Raster.

6.2 Drucktechnik und Proof

6.2.1 Werkstoffe

Papier

1 Nach DIN 6730 ist „Papier… ein flächiger, im Wesentlichen aus Fasern meist pflanzlicher Herkunft bestehender Werkstoff, der durch Entwässerung einer Faserstoffaufschwemmung auf einem Sieb gebildet wird.“
Beschreiben Sie den Ablauf der Papierherstellung.

1. Aufbereiten der Faserrohstoffe
2. Mischen der Grundstoffe für eine bestimmte Papiersorte und -qualität
3. Auflaufen des Stoffs (99 % Wasser) auf das Sieb der Papiermaschine
4. Blattbildung auf dem Sieb durch Entwässerung (bis zu 10 m Arbeitsbreite und einer Geschwindigkeit von 1 600 m/s)
5. Pressen in der Pressenpartie
6. Trocknen und ggf. Oberflächenleimen in der Trockenpartie
7. Glätten im Glättwerk
8. Aufrollen auf den Tambour
9. Veredelung und Ausrüstung je nach Papierqualität und -sorte: →

▷ *Fortsetzung der Antwort* ▷

- Streichen in der Streichmaschine und/oder Satinieren im Kalander
- Rollen- oder Formatschneiden
- als Rolle, auf Palette oder als Ries verpacken

2 Welche Aufgabe hat Zellstoff bei der Papierherstellung?

Ein Fasergrundstoff der Papierherstellung. Bei der Herstellung des Zellstoffes wird die Faser nicht primär mechanisch, sondern chemisch aus dem Rohstoff (i. d. R. Holz) herausgelöst.

3 Nennen Sie die beiden Hauptverfahren zur Zellstoffgewinnung.

a) Sulfatverfahren
b) Sulfitverfahren

4 Was ist Holzschliff?

Ein Fasergrundstoff zur Papierherstellung. Das Holz wird bei der Holzschliffgewinnung mechanisch in Holzschleifern zerfasert. Durch den rein mechanischen Prozess ist die Stoffausbeute höher als beim chemischen Aufschluss. Allerdings befinden sich auch noch Harze und Lignine im Holzschliff.

5 Welcher Faserstoffanteil ist für das Vergilben von Papier verantwortlich?

Lignin

6 Auf welche Art der Faserstoffbleiche beziehen sich die Bezeichnungen chlorarm bzw. chlorfrei?

Diese Bezeichnungen beschreiben die Bleiche der Faserstoffherstellung zur Papierherstellung. Dabei bedeutet chlorarm (cfa), dass beim Bleichvorgang weitestgehend auf elementares Chlor (Chlorgas) verzichtet und stattdessen Chlordioxid verwendet wird. Chlorfrei (tcf) bedeutet, dass absolut kein elementares Chlor verwendet wird.

7 Welcher Vorgang der Papierherstellung wird mit dem Begriff De-Inking beschrieben?

Beim Recyceln von Altpapier müssen die aufgedruckten Farben entfernt werden. Diesen Vorgang nennt man De-Inking.

8 Welche Eigenschaft kennzeichnet Feinpapiere?

Sie sind auf Basis besonders hochwertiger Rohstoffe hergestellt.

9 Definieren Sie die Papiereigenschaften
a) holzfrei
b) holzhaltig

a) Holzfreie Papiere sind aus reinem Zellstoff (mind. 95 %) hergestellt.
b) Holzhaltige Papiere bestehen zu 10 bis 100 % aus Holzschliff.

10 Wodurch erhalten Papiere ihre Laufrichtung?

Die Laufrichtung, d. h. die vorherrschende Faserrichtung im Papier, ist durch den Fertigungsprozess in der Papiermaschine bedingt. Die Papierfasern richten sich auf dem Sieb in Fließ-/Fertigungsrichtung aus.

11 Erklären Sie die beiden Begriffe
a) Schmalbahn
b) Breitbahn

a) Bei der Schmalbahn ist die Laufrichtung parallel zur langen Formatseite.
b) Die Breitbahn hat die Laufrichtung parallel zur kurzen Formatseite.

12 Was ist ein Kalander?

Eine Maschine, die mit einer Kombination mehrerer Walzen das Papier während der Herstellung glättet (satiniert).

13 Was geschieht beim Satinieren des Papiers im Kalander?

Satinage ist das Glätten und Verdichten durch Reibung, Hitze und Druck zwischen den Walzen des Kalanders.

14 Erklären Sie das Prinzip des Streichens von Papieren.

Ein Prozess der Oberflächenveredelung in der Papierherstellung. Dabei wird in Streichmaschinen eine spezielle Schicht aus Bindemitteln, →

▷ *Fortsetzung der Antwort* ▷

Pigmenten etc. aufgebracht. Dieses so genannte Streichen optimiert die Oberfläche des Papiers entsprechend dem jeweiligen Verwendungszweck. Es spielt eine wichtige Rolle z. B. für die Bedruckbarkeit im Offsetdruck oder die Tonerfixierung auf dem Kopierpapier.

15 Worin unterscheiden sich glänzend gestrichene Papiere von gussgestrichenen Papieren?

Das Gussstreichen ist eine spezielle Form der Oberflächenveredelung von Papier. Dabei wird ein so genannter Strich auf die Oberfläche aufgebracht. Gussgestrichene Papiere erhalten ihren Glanz nicht durch Satinieren, sondern dadurch, dass die feuchte Strichoberfläche am Mantel eines hochpolierten, verchromten Trockenzylinders abgeformt wird.

16 Wodurch werden Masse, Dicke und Volumen von Papier bestimmt?

Sie sind durch die Stoffauswahl, -aufbereitung und die Papierherstellung bedingt.

17 Definieren Sie den Begriff Papiervolumen.

Die unterschiedliche Dicke von Papieren mit der gleichen flächenbezogenen Masse wird als Faktor des Volumens angegeben:
1-faches Volumen,
100 g/m^2 = 0,1 mm dick.
1,5-faches Volumen,
100 g/m^2 = 0,15 mm dick.
Berechnung des Volumens: m^3/g,
Volumen = Dicke × 1000/Masse.

18 Teilen Sie nach ihrer flächenbezogenen Masse ein
a) Papier
b) Karton
c) Pappe

a) Papier bis 150 g/m^2.
b) Karton zwischen 150 g/m^2 und 600 g/m^2.
c) Pappe über 600 g/m^2. (Hinweis: Nach DIN 6730 spricht man innerhalb der EU bereits ab 225 g/m^2 von einer Pappe.)

19 Wie viele Bogen/Blatt umfasst ein Ries?

Ein Ries ist eine bestimmte, abgepackte Menge an Papierbogen. Üblicherweise bezeichnet man damit die Menge von 500 Bogen bzw. Blatt. Abhängig von der flächenbezogenen Masse und dem Papiervolumen kann ein Ries aber auch andere Mengen umfassen.

20 Welche Papiere werden mit der Sortenbezeichnung Recycling-Papier beschrieben?

Papiere, die je nach Recycling-Anteil eine bestimmte Menge an recycelten Papierfasern enthalten.

21 Definieren Sie kurz die folgenden Sortenbezeichnungen
a) maschinenglatte Papiere
b) matt gestrichene Papiere
c) mittelfeine Papiere
d) Naturpapier
e) AP-Papiere
f) SD-Papiere

a) Papiere, die nur das Glättwerk der Papiermaschine durchlaufen haben.
b) Gestrichene Papiere ohne oder mit nur geringer Satinierung.
c) Leicht holzhaltige Papiere.
d) Sämtliche ungestrichenen Papiere; kann maschinenglatt oder satiniert sein.
e) Abkürzung für Altpapier-Papiere. Dabei handelt es sich um Papiere mit einem Mindestgehalt von 70 % Altpapier.
f) Selbst durchschreibende Papiere.

22 Was wird mit den Begriffen Akklimatisierung/Konditionierung beschrieben?

Unter Akklimatisierung/Konditionierung versteht man das langsame Anpassen des Papieres an das Raumklima, welches durch Temperatur und relative Feuchte gekennzeichnet ist.

23 Wie ist die relative Feuchte definiert?

Die relative Feuchte gibt an, wie viel Prozent der maximal speicherbaren Menge Wasser bei einer bestimmten Temperatur die Luft derzeit enthält.

→

▷ Fortsetzung der Antwort ▷

Bei einem gleich bleibenden absoluten Feuchtegehalt nimmt der relative Feuchtegehalt bei steigenden Temperaturen ab. Die Formel lautet: F(relativ) [%] = (absolute Feuchte/maximal mögliche Feuchte) × 100 %

Druckfarbe

24 Nennen Sie die drei Hauptkomponenten, aus denen Druckfarben aufgebaut sind.

1. Farbpigmente, Farbstoffe
2. Bindemittel
3. Hilfsstoffe

25 Nach welchen zwei grundsätzlichen Prinzipien erfolgt die Druckfarbentrocknung? Nennen Sie jeweils zwei Beispiele.

1. physikalisch: wegschlagen, verdunsten
2. chemisch: oxidativ, UV-Trocknung

26 Beschreiben Sie das Prinzip der wegschlagend physikalischen Trocknung.

Binde- oder Lösungsmittel der Druckfarben dringen in Papier ein, Harzanteile mit Pigmenten bleiben an der Oberfläche und verhärten später (Trocknung).

27 Welche Eigenschaften von Flüssigkeiten behandelt die Rheologie?

Die Rheologie ist die Lehre vom Fließen.

28 Erläutern Sie die drei rheologischen Eigenschaften der Druckfarben:
a) Viskosität
b) Zügigkeit
c) Thixotropie

a) Viskosität: Maß für die innere Reibung von Flüssigkeiten, hoch viskos – hohe innere Reibung – zähflüssig – pastös
b) Zügigkeit/Tack:Widerstand, den die Farbe ihrer Spaltung entgegensetzt.
c) Thixotropie: Herabsetzung der Viskosität durch mechanische Einflüsse, z. B. Rühren oder Verreiben im Farbwerk der Druckmaschine.

29 Welche Druckfarbeneigenschaft wird mit dem Begriff Lichtechtheit beschrieben?

Die Resistenz der Druckfarben gegen Einwirkung von Tageslicht.

30 Nach welcher Einteilung ist die Lichtechtheit klassifiziert?

Wollskala: Klasse 1 (= geringste) bis 8 (= höchste) Lichtechtheit.

31 Nennen Sie vier Druckfarbenechtheiten.

1. Optische Eigenschaften wie die Lichtechtheit oder der Farbton
2. Beständigkeit gegen Lösemittel, z. B. Nitro und Spiritus
3. Kaschierfähigkeit
4. Lackierfähigkeit
5. Mechanische Widerstandsfähigkeit, z. B. Scheuer- und Falzfestigkeit
6. Neutralität im Verpackungsdruck gegenüber Füllgut, z. B. gerucharm oder käseecht

6.2.2 Andruck/Proof

32 Erklären Sie den Begriff Proof.

Ein Proof ist das Ergebnis eines Proofverfahrens zur Kontrolle von Filmen (Analog-Proof) oder elektronischen Dateien (Digital-Proof), bevor sie im Auflagen-Druck produziert werden.

33 Was sind Digitalproofs? Nennen Sie Beispiele.

Digitalproofs sind Seitenandrucke, die direkt aus digitalen Daten ohne Filme erstellt werden.
Beispiele hierfür sind Laser-, Tintenstrahl-, Thermotransfer- und Farbsublimationsdrucke.

34 Beschreiben Sie das Prinzip des Iris-Proofs.

Der Iris-Proof ist ein digitales Proofsystem mit bis zu ca. 96 % Annäherung an die Qualität/Farbe des Offsetdrucks. Er arbeitet als elektrostatisches Tintenstrahlverfahren und ist gut kalibrierbar. Die Farbe des Auflagenpapiers kann simuliert und gedruckt werden. Hersteller ist die Firma CreoScitex Inc.

35 Beschreiben Sie das Funktionsprinzip von Cromalin (analoges Proofverfahren).

Cromalin ist ein analoges Proofverfahren, mit dem sich das Produktionsergebnis eines Offsetdrucks vorab prüfen lässt. Als Basis für das Cromalin dienen Offsetfilme aus dem Belichter. Mit einem Laminatverfahren werden auf eine spezielle Trägersubstanz die Druckfarben (Cyan, Magenta, Gelb und Schwarz) nacheinander aufgebracht. Im Gegensatz zum Andruck besteht beim Cromalinverfahren keine freie Wahl des Trägermaterials. Hersteller ist die Firma Dupont.

36 Erklären Sie den Begriff Andruck.

Andrucke sind Probedrucke auf einer Druckmaschine. Sie sollten auf Auflagenpapier gedruckt werden.

37 Was ist Auflagenpapier?

Auflagenpapier ist die Papiersorte, auf der die gesamte Auflage gedruckt wird.

38 Welche Aufgabe hat der Andruck?

Der Andruck dient zur Kontrolle der Ton- und Farbwerte und zum Abstimmen mit der Vorlage.

39 Welche Vorteile hat die Weitergabe einer PDF-Datei zu Proofzwecken gegenüber der bisherigen Weitergabe von gedruckten Proofs bzw. Postscript-Dateien.

PDF-Dateien können auf Grund der geringen Datenmenge auch per E-Mail weitergegeben werden = Geschwindigkeitsvorteil, geringe Kosten.
In der PDF-Datei sind alle Bilder und Schriften enthalten, der Anwender benötigt keine Schriftenfonds und Originalbilder.
Den kostenlosen PDF-Reader (Acrobat Reader) gibt es für fast alle gängigen Betriebssysteme.
Mittels Acrobat-Vollversion können in der PDF-Datei Korrekturhinweise oder kleinere Korrekturen angebracht werden.
PostScript-Dateien sind sehr umfangreich und können nur mittels ISDN bzw. CD-ROM und Postversand an den Kunden gegeben werden = Geschwindigkeitsnachteil, höhere Kosten.
Gedruckte Proofs können nur per Post o. Ä. weitergegeben werden = Geschwindigkeitsnachteil/Zeitverlust, hohe Kosten.

6.2.3 Druckverfahren

40 Definieren Sie den Begriff Ausschießen.

Unter Ausschießen versteht man das Anordnen der Druckseiten oder Kopiervorlagen zu einer Druckform, unter Beachtung der Seitenreihenfolge nach dem Falzen.

41 Welcher Arbeitsvorgang erfolgt bei einem Umbruch?

Die Zusammenstellung von Texten und Bildern zu einer Druckseite.

42 Wozu dient ein Einteilungsbogen?

Der Einteilungsbogen ist die Vorlage für die genaue Platzierung von Texten und Bildern bei der Montage. Er enthält außerdem Angaben für Druck und Druckverarbeitung.

43 Was ist ein Standbogen?

Ein Standbogen ist ein auslinierter Druckbogen zur Kontrolle des genauen Standes aller Druckseiten oder Bildstellen.

44 Welche Auswirkungen hat eine Hohlkopie bei der Druckformherstellung?

Die Hohlkopie durch Luftblasen zwischen Film und Platte (Staubkörner) führt zur Unterstrahlung des Filmes. Feinheiten und Raster werden dadurch wegbelichtet.

45 Erklären Sie den Begriff Nutzen.

Anzahl gleichartiger Exemplare auf einem Produkt, z. B. Nutzen auf einem Film oder auf einem Druckbogen.

46 Welchen Zweck hat der Zuschuss im Druck?

Druckbogenüberschuss, der zum Einrichten der Druckmaschine für Fortdruck und die Druckweiterverarbeitung benötigt wird.

47 Nach welchem Unterscheidungsmerkmal werden die Hauptdruckverfahren eingeteilt?

Die Druckverfahren werden je nach Art der Druckform unterteilt.

48 Nennen Sie die vier konventionellen Hauptdruckverfahren.

a) Hochdruck
b) Tiefdruck
c) Flachdruck
d) Durchdruck

49 Beschreiben Sie das Prinzip des Hochdrucks und nennen Sie Beispiele.

Hochdruckverfahren: Die druckenden Elemente der Druckform sind erhaben und werden eingefärbt. Das Einfärben geschieht mittels →

▷ *Fortsetzung der Antwort* ▷

farbführender Walzen. Nicht druckende Bildelemente liegen in der Druckform vertieft und werden nicht eingefärbt. Die erhabenen Stellen der Hochdruckform übertragen die Farbinformationen direkt auf den Bedruckstoff. Die Druckform kann dabei rund oder flach sein, beide Druckprinzipen (rund/flach) können prinzipiell dazu verwendet werden. Vertreter dieses Verfahrens sind Buchdruck, Flexodruck und Letterset-Druck.

50 Wo wird der Hochdruck heute noch als wichtige Drucktechnologie verwendet.

Flexodruck – seine Druckform besteht aus flexiblen, gummiartigen erhabenen Stellen, welche die Druckfarbe auf die unterschiedlichsten Bedruckstoffe übertragen. Der Bedruckstoff kann Papier in den unterschiedlichsten Qualitäten sein (z. B. Lottoscheine), es kann aber auch Blech, Glas oder Kunststoff bedruckt werden.

51 Beschreiben Sie das Prinzip des Tiefdrucks und nennen Sie Beispiele.

Tiefdruckverfahren: Die druckenden Elemente der Druckform (Näpfchen) sind vertieft und werden mit flüssiger Farbe gefüllt. Die Farbe aus den Näpfchen wird auf den Bedruckstoff übertragen. Alle Informationen auf der Tiefdruckform bestehen aus Rasternäpfchen. Das Volumen der Rasternäpfchen definiert die Menge des Farbauftrages und damit den Tonwert auf dem Bedruckstoff. Nicht druckende Bildelemente liegen in der oberen Ebene der Druckform. Von ihnen wird die Farbe abgerakelt. Zu den Tiefdruckverfahren gehören Illustrationstiefdruck und Tampondruck.

52 Wie wird die Tiefdruckform, also der Tiefdruckzylinder hergestellt. Beschreiben Sie das Verfahren kurz.

In der Regel werden die Vertiefungen durch die elektromechanische Gravur erstellt. Ein Diamantstichel schlägt in gleichmäßigem Rhythmus auf den sich drehenden Druckzylinder mehr oder weniger tiefe Näpfchen in die Kupferhaut (Ballardhaut). Die Näpfchen sind, bedingt durch die Diamantenstruktur des Stichels, flächen- und tiefenvariabel.

53 Benennen Sie die Abbildung einer Tiefdruckform mit den richtigen Fachbegriffen.

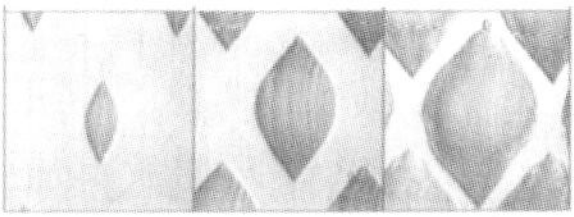

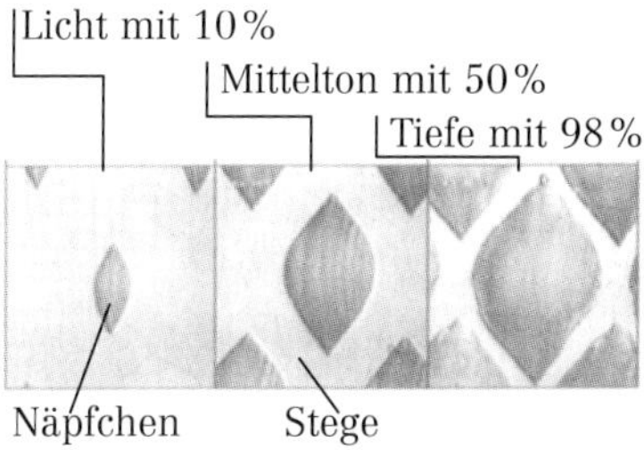

54 Beschreiben Sie das Prinzip des Flachdrucks und nennen Sie Beispiele.

Flachdruckverfahren: Druckende und nicht druckende Elemente der Druckform liegen in einer Ebene. Die druckenden Stellen der Druckform werden von Farbe benetzt, die nicht druckenden werden nicht benetzt. Hierzu gehören der Offsetdruck, der Steindruck und der Lichtdruck.

55 Die meisten Bogendrucke, die in der Bundesrepublik gedruckt werden, sind im Offsetdruckverfahren hergestellt. Die Druckform weist farbfreundliche und wasserfreundliche Stellen auf. Wie sind die korrekten Fachbegriffe für diese beiden druckenden bzw. nicht druckenden Stellen auf der Offsetplatte?

Farbfreundliche Stelle = hydrophobe Stelle = wasserabstoßende Stelle. Wasserfreundliche Stelle = hydrophile Stelle = farbabstoßende Stelle.

56 Aus welchen Materialien besteht die Standarddruckform für den Offsetdruck?

Die Druckform besteht aus Aluminium, einer hydrophilen Schicht und einer hydrophoben Kunststoffschicht. An den nicht druckenden Stellen wird die Kunststoffschicht beseitigt, so dass die hydrophile Aluminiumoberfläche frei gelegt wird und das Feuchtwasser aufnehmen kann.

57 In welcher Reihenfolge wird die Offsetdruckplatte mit Wasser und Druckfarbe versehen?

Beim Drucken wird die Form zuerst an den hydrophilen Stellen gefeuchtet. Diese Stellen speichern das Feuchtmittel und danach wird die Platte an den hydrophoben Stellen mit Farbe versehen. Die Druckfarbe ist Träger der Information und wird zuerst an das Gummituch und von dort auf den Bedruckstoff übertragen.

58 Beschreiben Sie den prinzipiellen Ablauf beim Druckvorgang des Offsetdrucks.

1. Platte feuchten.
2. Platte einfärben.
3. Farbe wird von der Druckplatte auf das Gummituch übertragen.
4. Farbe wird vom Gummituch auf den Bedruckstoff übertragen.

Dieses Übertragungsverfahren vom Plattenzylinder über den Gummizylinder auf den Druckzylinder mit Bedruckstoff ist notwendig, damit kein Feuchtmittel auf den Bedruckstoff gelangt. Die Farbübertragung zwischen Druckplatte und Gummizylinder ist sehr gut, ebenso die Übertragung des Farbfilms von der Gummioberfläche auf das Papier. Das Offsetdruckverfahren ist damit ein indirektes Druckverfahren, da nicht direkt von der Druckform auf den Bedruckstoff gedruckt wird.

59 Beschreiben Sie das Prinzip des Durchdrucks.

Durchdruckverfahren: Die Druckform ist für Farbe durchlässig. Nicht druckende Stellen werden abgedeckt. Die Farbe wird durch die Druckform hindurch auf den Bedruckstoff gedrückt. Das bekannteste Verfahren ist der Siebdruck.

60 Beschreiben Sie den Ablauf bei der Formherstellung und beim Druckvorgang des Siebdrucks.

Die Druckform besteht aus einem feinen Sieb. Dieses Sieb wird mit einer lichtempfindlichen Gelatineschicht versehen. Nach der Belichtung durch einen Film, welcher die zu druckenden Informationen enthält, wird die Gelatine an den druckenden Stellen ausgewaschen. Die Druckfarbe kann jetzt mithilfe eines Rakels durch das feinmaschige Sieb an den offenen Stellen auf den Bedruckstoff gedrückt werden. Das feinmaschige Sieb kann aus Seide, Nylon, Polyester oder rostfreiem Stahl bestehen.

61 Welche Bedruckstoffe können im Siebdruck bedruckt werden. Nennen Sie einige typische Beispiele.

Im Siebdruck können die vielfältigsten Formen und Materialien bedruckt werden. Beispiele: Flaschen (CocaCola), Dosen, Aschenbecher, Kugelschreiber, Armaturen, Schalttafeln, Uhrenzifferblätter, Displays aus Metall, Kunststoff, Holz, Papier, Stoff usw. Der Siebdruck ist das universellste Druckverfahren mit nahezu unbegrenzten Möglichkeiten, Materialien und Formen zu bedrucken.

62 Die abgebildete Druckmaschine arbeitet nach einem bestimmten Druckprinzip. Welches Druckprinzip wird bei dieser Maschine angewendet und um welchen Druckmaschinentyp handelt es sich?

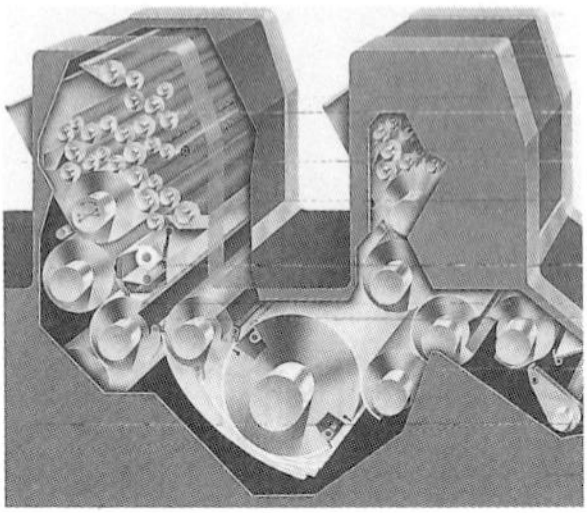

Das Druckprinzip ist rund-rund. Die meisten modernen Druckmaschinen arbeiten nach diesem Prinzip, da es die höchsten Druckleistungen ermöglicht. Man unterscheidet noch zwischen direktem und indirektem Druck. Die Druckformen müssen dann entsprechend seitenverkehrt oder seitenrichtig sein.
Bei der abgebildeten Maschine handelt es sich um einen Ausschnitt aus einer Bogenoffsetdruckmaschine, die nach dem Druckprinzip rund-rund arbeitet. Da sie mit drei Zylindern ausgestattet ist, muss eine seitenrichtige Druckform für den indirekten Druck erstellt werden.

63 Definieren Sie den Begriff Digitaldruck.

Unter digitalem Druck versteht man die Übertragung von digitalen Bilddaten, wie sie im Computer vorliegen, direkt auf die druckende Einheit und von dort auf das zu bedrukkende Medium ohne Umwege über Belichter, Filme und Druckplatten.

64 Definieren Sie die drei Anforderungsprofile an die Druckqualität
a) Verdruckbarkeit
b) Bedruckbarkeit
c) Verwendungszweck

a) Verdruckbarkeit (runability), das Verhalten bei der Verarbeitung, z. B. Lauf in der Druckmaschine.
b) Bedruckbarkeit (printability), die Wechselwirkung zwischen Druckfarbe und Papier.
c) Verwendungszweck, z. B. Zeitung, Plakat oder Verpackung.

65 Welcher Parameter des Druckprozesses wird in der Druckkennlinie dargestellt?

Die Druckkennlinie zeigt die Abweichung der Größe des gedruckten Punktes vom Punkt auf dem Film bzw. der Platte.

66 Welcher Druckparameter wird durch die Volltondichte beschrieben?

Die Volltondichte ist ein Maß für die Farbschichtdicke und relative Farbsättigung im Druck.

67 Welche Art Drucke werden mit dem Begriff Makulatur bezeichnet?

Fehlerhafte Drucke aller Art.

68 In welcher Farbreihenfolge wird im Offsetdruck üblicherweise gedruckt?

Schwarz, Cyan, Magenta, Gelb.

69 Wo wird der Drucklack aufgebracht und welcher Funktion dient er.

Der Drucklack ist eine farblose Lackschicht (matt oder glänzend), die mit einer normalen Druckmaschine aufgebracht wird. Er erhöht die Abriebfestigkeit und den Glanz des Druckproduktes und ermöglicht eine frühere Druckweiterverarbeitung.

70 Welche Bedeutung hat in der Drucktechnik der Begriff Greifer?

System zum Bogentransport durch die Druckmaschine.

71 Warum muss bei der Formatausnutzung ein Greiferrand berücksichtigt werden?

Der Greiferrand kann nicht bedruckt werden, weil der Greifer der Druckmaschine an dieser Stelle das Papier festhält (je nach Maschine etwa 6 bis 15 mm).

72 Definieren Sie die Begriffe
a) Umschlagen
b) Umstülpen

a) Beim Umschlagen werden die Druckbogen so gewendet, dass die gleiche Seite im Greiferrand verbleibt, aber die Seitenmarke wechselt.
b) Beim Umstülpen verbleibt die gleiche Seite an der Seitenmarke, der Greiferrand wechselt.

73 Was wird bei der Abmusterung gemacht?

Visueller Vergleich des Farbmusters mit Druckprodukt unter Normlicht.

74 **Beschreiben Sie das Prinzip des Schön- und Widerdrucks.**

Der Schön- und Widerdruck ist der Druck der Vorder- u. Rückseite eines Bogens mit zwei verschiedenen Druckplatten. Schön- u. Widerdruckmaschinen bedrucken Bogen beidseitig in einem Druckdurchlauf. Der Schöndruck ist der erste Druck auf zweiseitig zu bedruckende Bogen.

6.2.4 Druckkontrolle

75 **Betrachten Sie folgenden Messkeil und beschreiben Sie die Aufgaben bzw. Funktionen der einzelnen nummerierten Felder.**

1 2 3 4 5

1 = Halbtonskala.
2 = Felder zur visuellen Beurteilung der Druckformbelichtung.
3 = Rasterfelder zur Messung des Tonwertzuwachses im Druck.
4 = Feld zur visuellen Kontrolle von Schieben/Dublieren im Druck.
5 = Lichter und Schattenfelder in verschiedenen Tonwertstufen zur visuellen und messtechnischen Auswertung.

76 **Betrachten Sie folgenden FOGRA-Messkeil und beschreiben Sie die Aufgaben bzw. Funktionen der einzelnen nummerierten Felder. Dieser Messkeil liegt normalerweise in digitaler Form vor und kann direkt mit einer Seite ausbelichtet werden.**

1 2 3 4 5

1 = Halbtonskala und Schriftbelichtungskontrolle.
2 = Felder zur visuellen Kontrolle der Belichtung und der Druckformkopie.
3 = Rasterfelder zur visuellen und messtechnischen Kontrolle des Tonwertzuwachses.
4 = Feld zur visuellen Kontrolle von Schieben/Dublieren im Druck.
5 = Farbfelder zur Kontrolle der Farbführung/Zusammendruck.

6.3 Druckweiterverarbeitung

1 Welchen Prozess beschreibt der Begriff Finishing?

Finishing ist ein Oberbegriff. Es umfasst die gängige Weiterverarbeitung. Bei direkter Kopplung mit der Druckmaschine spricht man von In-line Finishing. Werden spezielle Maschinen eingesetzt und separate Arbeitsschritte notwendig, heißt der Vorgang Off-line Finishing

2 Zählen Sie buchbinderische Produkte auf.

Buchbinderische Produkte sind:
- einzelne Blätter/Bogen,
- Blocks,
- gefalzte Produkte,
- geheftete Produkte und
- gebundene Produkte.

3 Wo werden Beschnittmarken eingesetzt?

Beschnittmarken sind kurze Linien, die mit auf den Druckbogen gedruckt werden. Sie zeigen an, wo ein Schnitt erfolgen soll.

4 Was ist ein Dreimesserautomat?

Eine mit drei Messern ausgerüstete Schneidemaschine zum Buchblockbeschnitt in einem Arbeitsgang.

5 Welche Aufgaben haben Falzmarken?

Falzmarken sind dünne Linien, die anzeigen, wo der fertige Druckbogen gefalzt werden soll.

6 Welche Bedeutung hat der Begriff Bruch in der Weiterverarbeitung?

Bruch ist synonym zu Falz. Der Begriff Bruch ist vom Brechen der Papierfasern abgeleitet.

7 Falzarten sind ein wichtiges Gestaltungselement für ein Printprodukt. Zählen sie Falzarten auf.

Falzarten sind:
- Einbruchfalz,
- Wickelfalz,
- Zickzackfalz (Leporellofalz),
- Fensterfalz (Altarfalz),
- Kreuzbruchfalz,
- Parallelfalz und
- Kombinationsfalz

8 Erklären Sie die Falzarten
a) Parallelfalz
b) Kreuzbruchfalz
c) Kombinationsfalz

a) Alle Brüche liegen parallel.
b) Die Brüche kreuzen sich rechtwinklig.
c) Ein Bogen wurde nach beiden Prinzipien gefalzt.

9 Nennen Sie Falzprinzipien.

Schwert- bzw. Messerfalz und Taschen- bzw. Stauchfalz, Pflugfalz, Trichterfalz, Klappenfalz, Bänderfalz.

10 Erklären sie den Schwert- bzw. Messerfalz.

Beim Schwert- bzw. Messerfalz läuft der Falzbogen bis zu einem Anschlag. Danach wird er durch ein dünnes Falzmesser (= Schwert) zwischen zwei sich gegenläufig drehende Falzwalzen gedrückt („geschlagen"). Diese geriffelten Falzwalzen erfassen den Bogen und falzen ihn. Je nach Dicke des Papiers muss der Falzwalzenabstand eingestellt werden.

11 Welche Unterschiede ergeben sich beim Schwert- und Taschenfalz?

Schwertfalz ist unabhängig von der Dicke des Papiers, jedoch ist der Schwertfalz nur für Kreuzbruch geeignet und die Falzgeschwindigkeit ist geringer.

12 Erklären Sie Taschen- bzw. Stauchfalz.

Beim Taschen- bzw. Stauchfalz bilden drei Walzen zusammen mit einer Tasche das Falzwerk.
Der Falzbogen wird von zwei Walzen in die Tasche geführt, dort schlägt der Bogen an, wird gestaucht und die dritte Walze greift zusammen mit der zweiten Transportwalze den Falzbogen und erzeugt den Falz.

→

▷ *Fortsetzung der Antwort* ▷

Durch das Verstellen des Anschlags in der Falztasche wird der Falz eingestellt.

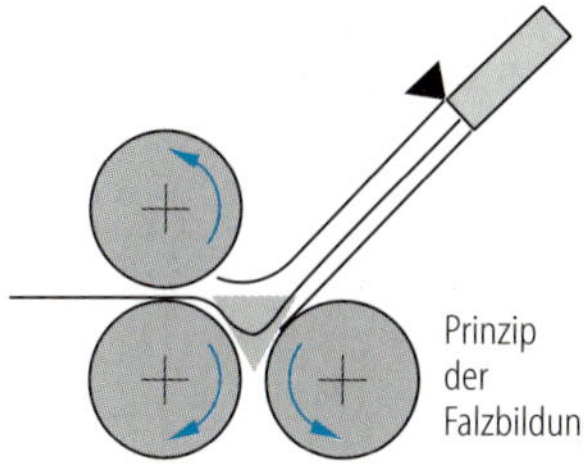

Prinzip der Falzbildung

13 Für die Falzarten gibt es eine Symbolsprache. Was bedeuten die Symbole ═ ≡ ⊥ ╤ ?

═ Zweibruch-Parallelfalz
≡ Dreibruch-Parallelfalz
⊥ Zweibruch-Mittenkreuzfalz
╤ Dreibruch-Kombinationsfalz (Zweibruch-Parallelfalz und Kreuzbruchfalz).

14 Zeigen Sie anhand einer Falzungs-Skizze die Falzarten:
a) Einbruchfalz
b) Zweibruch-Wickelfalz
c) Dreibruch-Zickzackfalz
d) Zweibruch-Fensterfalz
e) Dreibruch-Kreuzfalz
auf.

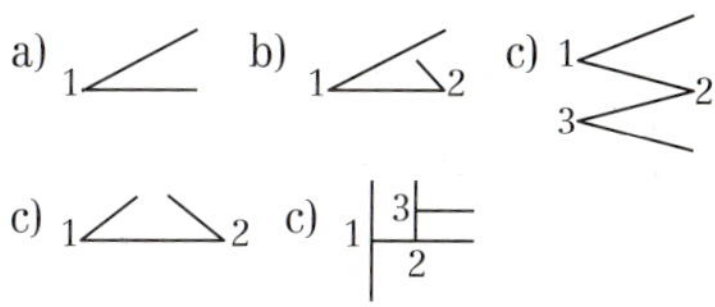

15 Wie viele Seiten ergeben sich bei einem:
a) Einbruchfalz
b) Dreibruch-Kreuzfalz
c) Zweibruch-Zickzackfalz
d) Zweibruch-Wickelfalz
e) Zweibruch-Parallelfalz
f) Vierbruch-Kreuzfalz?

Es ergeben sich beim:
a) Einbruchfalz = 4 Seiten
b) Dreibruch-Kreuzfalz = 16 Seiten
c) Zweibruch-Zickzackfalz = 6 Seiten
d) Zweibruch-Wickelfalz = 6 Seiten
e) Zweibruch-Parallelmittenfalz = 8 Seiten
f) Vierbruch-Kreuzfalz = 32 Seiten

16 Zeichnen Sie die nötigen Schnitte zur Trennung des Druckbogens in einzelne Plakate ein. Wie viele Schnitte sind nötig?

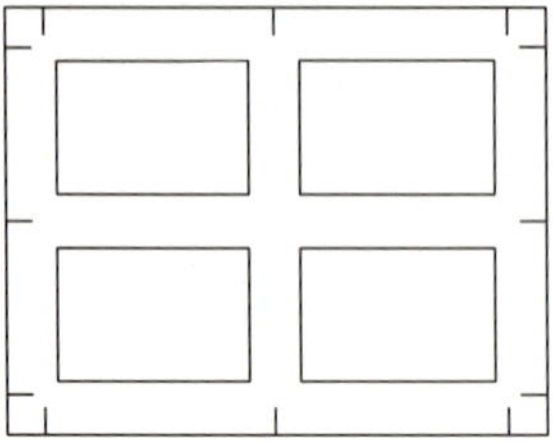

Zur Trennung des Druckbogens in einzelne Plakate sind sechs Schnitte nötig.

17 Welche Maßnahmen sind erforderlich, damit ein Buchbinder ein Druckprodukt richtig schneiden kann?

Schneidezeichen für Trenn- und Zwischenschnitte sowie Angabe der Druckmaschinen-Anlage.

18 Warum ist die Angabe der Druckmaschinen-Anlage für den Buchbinder sehr wichtig?

Es muss in der Falzmaschine oder Schneidemaschine dieselbe Anlage verwendet werden, damit die Qualität erhalten bleibt. Sollte nämlich die Papiergröße nur geringfügig differieren oder das gedruckte Produkt nicht 100 %-ig im Winkel stehen, so überträgt sich dieser Fehler bei einer veränderten Anlage.

19 Welchen Arbeitsvorgang in der Weiterverarbeitung beschreibt der Begriff Einstecken?

Einstecken ist der Fachbegriff für das Ineinanderlegen mehrerer Falzbogen.

20 Erklären Sie den Vorgang des Zusammentragens.

Hintereinanderlegen gefalzter Bogen, die zu einem Buchblock gehören. Das Zusammentragen erfolgt maschinell in Zusammentragmaschinen.

21 Beim Zusammentragen bedient man sich einer Flattermarke. Wozu benötigt man diese?

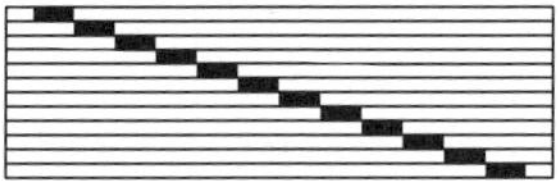

Die Flattermarke ist eine Markierung, welche im Bund zwischen der ersten und letzten Seite eines Falzbogens mitgedruckt wird. Jede Flattermarke hat im nachfolgenden Falzbogen eine tiefere Stelle, sodass eine einfache Sichtkontrolle gegeben ist. Wäre ein Falzbogen beim Zusammentragen vertauscht, so würde dies sofort auffallen, da die Reihenfolge der Flattermarken nicht mehr gegeben ist.

22 Welcher Fehler ist beim Zusammentragen unterlaufen?

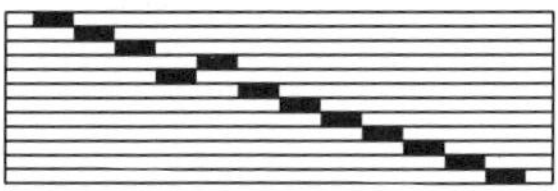

Falzbogen 4 und 5 sind vertauscht.

23 Beim Sammeln (Ineinanderstecken) von Druckbogen benötigt man einen Greiffalz. Wozu? Wo wird der Greiffalz im Ausschießen berücksichtigt?

Zum Sammeln von Druckbogen müssen die Falzbogen vom Sammelhefter gegriffen werden. Um die Falzbogen öffnen zu können benötigt man einen Greiffalz.
Dieser Greiffalz ist im Inneren des Ausschießbogens zu berücksichtigen.

24 Beim Sammeln muss man in der Bogenmontage mit Versatz montieren. Erklären Sie warum.

Da die Bogen ineinander gesteckt werden, steht der innerste Bogen weiter außen als der äußerste Falzbogen. Daher muss dies beim Ausschießen vom Stand des Satzspiegels berücksichtigt werden, d. h. die Seiten müssen weiter vom Bund entfernt sein.

25 Nennen Sie Heft- und Bindearten.

Heft- und Bindearten sind:
- Drahtheftung,
- Fadenheftung,
- Klebebindung,
- Spiral- und Ringheftung.

26 In der Druckweiterverarbeitung benötigt man Perforieren und Rillen. Was versteht man darunter?

Das Rillen ist bei dickeren Papieren nötig, um einen „sauberen" und nicht ausgerissenen Bruch zu erzeugen.
Das Perforieren benötigt man, um eine Teilung zu ermöglichen, z. B. bei Eintrittskarten, Antwort-Postkarten.

27 Beschreiben Sie das Prinzip der Fadenheftung.

Die Fadenheftung ist die qualitativ beste Bindetechnik für Bücher. Dabei werden mehrfach gefalzte Druckbogen im Rücken mit dem folgenden Bogen zu einem Buchblock mit einem Faden vernäht.

28 Erklären Sie die beiden beim Klebevorgang wirkenden Kräfte der
a) Kohäsion
b) Adhäsion

a) Zusammenhangskraft gleicher Moleküle.
b) Anziehung von Molekülen verschiedener Stoffe.

29 Beschreiben Sie das Prinzip der Klebebindung.

Bei der Klebebindung wird ein aus einzelnen Blättern bestehender Buchblock mit Klebstoffen (ohne Faden) gebunden.

30 Welche Eigenschaften hat Hotmelt und wo wird er hauptsächlich eingesetzt?

Hotmelt ist ein lösemittelfreier, thermoplastischer Schmelzklebstoff, der in Klebebindemaschinen und bei Verpackungen eingesetzt wird.

31 Was sind Kartonagen?

Verpackungen (Faltschachteln) aus Karton und Pappe.

32 Erklären Sie die Begriffe
a) Kaschieren
b) Laminieren

a) Überziehen von Papieren, Kartons u. Pappen mit Papieren, Geweben oder Folien.
b) Überziehen mit transparenten Kunststofffolien.

33 Was versteht man unter der Ausstattung eines Buches?

Innere und äußere Ausgestaltung eines Buches.

34 Eine Broschur ist ungleich einem Buch. Zählen Sie Unterschiede auf.

Die Broschur
- hat einen biegsamen Umschlag (Papier oder Karton), der nicht übersteht;
- hat keine Vorsätze;
- Block und Umschlag sind im Rückenbereich direkt verbunden.

Das Buch
- hat einen festen Einband und
- steht dreiseitig über den Buchblock.
- Block und Einband sind über die Vorsätze miteinander verbunden.

35 Man unterscheidet einlagige und mehrlagige Broschuren. Erklären Sie den Unterschied.

Eine einlagige Broschur besteht aus einer Lage Blätter, d. h. die Bogen werden ineinander gesteckt. Sie ist am Rücken meist drahtgeheftet, auch Faden- oder Klebebindung sind möglich.
Eine mehrlagige Broschur besteht aus zwei oder mehreren Lagen gefalzter Bogen, die zusammengetragen werden, d. h. die Bogen werden aufeinander gelegt.

36 Nennen Sie zwei Beispiele für einlagige Broschuren.

- Schulhefte,
- rückstichgeheftete Broschuren.

37 Charakterisieren Sie die beiden Produkte
a) Heft
b) Broschur

a) Einlagiges Erzeugnis ohne oder mit leichtem Umschlag, das durch den Rücken mit Draht oder Faden geheftet ist.
b) Produkt mit meist einfachem, anspruchslosem Einband (Karton)

38 Nennen Sie zwei Beispiele für mehrlagige Broschuren.

- Taschenbücher,
- Kataloge.

39 In der Verpackungsmittelherstellung wird zwischen Packstoff, Packmittel und Packhilfsmittel unterschieden. Erläutern Sie diese drei Begriffe.

Packstoff = verwendetes Material wie Karton, Papier, Kunststoff, Holz, Glas, Metall
Packmittel = gefertigte Erzeugnisse wie Tragtasche, Schachtel, Kiste u. ä.
Packhilfsmittel = z. B. Heftklammern, Klebestreifen, Verschlüsse, Nieten u. Ä.

40 Welche Schachtelbauarten sind Ihnen bekannt? Nennen Sie die Grundtypen nach Bauart und Lieferform:

Faltschachteln, Deckelschachteln, Aufrichteschachteln, Kombinationen und Sonderformen.

41 Benennen Sie die folgenden Faltschachteln nach Bauart und Form.

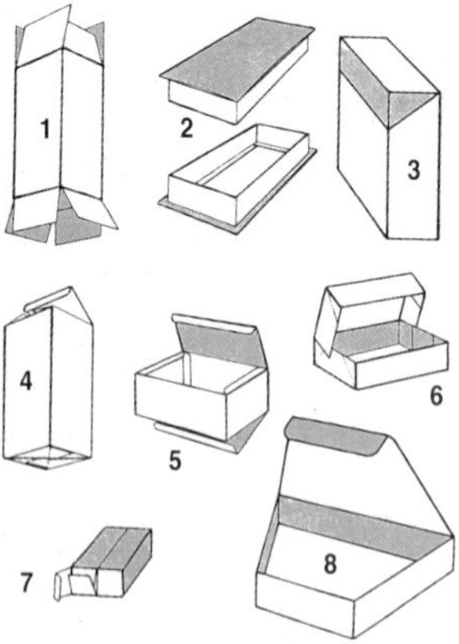

1 = Schachtel mit volldeckenden Klappen
2 = Stülpschachtel
3 = Zigarettenschachtel
4 = Schachtel mit Faltbodenverschluss
5 = Schachtel mit Steckbodenverschluss
6 = Infold-Schachtel
7 = Schachtel mit mittiger Trennwand
8 = Schachtel mit trapezförmigem Einsteckdeckel

42 **Zeichnen Sie den Zuschnitt einer Faltschachtel, nach dem die Stanzform erstellt werden kann.**
Die Maße für die Schachtel sind:
Breite 6 cm
Höhe 8 cm
Tiefe 4,5 cm

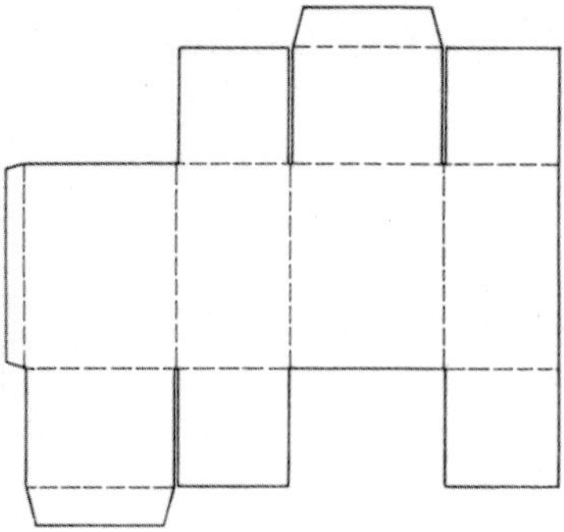

43 **Die folgende Abbildung zeigt den prinzipiellen Aufbau eines Bandstahlwerkzeuges. Benennen Sie die einzelnen Teile korrekt.**

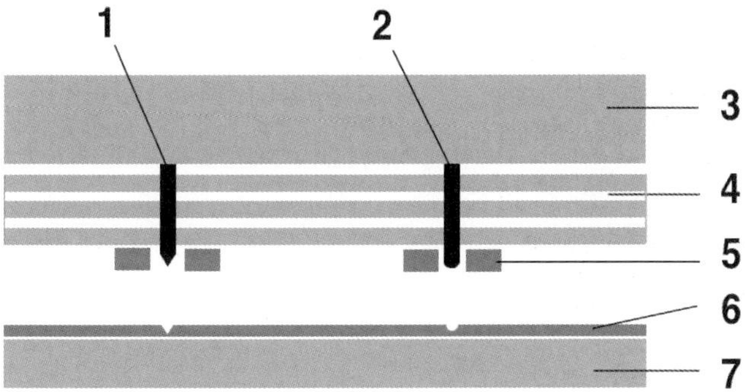

1 = Stanzmesser
2 = Rillband
3 = Stanzbalken
4 = Sperrholzplatte
5 = Auswerfergummi
6 = Bedruckstoff
7 = Stanztisch

44

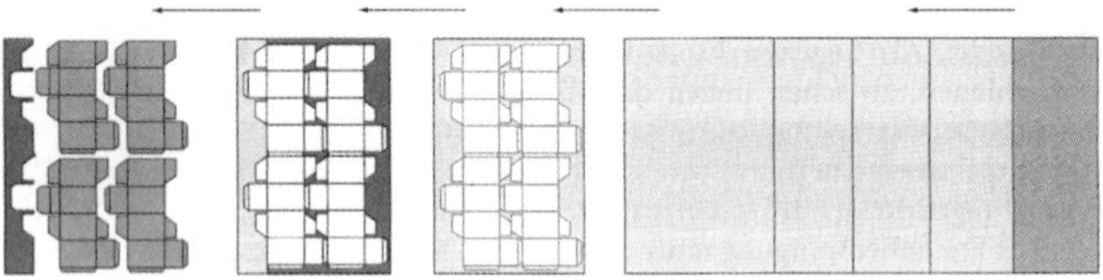

Die Abbildung zeigt den prinzipiellen Ablauf eines Stanzvorganges in einem Hochleistungsstanzautomaten. Bringen Sie die folgenden Fachbegriffe in die richtige Reihenfolge, bezogen auf die obige Bilddarstellung von rechts nach links:
a) Nutzen getrennt
b) Greiferkante mit Abfall
c) Stanzbogen
d) Bogenschuppe nach dem Abnehmen des Bedruckstoffes vom Anleger
e) Stanzbogen ausgebrochen

Richtige Reihenfolge: d – c – e – a – b

45 **Der Druck von Endlosformularen, Etiketten, Mailings und vergleichbaren Produkten in hohen Auflagen erfolgt in der Regel auf kleinformatigen Rollenrotationsmaschinen. Für die Weiterverarbeitung können in solchen Maschinen neben Rotationsfalzwerken, Perforier- und Schneideaggregaten auch Rotationsstanzwerkzeuge eingesetzt werden. Aus welchen Bauteilen besteht ein Stanzwerk, das nach dem Messerschnittprinzip arbeitet?**

Stanzzylinder – trägt die Stanzform. Ist oft als Magnetzylinder ausgebildet, um Magnetstanzbleche zu verwenden.
Ambosszylinder – glatter Gegendruckzylinder
Ausschnittabsaugung – entsorgt den Stanzabfall

7 Medienproduktion – NonPrint

7.1 Internet

1 Welche Grundaufgaben übernimmt der Browser im Internet?

Ein Browser ist ein Programm, das in der Lage ist, HTML-Code zu interpretieren und dadurch die zwei wichtigsten Bildformate (JPEG und GIF) einschließlich Text auf dem Bildschirm darzustellen.
Die meisten Browser können darüber hinaus noch Animationen, Sound und Video darstellen. Hierzu sind aber meistens noch Erweiterungen (PlugIn) notwendig.

2 Erklären Sie den Begriff TCP/IP im Zusammenhang mit dem Internet.

TCP/IP ist eine Protokollsammlung zur Datenübertragung im Internet. Das IP (Internetprotokoll) adressiert und fragmentiert Daten und übermittelt sie an den Empfänger. Das TCP (Transmission Control Protocol) überwacht den Datentransport und korrigiert Fehler automatisch.

3 Welche Aufgabe übernimmt ein Domain Name Server (DNS) im Internet?

Jeder am Internet beteiligte Rechner hat eine eindeutige IP-Adresse, dies ist eine mehrstellige Ziffernfolge.
Da diese Ziffernfolge schwer zu merken ist, wird sie durch die Zuordnung einer einprägsameren, „sprechenden“ Adresse ersetzt, z. B. „www.spiegel.de“. Beim Anwählen einer Internetadresse (Eingabe der URL) wird durch den Domain Name Server die „sprechende“ Adresse in eine eindeutige IP-Adresse umgewandelt.

4 Erklären Sie den Begriff „URL".

Die URL = **U**niform **R**esource **L**ocator, bezeichnet die Adresse eines jeden Dokuments in Internet eindeutig. Die URL besteht aus: „Protokoll://Server.Domain/Ordner/Dokument" z. B.: „http://www.spiegel.de" oder „ftp://apple.download.com/quicktime/info.htm".

5 Erklären Sie die Begriffe „Sub-Level-Domain" und „Top-Level-Domain".

Die Top-Level-Domains stehen in einem Domain Namen an letzter Stelle. Sie bezeichnen entweder Landeskennungen oder Typenkennungen, z. B.: xyz.de für Deutschland, abcd.ch für die Schweiz oder Xyz.org für Organisationen.
Unter Sub-Level-Domain versteht man in einer URL die Bezeichnung vor der Top-Level-Domain-Angabe also z. B. ein Name oder ein Begriff wie „alles-umsonst.de" oder „spiegel.de". Eine Sub-Level-Domain kann nochmals untergeordnete Domains enthalten.

6 Nennen Sie drei am häufigsten verwendeten Dienste des Internets und erklären Sie diese in kurzen Sätzen.

- WWW = World Wide Web, hypertextbasiertes Informationssystem mit grafischer Oberfläche, zur Darstellung wird ein WWW-Browser benötigt.
- E-Mail = elektronische Post, Austausch von Texten und Daten, gleichzeitiger Versand an mehrere Empfänger möglich.
- FTP = File Transfer Protocol, zum Herunterladen oder Hinaufladen von Dateien vom Rechner auf einen Server.

7 Erklären Sie die Begriffe „analoger" bzw. „digitaler Zugang" zum Internet.

Analoger Zugang: Zum Übertragen werden die digitalen Daten in ein analoges Signal umgewandelt, →

▷ *Fortsetzung der Antwort* ▷

dies geschieht mittels eines MODEM (Modulator, Demodulator).
Digitaler Zugang: Die Datenübertragung erfolgt durchgehend digital, hauptsächlich per ISDN bzw. per ADSL.

8 Erklären Sie die Begriffe ISDN und ADSL in Verbindung mit der Datenübertragung im Internet.

In beiden Fällen handelt es sich um eine digitale Datenübertragungstechnik, die grundsätzlich schneller ist als eine analoge Datenübertragungstechnik per MODEM.

- ISDN = **I**ntegrated **S**ervices **D**igital **N**etwork, besteht in der Regel aus zwei Kanälen mit je 64 kBit/s, bei Kanalbündelung können maximal 128 kBit/s erreicht werden, darüber hinaus gibt es auch die Möglichkeit, noch weitere Kanäle zu bündeln.
- ADSL = **A**symetric **D**igital **S**ubscriber **L**ine, digitale Datenübertragungstechnik über normales Telefonnetz (Kupferkabel), schneller als ISDN, 1,5 bis 9 MBit/s im Download, 16 – 768 kBit/s im Upload.

9 Welche Vorteile hat die Verwendung eines so genannten HTML-Generators bei der Erstellung von HTML-Seiten?

Der Hersteller muss nicht unbedingt den HTML-Code erlernen, man kann im WYSIWYG-Modus eine Internetseite erstellen, Programmierfehler werden vermieden.

10 Welche Anforderungen werden an einen optimalen HTML-Generator gestellt?

- Erzeugung eines fehlerfreien HTML-Codes, der auf allen Plattformen und Browsern ein möglichst gleiches Ergebnis darstellt.
- Der HTML-Code sollte so knapp (speichersparend) wie möglich sein. →

▷ *Fortsetzung der Antwort* ▷

- Von Hand eingegebener HTML-Code sollte vom Generator nicht stillschweigend korrigiert oder überschrieben werden.
- Fehlende Verknüpfungen und Bilder sollten erkannt werden.

11 Erklären Sie den Begriff „dynamisches HTML".

Sammelbegriff für eine Reihe von Lösungen, um Website-Inhalte während der Darstellung automatisch oder durch Benutzereinwirkung zu ändern. Dies geht vom einfachen Roll-Over-Befehl für Grafikaustausch bis hin zu aufwändigen, aus Datenbanken generierten Websites (dynamisch generiertes HTML).

12 Nennen Sie Programme, mit denen sich dynamisch generierte HTML-Seiten generieren lassen.

PERL, PHP, ASP (mit JScript oder VBScript); je nach Serverbetriebssystem ist auch die Verwendung von C, C++, Pascal oder Visual Basic usw. denkbar.

13 Erklären Sie den Begriff „CSS".

Cascading Style Sheets sind eine Erweiterung von HTML und erlauben das beliebige Formatieren einzelner HTML-Elemente z. B. hinsichtlich Schriftart, Schriftgröße, Farbe, Position usw.

14 Welche Funktionen erfüllen Meta-Tags im HTML-Code?

Meta-Angaben liefern auswertbare Informationen für Suchprogramme (Robots), Web-Server und Web-Browser.

15 Welche Informationen liefern folgende Meta-Tags
a) <meta name="description"content="Diese Seite liefert neueste Informationen zur Weiterbildung">
b) <meta name="author"content="Mr.X">
c) <meta name="keywords" content="Mediengestalter, Mediengestalterin, Druck, Druckvorstufe,...">

Diese Angaben liefern einer Suchmaschine (Suchroboter):
a) eine verbale Beschreibung der Internetseite
b) den Namen des Autors
c) eine Reihe von wichtigen Schlüsselwörtern, die mit dem Seiteninhalt zu tun haben.

16 Welche Bedeutung hat der folgende Meta-Tag-Befehl?
<meta http-equiv="refresh" content="15";
URL=http://schule.bw.de/>

Nach 15 Sekunden wird automatisch auf die Internetseite "schule.bw.de" weitergeschaltet.

17 Aus welchen Gründen ist die Verwendung von JavaScript-Funktionen auf Startseiten zur Darstellung grundlegender Details (Bilder, Links usw.) nicht sinnvoll?

Viele Benutzer, insbesondere in Firmen, haben die Verwendung von JavaScript deaktiviert. Anwender, die eine solche Seite aufrufen, sehen dann wichtige Dinge nicht. Auf der Startseite müssen dem Benutzer zumindest einfache Navigationsmöglichkeiten gegeben werden. Ein Hinweis auf die Verwendung von JavaScript sollte ebenfalls erscheinen.

18 Folgende HTML Tags sollen entsprechend der Schreibweise in XHTML 1.0 abgeändert werden. Was ist prinzipiell zu beachten? Wie lauten die geänderten Tags?
<Html> </Html>
<BODY> </BODY>

Tags dürfen nur noch kleingeschrieben werden. Die richtige Schreibweise lautet: <html> </html>
<body> </body>

19 Welche Bedeutung hat der folgende HTML-Code? <a href="kfz.htm" target="anzeige"> <img src="button_kfz.gif" border="0" width="20" heigth="35" alt="button1"/> </a>

Es wird ein Link (Hypertextreferenz) auf die Datei „kfz.htm" angelegt. Die Datei wird in einem Frame mit der Bezeichnung „anzeige" angezeigt. Die Verknüpfung zur Zielseite liegt auf einer Grafik (Bild) in der Größe 20 × 35 Pixel, die Grafik hat keine Umrandung. Falls die Grafik nicht angezeigt werden kann, erscheint der alternative Text „button1".

20 Welche Wirkung hat die hexadezimale Farbangabe <body bgcolor="#FF00FF"> im XHTML-Code?

Die Hintergrundfarbe der Internetseite ist Magenta.
Rot = 255 (FF)
Grün = 00
Blau = 255 (FF)

21 Welches Dateiformat wird hauptsächlich für die Darstellung von animierten Bildern auf WWW-Seiten verwendet?

Das GIF-Format.

22 Was bewirkt die Einstellung „interlaced" bei der Erstellung von Bildern im GIF-Format für WWW-Seiten?

Das Bild erscheint zunächst unscharf, wird aber im Laufe der Ladezeit schärfer, der Besucher der Seite erkennt schneller, dass ein Bild vorhanden ist.

23 Welche Möglichkeiten hinsichtlich der Navigation bieten Internetseiten an, die Frames verwenden?

Bei Internetseiten in Frametechnik werden mehrere HTML-Dokumente in einem Browserfenster gleichzeitig dargestellt. Es ergibt sich hierbei eine vernetzte oder hyperbasierende Navigationsstruktur. In der Praxis wird meist ein so genannter Steuerframe verwendet, der alle relevanten Verknüpfungen enthält und im Browserfenster immer sichtbar bleibt.

24 Welche Nachteile hat der Einsatz der Frametechnik bei Internetseiten?

- Ältere Browser können Frames nicht anzeigen, deshalb ist ein so genannter Noframes-Bereich zu definieren.
- Suchmaschinen können u. U. nicht die Unterseiten auswerten, sondern nur die Startseite. Falls trotzdem Unterseiten ausgewertet werden, sieht man nur die nackte Unterseite, es fehlt dann die übergeordnete Steuerseite.
- Bookmarks auf Unterseiten sind nicht möglich.
- Auf Grund der aufwändigeren Kommunikation zwischen Server und Browser haben Frameseiten längere Ladezeiten.
- Frameseiten können den Webdesigner zum gestalterischen Overkill verleiten.

25 Welche Nachteile können durch den Einbau von Flash-Dateien in ein HTML-Dokument auftreten?

Seiteninhalte sind nur mittels Flash-PlugIn darstellbar. Das PlugIn muss u. U. erst vom Internet geladen werden. Nicht alle Suchmaschinen können Flash-Dateien auswerten, deshalb müssen alle wichtigen Suchkriterien nochmals als Meta-Tags in den Head der HTML-Datei geschrieben werden.
Die browsereigenen Vor- und Zurückbuttons können nicht als Navigationselemente verwendet werden.

26 Beantworten Sie die folgenden Fragen zu Bildformaten im Internet.
a) Welche drei Bilddateiformate sind für die Darstellung von Internetseiten zulässig?
b) Welche sind davon die gebräuchlichsten?
c) Welches der Bildformate ist für die Darstellung animierter Bilder verwendbar?

a) GIF, JPEG, PNG
b) GIF und JPEG
c) GIF

27 Ein Farbdia soll im Format 320×240 Pixel für einen Internetauftritt aufbereitet werden.
a) Weshalb ist das JPEG-Format in der Regel besser geeignet als das GIF-Format?
b) Berechnen Sie die Datenmenge des Bildes in KB, in Echtfarben, wenn um 75 % komprimiert wird?
c) Wie viele Bilder in der gleichen Größe und Art können auf einer üblichen 3,5″-Diskette gespeichert werden?

a) GIF-Format: maximal 256 Farben, JPEG-Format: 16,7 Mio. Farben (Echtfarbendarstellung)
b) 56,25 KB
c) ca. 26 Bilder
(Lösungsweg auf S. 323)

28 Ein Logo 120×80 Pixel wird im GIF-Format für das Internet abgespeichert. Bei der Umsetzung vom RGB-Modus in den indizierten Modus wird eine Datentiefe von 6 Bit gewählt.
a) Wie viele Farbtöne hat die indizierte Farbpalette?
b) Berechnen Sie die Dateigröße in KB, wenn die Datenmenge infolge der LZW-Kompression um 75 % reduziert wird.

a) 64 Farben
b) 1,75 KB
(Lösungsweg auf S. 324)

29 Während des Ladevorgangs einer Internetseite ändert sich die Angabe über die Übertragungsgeschwindigkeit mehrmals. Nennen Sie zwei Gründe, die hierfür verantwortlich sein könnten.

- Die Anzahl der Internetbenutzer, die die gleiche Seite laden wollen, hat zugenommen.
- Die Zugangskapazität des Providers wird auf mehrere Benutzer aufgeteilt.
- Die Knotenvermittlungen können überlastet sein. →

▷ *Fortsetzung der Antwort* ▷

- Es werden unter Umständen unterschiedliche Paketleitwege für Teilseiten verwendet.

30 Eine 400 KB große Datei soll per FTP von einem Server heruntergeladen werden. Wie lange dauert die Ladezeit bei einer effektiven Datenübertragungsrate von 5 020 Byte?

652,749 s
(Lösungsweg auf S. 324)

31 Eine 10 MB große Datei soll per FTP unter Verwendung eines ISDN-Kanals mit 64 kBit/s auf einen Server hochgeladen werden. Die Datei wird um 25 % komprimiert, zusätzlich kommen noch 300 KB Steuerdaten hinzu. Wie lange in Minuten und Sekunden dauert der Upload?

17 Minuten 1,44 Sekunden
(Lösungsweg auf S. 324)

32 Erklären Sie den Begriff „Streaming" im Zusammenhang mit der Übertragung von Sound- und Videodaten über das Internet.

Streaming-Audio oder -Video bedeutet, dass sofort mit dem Eintreffen der ersten Daten mit der Ausgabe von Sound oder Video auf dem Zielrechner begonnen wird. Die weiteren Daten werden während des Abspielens nach und nach geliefert. Der Benutzer muss nicht warten, bis die ganze Datei eingetroffen ist, um in den Genuss von Sound und/oder Video zu kommen.

33 Nennen Sie zwei übliche Codecs oder Programme, die für „Streaming-Audio und -Video" eingesetzt werden können.

Es gibt hier einige Programme bzw. PlugIns die Streaming Dateien innerhalb des Browsers anzeigen können, dies sind z. B. RealAudio, Apple Quicktime mit Sorensen Codec, Streaming MP3, Windows Mediaplayer mit DivX Codec.

7.2 CD-ROM und DVD

1 Welche CD-Arten kennen Sie? Zählen Sie auf.

- Audio-CD
- Video-CD
- Photo-CD
- Daten-CD
- DVD-CD
- Single-Session-CD
- Multi-Session-CD
- Hybrid-CD
- Mixed-Mode-CD

2 Was bedeutet die Abkürzung CD-ROM?

CD = Compact Disk
ROM = Read Only Memory

3 Was bedeutet die Abkürzung DVD?

Digital Versatile Disk

4 „Normen“ für die CD-ROM/DVD-Herstellung finden sich in den so genannten „Farbigen Büchern“, die seit 1980 in unregelmäßigen Abständen der Fachwelt vorgestellt werden. Was versteht man unter diesen Büchern und welche Bedeutung haben Sie für die Multimedia-Welt?

Alle Hersteller digitaler Medienprodukte benötigen weitgehend feststehende und verlässliche Normen bzw. Standards, um einen sicheren Austausch von Daten der unterschiedlichsten Art zwischen verschiedenen Rechnerplattformen zu ermöglichen und deren Wiedergabe auf Abspielgeräten sicher zu stellen. Diese farbigen Bücher trafen mit dem Red Book 1980 erste Festlegungen für die Audio-CD bis zur Festlegung der DVD-Eckdaten im Jahr 1996. Ein „farbiges Buch“ zur DVD existiert noch nicht (Stand Januar 2002).

5 Wie ist eine CD-ROM aufgebaut? Nennen Sie die einzelnen Schichten von unten nach oben?

1. Trägerschicht aus Kunststoff
2. Aufzeichnungsschicht
3. Reflexionsschicht
4. Schutzschicht
5. Oberflächenbeschichtung mit Label und Titelfeld

6 Welchen Durchmesser und welche Dicke hat eine normierte CD-ROM/DVD?

Durchmesser 12 cm bei einer Scheibendicke von 1,2 mm.

7 Was versteht man unter der „WORM-Technologie"?

Write **O**nce **R**ead **M**any – also schreib einmal, lies häufig. Dieser Begriff umschreibt das einmalige Schreiben oder Brennen einer CD-ROM mit Hilfe eines CD-Brenners.

8 Im Zusammenhang mit dem Speichern der Daten auf einer CD-ROM bzw. DVD wird für diese optischen Datenträger vom CLV-Verfahren gesprochen. Welche Art der Datenspeicherung ist damit gemeint?

CLV-Verfahren = **C**onstant **L**inear **V**elocity. Bei diesem Verfahren werden die Daten in einer spiralförmigen Spur linear von innen nach außen auf die CD aufgebracht.

9 Bei magnetischen Datenträgern wird das CAV-Verfahren zum Speichern der Daten verwendet. Beschreiben Sie die Grundstruktur dieser Speichertechnik.

CAV-Verfahren = **C**onstant **A**ngular **V**elocity. Die Daten werden in einzelnen Sektoren auf die Platte geschrieben. Diese Sektoren sind unterteilt in verschiedene Blöcke und Spuren. Das Ablegen der Daten erfolgt nicht linear, sondern chaotisch – freie Sektoren und Spuren werden zur Speicherung genutzt. Dadurch kann es passieren, dass die Daten einer Datei an den unterschiedlichsten Stellen auf einer Festplatte liegen und beim Auslesen zusammengesucht werden müssen.

10 Der beschreibbare Teil einer Daten-CD-ROM enthält folgende Bereiche:
a) Lead-in-Bereich
b) Programmbereich
c) Lead-out-Bereich.
Erklären Sie diese Bereiche und deren Daten.

a) Enthält das Inhaltsverzeichnis der CD-ROM.
b) Enthält die Daten- bzw. Audio-Sektoren.
c) Markiert das Ende einer CD-ROM oder einer Session.

11 Eine besondere Form der CD ist die Kodak-Photo-CD. Dabei ist der physikalische Aufbau der CD-ROM identisch mit einer normalen CD-ROM. Worin besteht nun das Besondere der Photo-CD?

Mit der Kodak-Photo CD wurde das PCD-Format entwickelt. Das Besondere daran ist, dass mit einem Dateityp verschiedene Auflösungen erfasst werden. Vom kleinsten Bild mit einer Bildauflösung von 128 × 192 Pixeln bis zu einer Bildauflösung von 2048 × 3072 Pixeln kann jeder Nutzer die Bildgröße nutzen, die seinen Ansprüchen entgegenkommt.

12 Die Photo-CD legt die Bilder mit den bekannten Bildkomponenten-Formaten ab. Diese werden als Base/16; Base/4; Base; 4-Base; 16-Base und 64-Base bezeichnet. Nennen Sie jeweils die richtigen Bildauflösungen dazu.

Base/16 = 128 × 92 Pixel
Base/4 = 256 × 384 Pixel
Base = 512 × 768 Pixel
4-Base = 1 024 × 1 536 Pixel
16-Base = 2 048 × 3 072 Pixel
64-Base = 4 096 × 6 144 Pixel

13 Zum Lesen der CD-ROM wird Laserlicht benötigt. Was bedeutet die Abkürzung LASER?

Light **A**mplifikation by **S**timulated **E**mmission of **R**adiation

14 Welche physikalische Eigenschaft weist Laserlicht auf?

Laserlicht ist ein extrem gebündeltes Licht gleicher Wellenlänge und Schwingungsart, so genanntes kohärentes Licht, mit einer hohen Energiedichte.

15 Was haben Pits und Lands mit Laserlicht zu tun? Erklären Sie den Zusammenhang.

Pits und Lands sind Erhebungen bzw. Vertiefungen auf der Oberfläche einer CD und repräsentieren die binären Nullen und Einsen des binären Codes. Der Laserstrahl tastet die Oberfläche ab und, je nach Reflektion des Laserstrahls, wird die binäre CD-Information über eine Fotodiode an den Rechner weitergegeben.

16 Wenn Sie eine CD-ROM brennen, haben Sie bei allen CD-Brennsoftware-Paketen die Möglichkeit, verschiedene Datenformate auszuwählen. Diese wählbaren Datenformate verleihen der CD-ROM verschiedene Eigenschaften. Erklären Sie die folgenden Formate und die sich daraus ergebende Datenstruktur, die Sie z. B. bei der CD-Brennsoftware Toast-CD-ROM Pro vorfinden.

a) MAC Volume
b) MAC Dateien und Ordner
c) ISO 9660
d) MAC/ISO-Hybrid

a) Erstellt eine CD-ROM für einen Macintosh-Rechner. Es kann eine komplette Festplatte als CD-ROM geschrieben werden.
b) Erstellt eine CD-ROM für einen Macintosh-Rechner. Die CD wird aus vorhandenen Ordnern und Dateien gebildet, die sich auf einer Festplatte befinden. Es wird nicht die gesamte Festplatte gebrannt.
c) Es wird eine CD-ROM erstellt, die nach den ISO-9660-Konventionen geschrieben wird. Vor allem das Dateiverzeichnis und die Namenskonventionen nach ISO müssen beachtet werden.
d) Die CD-ROM wird in drei Teile „zerlegt“. Teil 1 enthält MAC-Dateien, Teil 2 PC-Dateien nach ISO 9660 und Teil 3 enthält gemeinsam genutzte Dateien (z. B. auf einer CD-ROM die Sound/Videodaten).

17 ISO-9660 ist ein normiertes CD-Dateiformat, das 1987 als Green-Book-Anhang veröffentlicht wurde. Erläutern Sie, was diese Normung festlegt.

- Standardisierung einer Dateistruktur, die es ermöglicht, Daten auf möglichst vielen Rechnerplattformen zu nutzen.
- Der Datenaustausch ist durch die ISO-Norm vereinfacht worden.
- ISO-Daten werden von jedem Betriebssystem und dem dort jeweils vorhandenen Dateisystem verwaltet.
- ISO-Daten werden auf den gängigen Betriebssystemen durch die Systemtreiber FFA (Foreign File Access bei MAC) und MSCDEXE (CD-Extensions-Treiber bei PC) verwaltet.

18 Es gibt so genannte ISO-9660-Konventionen. Was wird darunter verstanden?

Diese Konventionen legen bestimmte Regeln fest, die bei der Herstellung von CD-ROMs beachtet werden müssen, damit eine weitgehend problemlose Datennutzung möglich ist. Im Einzelnen legt die Konvention Folgendes fest:

- Ein Dateiname darf maximal acht Zeichen aufweisen.
- Ein Dateiname muss ein Suffix enthalten, das durch einen Punkt vom Namen getrennt wird.
- Das Suffix darf nur drei Zeichen enthalten.
- Es sind nur Großbuchstaben, Zahlen und Unterstriche zulässig.
- Es dürfen maximal acht Verzeichnisebenen angelegt werden

19 Nennen Sie beliebige Namen für folgende Dateitypen, korrekt nach ISO-9660 benannt.
a) Photoshop-Datei
b) Quark-XPress-Datei
c) Direktor-Datei
d) Bilddatei für Internet
e) Bilddatei für die Bildreproduktion
f) QuickTime-Movie
g) Textdatei
h) Animation aus dem Programm Cinema 4D

a) PRUEFUNG.PSD
b) PRUEFUNG.QXD
c) PRUEFUNG.DIR
d) PRUEFUNG.GIF
e) PRUEFUNG.EPS
f) PRUEFUNG.MOV
g) PRUEFUNG.TXT
h) PRUEFUNG.MOV

20 Erläutern Sie den Begriff Suffix.

Unter dem Suffix versteht man die Namenserweiterung eines Dateinamens nach dem Punkt. Das Suffix darf nach dem Punkt maximal drei Zeichen enthalten.

21 Welche Zeichen sind bei der ISO-Konvention beim Schreiben von Dateinamen erlaubt?

- Die Zeichen A bis Z
- Die Ziffern 0 bis 9
- Der Unterstrich (so sieht er aus: TEIL_007.TXT)

22 Da die ISO-9660-Konventionen aus dem Jahr 1987 stammen, gibt es zwischenzeitlich Erweiterungen dieser Norm. Wie heißen diese neueren Normen?

- ISO-9660 Level 2
- ISO-9660 Level 3
- Romeo und Julia (Joliet) für Windows-PC

23 Erläutern Sie die ISO-9660 Level 2 Konventionen.

- Dateinamenlängen von maximal 31 Zeichen sind möglich.
- Die anderen Konventionen bleiben erhalten.

24 Erläutern Sie die ISO-9660 Level 3 Konventionen.

- Dateinamenlängen von maximal 64 Zeichen sind möglich.
- Beliebige Zeichen für Dateinamen.
- Beliebige Staffelung der Unterverzeichnisse.

25 Erläutern Sie die Romeo-Konventionen.

- Beliebige Zeichen für Dateinamen sind erlaubt, auch Sonderzeichen.
- 256 Zeichen für Dateinamenlänge erlaubt.
- Beliebige Staffelung der Unterverzeichnisse.
- Unicode-Zeichensatz als Nachfolger des ASCII-Zeichensatzes wird unterstützt.

26 Erläutern Sie die Julia-Konventionen.

- Beliebige Zeichen für Dateinamen sind erlaubt, sowie alle Sonderzeichen.
- 64 Zeichen für Dateinamenlänge sind erlaubt. →

▷ *Fortsetzung der Antwort* ▷

- Beliebige Staffelung der Unterverzeichnisse.
- Verzeichnisnamen dürfen Suffix-Erweiterungen haben.

27 Sie kennen die Begriffe Single-Session-CD und Multi-Session-CD. Was versteht man unter diesen beiden CD-Arten?

Single-Session-CD: Der Inhalt besteht aus einem Lead-In-Bereich + Datenbereich + Lead-out-Bereich.
Multi-Session-CD: Der Inhalt besteht aus einem 1. Lead-In-Bereich + 1. Datenbereich + 1. Lead-out-Bereich, darauf folgt der 2. Lead-In-Bereich + 2. Datenbereich + 2. Lead-out-Bereich usw.

28 Welche Daten enthält der Lead-In-Bereich einer CD?

Der Lead-In-Bereich enthält das Inhaltverzeichnis mit sämtlichen Adressen aller vorhandenen Daten im Datenbereich. Das Inhaltsverzeichnis des Lead-In-Bereichs wird auch als Table of Contents (TOC) bezeichnet.

29 Wie ist die Schreibreihenfolge beim Herstellen einer CD-ROM/DVD?

1. Schreiben des Datensatzes
2. Schreiben des Lead-Out-Bereiches
3. Schreiben des Lead-In-Bereiches
4. Schreiben des TOC

Beim Schreiben einer CD wird der berechnete Lead-In-Bereich von der Schreibsoftware freigelassen. Der freie Speicherplatz wird erst nach dem Schreiben des Datensatzes und des Lead-Out-Bereiches geschrieben, da erst dann die exakten Adressen für die einzelnen Datenelemente des Datensatzes vorhanden sind.

30 Bei einer Multi-Session-CD entsteht zwischen den einzelnen Sessions immer eine Lücke. Wie groß ist diese Lücke?

14 MB. Bei vielen kleinen Sessions geht also viel an möglichem Speicherplatz verloren.

31 Eine Multi-Session-CD besteht aus fünf Sessions. Wie groß ist der Speicherplatzverlust durch die so genannten Lücken?

56 MB-Verlust durch vier Lücken zu jeweils 14 MB.

32 Eine CD-ROM-Verpackung (Standard-Plastik-Verpackung) enthält das Booklet und die Inlaycard. Erstellen Sie eine Zeichnung mit den korrekten Maßen für
a) das Booklet
b) die Inlaycard

(Lösung auf Seite 324)

33 Die CD-ROM-Fertigung läuft nach einem vorbestimmten Schema ab. Bringen sie die folgenden Fachbegriffe in eine richtige Reihenfolge. Die richtige Reihenfolge zeigt Ihnen den Produktionsablauf der CD-ROM bis zum Pressen und Konvektionieren der „Silberscheiben".

***Begriffe:* Mutter herstellen, CD-Recordable als Ausgangsdatenträger, Konfektionieren der CD-ROM, Glasplatte schreiben, Glasmaster herstellen, Vater herstellen, Tochter herstellen, Image-Datei auf Festplatte schreiben, Auflage pressen mit Tochter, CD-Beschichtung, Labelaufdruck, Schutzlack aufbringen.**

1. CD-Recordable als Ausgangsdatenträger,
2. Image-Datei auf Festplatte schreiben,
3. Glasplatte schreiben,
4. Glasmaster herstellen,
5. Vater herstellen,
6. Mutter herstellen,
7. Tochter herstellen,
8. Auflage pressen mit Tochter,
9. CD-Beschichtung,
10. Schutzlack aufbringen,
11. Labelaufdruck.

34 Eine CD-ROM/DVD liest immer die gleiche Datenmenge pro Sekunde aus. Daher ist es notwendig, dass der Datenträger seine Geschwindigkeit während des Lesevorganges verändert. Wann dreht sich z. B. eine CD-ROM schneller:
a) beim Zugriff auf innere Tracks oder
b) beim Zugriff auf äußere Tracks?

Beim Zugriff auf die inneren Tracks eines optischen Datenträgers dreht sich die CD-ROM schneller als beim Zugriff auf die äußeren Spuren.

35 Beginnt das Lesen auf einer CD-ROM/DVD innen oder außen?

Der erste Zugriff erfolgt immer auf den inneren Tracks, da sich hier der Lead-In-Bereich befindet. Die Latenzzeit beträgt 50 ms. Darunter wird die Zeit verstanden, die notwendig ist, bis sich der Lesekopf und die richtige Umdrehungsgeschwindigkeit synchronisiert haben, um den Auslesevorgang zu ermöglichen.

36 Die heute nicht mehr gebräuchlichen Single-Speed-CD-ROM-Laufwerke lesen in einer Sekunde 150 Kilobyte Daten aus. Dies entspricht 75 Sektoren oder Blöcken pro Sekunde. Welche Übertragungsrate hat ein 24-Speed-Laufwerk pro Sekunde?

3 600 KB Daten/Sekunde
(Lösungsweg auf S. 325)

37 Errechnen Sie die Übertragungsraten/Sekunde für die folgenden Laufwerke: 48-Speed-Laufwerk, 55-Speed-Laufwerk.

48-Speed-Laufwerk = 7 200 KB/Sekunde
55-Speed-Laufwerk = 8 250 KB/Sekunde
(Lösungsweg auf S. 325)

7.3 Video

1 Nennen Sie die drei wichtigsten Videonormen für Europa und die USA und beschreiben Sie kurz die Unterschiede.

Europa: PAL-System (**P**hase **A**lternating **L**ine) in Westeuropa, SECAM-System (**Sec**uentella **á** **M**émoire) in Frankreich. USA: NTSC-System (**N**ational **T**elevision **S**ystems **C**omitte).
Unterschiede: Das NTSC-Verfahren USA führt vor allem bei Hauttönen zu Farbübertragungsfehlern. Deshalb wurde in Europa eine Modifikation des NTSC-Verfahrens erarbeitet. Ab 1962 wurde dieses modifizierte Verfahren als PAL-System in Westeuropa (ohne Frankreich) eingeführt. Frankreich nutzt das SECAM-Verfahren, das vor allem bei extremen Bildwechseln und schnellen Farbwechseln zu unerwünschten Flimmereffekten führt.

2 Wie viele Bilder verwendet das PAL-System pro Sekunde?

Die europäischen Systeme PAL und SECAM verwenden 25 Bilder pro Sekunde.

3 Wie viele Zeilen verwendet das PAL-System pro Bild?

Die europäischen Systeme PAL und SECAM verwenden 625 Zeilen pro Bild.

4 Wie viele Bilder verwendet das NTSC-System pro Sekunde?

Das amerikanische NTCS-Systeme verwendet 30 Bilder pro Sekunde.

5 Wie viele Zeilen verwendet das NTSC-System pro Bild?

Das amerikanische NTSC-System verwendet 525 Zeilen pro Bild.

6 Wenn Sie einen Videofilm an einen Kunden, Medienbetrieb o. Ä. weitergeben, sollten immer bestimmte Angaben mitgeliefert werden, damit der Film/Clip gut weiterverarbeitet werden kann. Welche Angaben sind dies?

- Aufnahmeformat
- Fernsehnorm
- Framerate
- Soundeinstellungen
- Verwendungszweck

7 Videofilme setzen sich, ebenso wie der klassische Film, aus einer Reihe von einzelnen Bildern zusammen. Wie werden diese Bilder eines Videofilms bezeichnet?

Einzelbilder eines Videofilmes werden als Frames bezeichnet.

8 Damit die Bilder eines Videofilmes eine ruckfreie und fließende Bewegung erzeugen, ist eine Mindestanzahl an Bildern (Frames) pro Sekunde notwendig. Mit welcher Framezahl sollte ein Videoclip wiedergegeben werden, damit die Wiedergabe für den Betrachter gut ist.

Mit einer Framerate zwischen 24 und 30 Frames pro Sekunde werden flüssige, ruckelfreie und fortlaufende Bewegungsabläufe in Videofilmen erzeugt.

9 Betrachten Sie das Bild des Controllers eines Videoplayers. Sie erkennen die Zeitanzeige in der Mitte der Darstellung. Was zeigt die Zahl 00:00:13:25 an?

Stunden : Minuten : Sekunden : Frames •
Diese Angabe besagt, dass ein Film 13 Sekunden abgespielt wurde und dies bei einer Timebase von 25 Frames pro Sekunde.

10 Welche Angaben müssen vor dem Schnitt eines Videoclips in einem Videoschnittprogramm definiert werden?

- Framegröße in Pixel (z. B. 320 × 240 Pixel)
- Framerate in Frames pro Sekunde (z. B. 25 fps)
- Farbtiefe (z. B. Tausend, Qualität 100 %)
- Kompressor (z. B. Video oder Cinepack)

11 Ein digitaler Videoclip enthält immer mehrere Spuren. Jede Spur beinhaltet andere Informationen, die beim Abspielen des Clips zeitgleich pro Zeiteinheit wiedergegeben werden. Nennen Sie die wichtigsten Spuren digitaler Videoclips (QuickTime) und die darauf enthaltene Information.

- Videospur 1 – enthält visuelle Videoinformationen.
- Audio-Vorschauspur – enthält die Vorschauinformationen für die Audiowiedergabe.
- Audiospur – enthält die digitalen Audioinformationen.
- QTVR-Spur – enthält digitale Videoinformationen virtueller Räume. Hier werden auch so genannte Hot-Spot-Informationen und VR-Panoramainformationen gespeichert.

12 Welche Funktion hat die so genannte Vorschaudarstellung beim Videoschnitt?

Die Vorschau ist eine verkürzte Darstellung des Filmes. Dabei werden weniger Frames pro Sekunde dargestellt als beim späteren fertigen Videoclip. Beim Schneiden nutzt man die Vorschaufunktion zur Kontrolle des Schneideergebnisses. Diese erfolgt in der Regel nach jeder geschnittenen Szene. Die Vorschau kann, da die Framezahl reduziert ist, fehlerhaft oder unvollständig in der Darstellung sein.

13 Im Zusammenhang mit digitalen Videos kann der Begriff des „Posters" oder des „Plakats" auftauchen. Was ist unter diesen Begriffen in diesem Zusammenhang zu verstehen?

Als Poster/Plakat wird in der Regel das erste Frame eines Videoclips bezeichnet. Das Plakat wird als sichtbare Hilfe für die Positionierung des Videoclips z. B. auf der Bühne eines Autorensystems genutzt. Außerdem ist das Plakat optische Anzeige für den Inhalt eines Filmes und veranlasst den Nutzer, den Videoclip zu starten. Die Auswahl des Posters ist über die Funktion „Titelbild festlegen" bei den meisten Playern möglich.

14 Welche Hardwarevoraussetzungen sind notwendig, um einen S-VHS-Videoclip zu digitalisieren?

Schneller PC mit mindestens 256 MB RAM, Videodigitalisierungskarte, PC-Videorecorder, Kontrollmonitor, Lautsprecher.

15 Welche Hardwarevoraussetzungen sind notwendig, um einen digitalen Videoclip in einen Rechner zu übernehmen?

Fire-Wire-Schnittstelle am PC und dem abgebenden Gerät (Videokamera, Videoplayer).

16 Was versteht man unter einem Codec?

Ein Codec ist ein Programm (Systemerweiterung), welches Videoinformationen so komprimiert und dekomprimiert, dass die Wiedergabe von Videomaterial auf einem PC möglich ist.

17 Welche Methoden der Datenkomprimierung gibt es?

Verlustfreie Komprimierungsmethoden und verlustbehaftete Komprimierungsmethoden.

18 Erläutern Sie die folgenden Begriffe aus der Komprimierungstechnologie:
a) verlustfreie Komprimierung (engl.: Lossless Compression)
b) verlustbehaftete Komprimierung (engl.: Lossy Compression)

a) Verlustfreie Komprimierungsmethoden erhalten die Originaldaten der Bilder bzw. Filme und stellen sicher, dass das Bildmaterial vor und nach der Komprimierung gleich ist. Verlustfreie Komprimierungsmethoden verwenden in der Regel eine so genannte Lauflängencodierung. Dies ist ein Arbeitsprinzip, das fortlaufend Bereiche gleicher Farbe entfernt. Mit dieser Methode ist kein großer Komprimierungseffekt verbunden, da bei Videos normalerweise nur wenige Bilder bzw. Szenen einen gleichartigen und ruhigen Bildhintergrund aufweisen.

b) Verlustbehaftete Komprimierungsmethoden versuchen, Bildinformationen zu entfernen, welche dem Betrachter nicht auffallen. Diese Methode verändert die Bildinformation, es gehen Farbinformationen verloren. Je nach Komprimierungsgrad ist dieser Verlust sehr gering bis sehr hoch.

19 Wie wird die Technologie genannt, die zur Übertragung von digitalen Videos im Internet zunehmend verwendet wird?

Videostreaming

20 Erläutern Sie den Begriff Videostreaming.

Darunter versteht man die Komprimierung, Übertragung und Dekomprimierung von Videodaten im Internet. Ziel ist eine Videoübertragung, die es dem Anwender gestattet, einen Videoclip direkt über das Netz zu betrachten, ohne lange Lade- →

▷ *Fortsetzung der Antwort* ▷

zeiten in Kauf nehmen zu müssen. Das derzeitige Problem bei dieser Videostreamingtechnologie ist nicht das Komprimieren und Dekomprimieren der Videodaten, sondern die Übertragungsgeschwindigkeit des Netzes. Hier sind die „Störfaktoren" vor allem die nicht videostreamingfähigen Router ohne Multicast-Technologie.

21 Nennen Sie die Videocodecs, welche Sie zur Hybridproduktion verwenden können.

- Cinepak
- Sorenson Video
- QuickTime
- MPEG

22 Welcher der folgenden Codecs ist besonders für die Video-Internetübertragung geeignet? Erklären Sie Ihre Entscheidung.
a) Cinepak
b) Video
c) SorensonVideo

Antwort c) ist richtig. Begründung: Der Sorenson Video Kompressor gehört seit der Version 3 von QuickTime zum Lieferumfang dieser Systemerweiterung. Dieser Codec ist speziell für die Videoübertragung im Internet entwickelt worden.
Der Codec komprimiert bzw. dekomprimiert Video- und Sounddaten so, dass ein Videostreaming bei guter Qualität und Übertragungszeit möglich ist.

23 Alle Codecs komprimieren die Einzelbilder (Frames) eines Clips. Um Speicherplatz zu sparen, werden die Filme komprimiert. Dabei tauchen die beiden folgenden Begriffe auf: Deltaframe (Deltabild) und Keyframe (Schlüsselbild). Was wird darunter verstanden? Stellen Sie den Zusammenhang her.

Viel Speicherplatz lässt sich einsparen, wenn die Bilder eines Clips miteinander verglichen werden. Es ändert sich von einem Bild zum nächsten oft nur ein geringfügiger Ausschnitt. Es liegt dann nahe, nur diesen veränderten Bildteil zu speichern und nicht die komplette Bildinformation. Ein solches Bild, in dem nur die Unterschiede zum vorherigen Bild gespeichert sind, wird als Deltabild/Deltaframe oder →

▷ *Fortsetzung der Antwort* ▷

Differenzbild bezeichnet. Im Gegensatz dazu nennt man ein komplett abgespeichertes Bild Schlüsselbild/Keyframe.

24 Welche Besonderheit haben Videodateien im MPEG-Format bezüglich des Videoschnitts?

MPEG-Dateien lassen sich nur an den Keyframes schneiden, alle anderen Frames bestehen aus daraus abgeleiteten Differenzbildern (sind also Deltaframes), die nicht die vollständigen Bildinformationen enthalten.

25 Welches Verhältnis von Schlüsselbild zu Deltabildern ist für die Videoclipherstellung für CD-ROMs einzustellen?

Ein Schlüsselbild für jeweils fünf Bilder ist für die CD-ROM-Produktion als Standard praxisgerecht. Dies entspricht auch der Grundeinstellung der gängigen Videoschnittprogramme.

26 Welche Bedeutung haben die folgenden Kürzel MPEG 1 und MPEG 7?

MPEG ist die Abkürzung für Motion Picture Expert Group. Dies ist der Ausschuss, der die Standards für die Komprimierung und Dekomprimierung von Digitalvideos festlegt. 1992 erfolgte die erste Festlegung, 2001 die Festlegung für MPEG 7. MPEG 1 erlaubt eine Fenstergröße des Digitalvideos von maximal 352 × 288 Pixel, MPEG 7 ermöglicht eine maximale Größe von 1 920 × 1 080 Pixeln. Zusätzlich normieren die MPEG-Formate noch die Qualität der Tonkomprimierung, die bei MPEG 7 Stereosound mit einer Samplingrate von 4 498 kHz mit bis zu 6 Kanälen für Raumklang-Systeme umfasst.

27 Ein häufiges Problem bei digitalen Computervideos ist am unteren Rand des Clips beim Abspielen zu erkennen. Hier kann man einige gestörte Zeilen sehen. Welche Ursache haben diese Störungen?

Diese gestörten Zeilen, die so genannte Austastlücke, können Informationen für das Bildschirmtextsystem aufnehmen. Beim Fernsehen sind sie nicht zu sehen, weil jeder Fernseher das Bild am unteren Rand etwas anschneidet. Um diese Zeilen zu entfernen, muss der Videoclip im Schnittprogramm unten so beschnitten werden, dass die Störungen unsichtbar sind. In manchen Programmen ist dies auch über ein Neuskalieren des Videoclips möglich. Dabei werden die unteren, störenden Zeilen beseitigt.

28 Erläutern Sie den Begriff Timebase.

Der Begriff bezeichnet die interne Zeitauflösung, mit der ein Videoschnittprogramm arbeitet. Die Timebase ist die kleinste Zeiteinheit, die ein Videoschnittprogramm verarbeiten kann.

29 Vervollständigen Sie die folgende Tabelle zur Timebase-Einstellung bei verschiedenen Videos.

Endprodukt	Timebase
PAL-Video	
SECAM-Video	
NTSC-Video	
MPEG 1 Computervideo PAL	
MPEG 1 Computervideo NTSC	
MPEG 2 Computervideo PAL	
MPEG 2 Computervideo NTSC	
QT-Computervideo 15 fps	
QT-Computervideo 12 fps	
QT-Computervideo 24 fps	
QT-Computervideo 25 fps	

Endprodukt	Timebase
PAL-Video	25 fps
SECAM-Video	25 fps
NTSC-Video	29,97 fps
MPEG 1 Computervideo PAL	25 fps
MPEG 1 Computervideo NTSC	29,9 fps
MPEG 2 Computervideo PAL	25 fps
MPEG 2 Computervideo NTSC	29,9 fps
QT-Computervideo 15 fps	30 fps
QT-Computervideo 12 fps	24 fps
QT-Computervideo 24 fps	24 fps
QT-Computervideo 25 fps	25 fps

30 Was geschieht mit der Zeiteinstellung, wenn aus einem Video mit einer vorhandenen Timebase von 24 fps ein Clip mit einer neuen Timebase von 25 fps berechnet wird?

Als oberste Priorität erhält ein Schnittprogramm bei einer Neuberechnung immer die Gesamtlänge eines Clips. Da für die Abspielzeit von 25 fps ein Bild fehlt, fügt das Schnittprogramm automatisch ein Bild ein, um die geforderten 25 fps zu erhalten. Mit diesem zusätzlichen Bild ist die Zeitzählung wieder in Ordnung. Eingefügt wird immer das letzte Bild, in diesem Fall also Bild 24.

31 Was geschieht mit der Zeiteinstellung, wenn aus einem Video mit einer vorhandenen Timebase von 15 fps ein QT-Video-Clip mit einer neuen Timebase von 30 fps berechnet wird?

Das Schnittprogramm verdoppelt jedes Bild, sodass der Clip technisch gesehen die geforderten 30 fps aufweist, aber jeweils 2 Bilder identisch sind.

32 Geben Sie einen systematischen Überblick über die Entstehung eines Videos für Multimedia-CD oder Internet.

Planen = Drehbuch schreiben und eventuell Storybord schreiben/zeichnen.
Drehen = Alle Szenen des Drehbuchs werden gefilmt.
Schnitt = Das Drehmaterial wird dem Drehbuch gemäß geschnitten, vertont bzw. nachvertont und mit den notwendigen oder gewünschten Effekten versehen.
Mastering 1: Der fertiggeschnittene Film wird auf ein Videoband überspielt. Dies ist das Masterband. Es sollte mindestens S-VHS-Qualität aufweisen, wenn eine Weiterverarbeitung für den Digitalvideobereich gewünscht ist.
Mastering 2: Der fertig geschnittene Film wird in eine Videodatei konvertiert. Diese Datei muss auf PCs mit einer vordefinierten Mindestaus- →

▷ *Fortsetzung der Antwort* ▷

stattung einwandfrei wiedergegeben werden. Diese Datei, meist in Verbund mit anderen Multimediadateien, ist das Master. Dieses wird meistens als CD-ROM oder DVD-WORM an den Produzenten der Multimedia-Applikation geliefert. Die Videodaten werden dann für die CD/DVD-Produktion oder das Videostreaming für Internetanwendungen verwendet bzw. aufbereitet.

33 Definieren Sie die folgenden Begriffe: VHS, S-VHS, Video-8-Format, BetacamSP.

- VHS = Video-Home-System. Consumer-MAZ-Format mit einer Auflösung von ca. 250 Linien pro Zeile.
- S-VHS = Super Video-Home-System. Gegenüber dem VHS-Format wird mit einer Auflösung-von ca. 400 Linien pro Zeile und einem verbesserten Farbverfahren (Color-Under-Verfahren) gearbeitet.
- Video-8-Format = verbessertes VHS-Consumer-Verfahren mit einer Auflösung von 270 Linien pro Zeile.
- BetacamSP = Professionelles Video-MAZ-Format. Die Helligkeits- und Farbsignale werden auf getrennten Spuren aufgezeichnet. Die Auflösung ist ca. 700 Linien pro Zeile.

34 Um welche Dateiformate handelt es sich hier: AVI, MOV?

AVI = Audio Video Interleaved: Dateiformat in Video für Windows. MOV = QuickTime Video: Dateiformat für Videos, das für Hybrid-Produktionen verwendet werden kann.

35 Welche Angaben müssen Sie machen, wenn Sie einen fertig gedrehten Videofilm weitergeben?

Aufnahmeformat und Fernsehnorm.

36 Ein digitaler Videoclip in der Größe 320×240 Pixel soll mit 24 fps in Echtfarben hergestellt werden.
a) Erklären Sie die Angabe „24 fps".
b) Berechnen Sie die Datenmenge für eine Sekunde Video.
c) Nennen Sie drei bekannte Video-Kompressionsverfahren (Codecs).
d) Erklären Sie die Begriffe räumliche Kompression (Intra-Frame-Kompression) und zeitliche Kompression (Inter-Frame-Kompression)
e) Nennen Sie zwei weitere Möglichkeiten, die Datenmenge des Videos zu verringern.

a) 24 Frames per Second, Bildwiederholfrequenz: Anzahl der Vollbilder pro Sekunde, in diesem Fall 24.
b) 5 400 KB/s (Lösungsweg auf S. 326)
c) Cinepak, Sorensen, Video 1, Animation, MPEG 1 oder 2, MJPEG,
d) Räumliche Kompression: Datenreduktion innerhalb eines Einzelbildes z. B. JPEG. Zeitliche Kompression: Datenreduktion durch Entfernung redundanter Informationen zwischen Einzelbildern oder vorher festgelegten Keyframes, z. B. MPEG.
e) Verwendung eines Codecs mit größerer Kompression, Änderung der Framerate von 24 auf 15 fps, Änderung der Farbtiefe, Herabsetzung der Qualität, Verringerung der Bildgröße.

7.4 QTVR-Technologie

1 QTVR ein oft gelesenes Schlagwort. Was bedeutet dieses Kürzel?

Quick-Time-Virtuell-Room.
Dahinter verbirgt sich eine Technologie, welche
... in der Lage ist, aus eine Serie von Standbildern einen zylindrischen Raum zu erstellen, in dessen Mitte der Betrachter steht. Um diesen Standpunkt in der Mitte des Zylin- →

▷ *Fortsetzung der Antwort* ▷

ders bewegt sich der virtuelle Raum so, dass der Betrachter den Eindruck erhält, er befindet sich in der Raummitte.
... in der Lage ist, aus einer Serie von Bildern eines Objektes eine Darstellung zu errechnen, bei welcher der Betrachter um das aufgenommene Objekt gehen und sich dieses von allen Seiten und Blickwinkeln betrachten kann.

2 Was wird unter der HotSpot-Technologie bei virtuellen Räumen verstanden?

Mit Hilfe virtueller Öffnungen in einem QTVR-Film gelangt der Nutzer von einem virtuellen Raum zu einem anderen virtuellen Raum. Der Punkt des Wechselns von einem Raum zum anderen ist der so genannte HotSpot. Diese Technologie ist zwischenzeitlich nicht nur bei virtuellen Räumen aus Standbildern möglich, sondern auch zwischen Videoszenen, d. h. man kann von einem Videoclip mittels eines HotSpots zum nächsten Videoclip navigieren. Die HotSpot-Technologie ermöglicht das „Wandern“ durch virtuelle Welten. So kann z. B. ein Fertighaushersteller einem potenziellen Kunden dadurch Einblicke in ein noch zu bauendes Haus geben oder eine Stadt (siehe z. B. www.Muenchen.de > virtuelle Stadt) kann sich mit Hilfe dieser Technik im Internet präsentieren. Zur Herstellung dieser HotSpots benötigt man einen HotSpot-Editor.

8 Kommunikation

8.1 DIN 16 511

1 Welches Ziel verfolgt eine DIN bzw. ISO?

Vereinheitlichung und Regelung innerhalb Deutschlands (DIN) bzw. weltweit (ISO).

2 Wozu wird die DIN 16 511 in der Druck- und Medienindustrie benötigt?

Zur eindeutigen Kennzeichnung von Fehlern, sodass keinerlei Missverständnisse bei der Korrekturausführung auftreten.

3 Welche Hauptregeln sind in der DIN 16 511 aufgeführt?

Die Hauptregeln der DIN 16 511 sind:

- deutliche Eintragungen (irrtumsfrei)
- jedes eingezeichnete Korrekturzeichen ist am Papierrand zu wiederholen
- die erforderliche Änderung ist rechts neben das wiederholte Korrekturzeichen zu schreiben
- das an den Rand Geschriebene muss in seiner Reihenfolge mit den Korrekturzeichen im Text übereinstimmen (in gleicher Zeilenhöhe!)
- mehrere Korrekturen innerhalb einer Zeile sind durch unterschiedliche Zeichen kenntlich zu machen
- erklärende Vermerke sind durch Doppelklammern zu kennzeichnen
- Korrekturen sind farbig anzuzeichnen
- Bei größeren Auslassungen verweist man auf das Manuskript (s. M.)

→

▷ *Fortsetzung der Antwort* ▷

- Nur im Electronic Publishing vorkommende Fehler (keine Norm) erhalten einen entsprechenden Verweis (Laufweite, falscher ZAB, falsche Schattierung . . .)
- jede gelesene Korrektur (Abzug) ist zu signieren

4 Was versteht man unter Imprimatur?

Imprimatur: Gut zum Druck, d. h. Freigabe durch den Besteller/Kunden, um zu publizieren.

5 Erklären Sie den Begriff „Deleatur" und dessen Anwendung im Zusammenhang mit DIN 16 511.

Unter Deleatur versteht man tilgen bzw. entfernen. Das Deleatur-Korrekturzeichen wird angewendet, wenn ein Zeichen ersatzlos entfernt werden muss.

6 Lesen Sie den nachfolgenden Übungs-Korrektur-Text nach Fehlern unter Verwendung der neuen Rechtschreibung. Zeichnen Sie die erkannten Fehler nach DIN 16 511 an.

Übungs-Korrektur-Text:

Siebdruck-Formenherstellung

Beim Siebdruckverfahren wird die Druckfarbe durch eine Schablone auf den Bedruckstof hindurchgerückt. Sibdruck-Formherstellung bedeutet in erster Linie Schablonenherstellung. Das Siebgewebe erfüllt nur eine Hilfsfunktion, es hält die einzelne Schablonenteile unverrückbar an ihrem Platz fest. Will man den Buchstaben „O" von einer Schablone ohne untergelegtes Gewebe drucken, so muss man den Innentail des Buchstaben durch Stege befestigen, die nach dem Druck sichtbar sind. Wird eine solche Schablone jedoch auf ein Gewerbe geklebt, so können die wenigen stapilen und breiten Stege entfallen. Sie sind durch viele feine Fäden ersetzt. Diese lassen die Druckfarbe hindurch und bilden sich nicht auf dem Bedruckstoff ab, die da unter Farbe ihnen zusammenfließt wieder.

Das Sieb besteht aus einem rechtwinkligen Rahmen, auf den ein farbundurchlässiges Gewebe in der Art eines ganz feinen Siebes aufgespannt ist. Der Siebdruckrahmen ist in der Regel aus Leichtmetall- oder Stahlrohrprofielen hergestellt.

Er hat den früher allgemein üblichen Holzrahmen weitgehend verdrängt. Wichtige Anforderungen muss der Siebdruckrahmen erfüllen:

1. Die Rahmenleisten dürfen sich nicht unter der Zugkraft des aufgespannten Gewebes verziehen.

2. Der Rahmen muss beim Druck völlig plan aufliegen, er darf sich unter der Spannung n i c h t verwinden (Torisonsfestigkeit).
3. Das Material muss gegen die Druckfarbe und die verwendeten Chemiekalien ausreichend wiederstandsfähig sein.

Mit einem Wort, Siebdruckrahmen müssen stabil sein. Holz erfüllt diese Anforderungen bei kleinen Formaten bedingt, bei großen nicht mehr. Leichtmetallrahmen haben gegenüber den Stahlrahmen den Vorteil eines geringeren Gewichtes. Das ist für die Handhabung der Rahmen und für daß Auf- und Abschwingen beim Druck günstig.

(Lösung auf S. 326/327)

7 Lesen Sie den nachfolgenden Übungs-Korrektur-Text nach Fehlern unter Verwendung der neuen Rechtschreibung. Zeichnen Sie die erkannten Fehler nach DIN 16 511 an.

Übungs-Korrektur-Text:

Kommunikation für die Sinne

Menschen sehnen sich heute wieder zunehmend nach sensorischen, endschleunigten Sinneseindrücken die sie greifen und begreifen können. Im Gegensatz zu den visuellen und auditiven Eindrücken, die die schnelle, flüchtige virtualle Welt des Internets und des E-Commerce vermittelt, greifen viele gerne wieder zu hochwertig gestalteten Büchern, Broschüren oder Geschäftsberichten. Gerade hier sieht man die Möglichkeiten für den Einsatz der konventionellen Drucktechniken.

Bei Geschäftsberichten und -ausstattungen Akzidenzen, Büchern oder Zeitschriften, aber auch bei Verpackungen für Zigaretten und Parfüm sowie bei Etiketten, CD-Hüllen und Klarsichtverpackungen nutzen Designer, Werbe- und Marketingspezialisten die hochwertige Anmutung. Mit dem Bedürfnis nach einer besonderen Qualität und emotionaler Ansprache wird in dem Lifestyleszenarien geworben. Der Einkauf soll zum Erlebnis werden.

Die Produkte sind dabei die Botschafter. Sie transportieren ein Mehr an Informationen, Image und vor allem Wertigkeit. Am Point-of-Sale entscheidet der Kunde bis zu 60 Prozent aus dem Bauch heraus, für welche Marke er sich entscheidet. Durch die verschärfte Wettbewerbssituation von Produkten mit vergleichbarem Profil kommt der Verpackung bei der Kaufentscheidung eine wichtige Rolle zu. Sie ist zu einem aktiven, karismatischen Verkaufshelfer in dem dicht bepackten Regalen geworden. Die habtische Erfahrung der Verpackung lässt den Kunden das Produkt fühlen und durch die Sinnesreize erleben.

(Lösung auf S. 327/328)

8.2 Ablaufpläne beschreiben

1 Beschreiben Sie nachfolgenden Ablaufplan. Achten Sie dabei auf sprachliche als auch inhaltliche Qualität Ihrer Ausführungen und natürlich auch auf Vollständigkeit und Übersichtlichkeit.

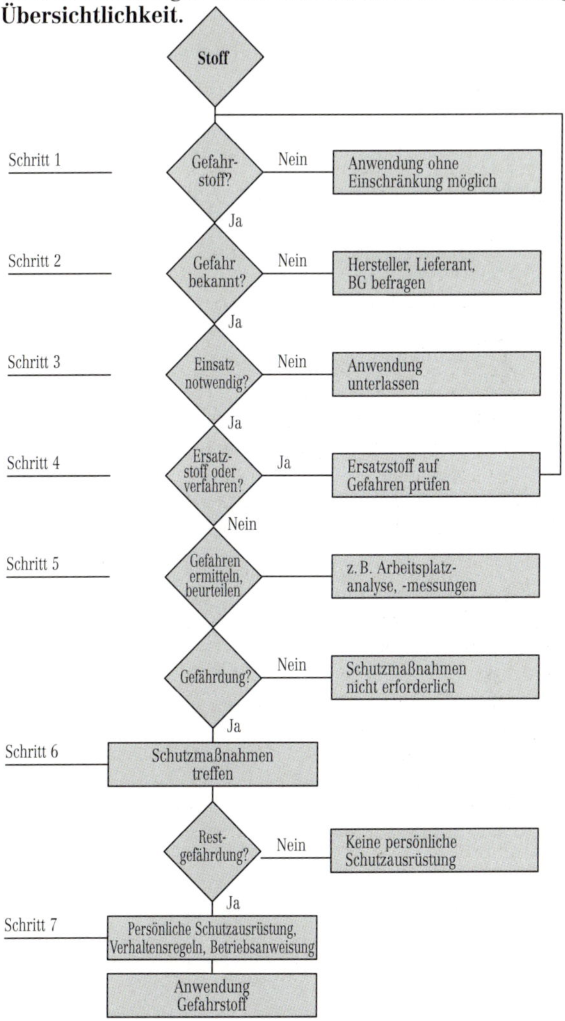

Gefährdungsermittlung eines Stoffes:

Schritt 1:

- Bei der Einführung eines Stoffes ist zuerst zu prüfen, ob es sich um einen Gefahrstoff handelt. Wenn nein, so ist dieser ohne Einschränkung anzuwenden.

Schritt 2:

- Ist es jedoch ein Gefahrstoff so ist zu prüfen, ob dieser bereits im Unternehmen bekannt ist.
- Sollte dieser nicht bekannt sein, so sind Informationen beim Hersteller, Lieferant oder bei der Berufsgenossenschaft einzuholen.

Schritt 3:

- Sind die Gefahren bekannt so ist zu prüfen, ob der Einsatz dieses Gefahrstoffes notwendig ist. Wenn nein, so ist die Anwendung dieses Gefahrstoffes zu unterlassen.

Schritt 4:

- Sollte jedoch der Einsatz nötig sein so ist zu prüfen, ob ein Ersatzstoff oder ein Ersatzverfahren möglich sind. Wenn dies zutreffen sollte so beginnt man mit dem Ersatzstoff bzw. dem Ersatzverfahren wieder bei Schritt 1.
  Gibt es jedoch keinen Ersatzstoff oder ein Ersatzverfahren, so folgt Schritt 5.

Schritt 5:

- Es sind die Gefahren des Gefahrstoffes zu ermitteln und zu beurteilen. Dies ist z. B. durch Arbeitsplatzanalysen oder Arbeitsplatzmessungen durchzuführen.
- Sollte keine Gefährdung von dem Gefahrstoff ausgehen, so sind keine Schutzmaßnahmen erforderlich. Wenn jedoch eine Gefährdung vom Gefahrstoff ausgehen kann, so sind Schutzmaßnahmen zu treffen.

Schritt 6:

- Es ist zu prüfen, ob trotz der Schutzmaßnahmen eine Restgefährdung entstehen kann. Wenn nein, ist keine persönliche Schutzausrüstung erforderlich.
- Wenn eine Restgefährdung entstehen kann, so sind Maßnahmen zu ergreifen.

Schritt 7:

- Persönliche Schutzausrüstung, Verhaltensregeln und Betriebsanweisung veranlassen.

Erst wenn alle sieben Handlungsschritte erfüllt sind – sofern diese sieben nötig sind – darf dieser Gefahrstoff eingeführt und angewendet werden!

8.3 Textzusammenfassung

**1 Sie finden unten einen Auszug aus einem Sitzungsprotokoll. Berichten Sie kurz über die Geschehnisse. Erstellen Sie eine kurze prägnante schriftliche Ausarbeitung.
Achten Sie dabei auf sprachliche als auch inhaltliche Qualität Ihrer Ausführungen und natürlich auch auf Vollständigkeit und Übersichtlichkeit.**

Auszug aus einem Sitzungs-Protokoll:

17. Juli von 14 bis 16 Uhr, Raum 12
Anwesende: Dr. Kühnapfel, Bühler, Böhringer, Jungwirth, Baumstark, Holland
Entschuldigt: Frau Josenhans

. . .

TOP 3:
Wird ein Umweltmangementsystem eingeführt in unserem Medienbetrieb?
Die Vorteile einer Einführung eines Umweltmangementsystems sind dabei, dass das Image verbessert wird, evtl. mehr und neue Kundschaft gewonnen werden kann, also ein Verkaufsargument, evtl. Versicherungsrabatte, Mitarbeitermotivation erzielt werden können. Dagegen spricht eine gigantische Verwaltung und Mehrarbeit für jeden Einzelnen. Des Weiteren sind auch die Kosten allein für die Prüfung und Erlangung des Umweltmangement-Zertifikats immens.
Nach langer Diskussion kam es zur Abstimmung. Dabei stimmten drei Personen für die Einführung, eine Person dagegen und zwei enthielten sich.
Nach erfolgter Zustimmung wurden 23 Einzelaufgaben definiert.
Die Umweltpolitik wird von der Geschäftsleitung festgelegt. Die Umweltleitlinien werden dabei vom Betriebsbeauftragten für Umweltschutz vorgegeben. Die Umwelterklärung wird von der Geschäftsleitung, dem Betriebsbeauftragten und dem Leiter Verkauf in Teamwork erstellt. Die Information der Kunden, der Öffentlichkeit und der Mitarbeiter erfolgt gemeinsam durch die Geschäftsleitung, Leiter Personal, Leiter Verkauf, Technische Leitung, Leiter Vorstufe, Leiter Druck und Druckweiterverarbeitung.
Die Umweltziele werden von den jeweiligen Leitern der Produktions-Abteilungen und dem Betriebsbeauftragten erstellt. Mit der Planung und Durchführung werden die Geschäftsleitung, Leiter Einkauf, Technische Leitung und die Leiter der Produktionsabteilungen beauftragt.

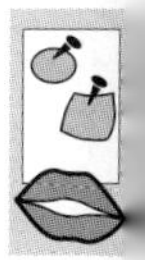

Musterlösung – so oder ähnlich könnte Ihre Lösung aussehen.

Bei der Sitzung am 17. Juli wurde mehrheitlich von den Anwesenden Dr. Kühnapfel, Bühler, Böhringer, Jungwirth, Baumstark und Holland beschlossen, dass ein Umweltmanagementsystem eingeführt wird. Frau Josenhans war entschuldigt.
Dabei wurden die Vorteile eines Umweltmanagementsystems erläutert:
- Imagegewinn
- mehr und neue Kundschaft, Verkaufsargument
- evtl. Versicherungsrabatte
- Mitarbeitermotivation.

Die Nachteile sind:
- Verwaltungsaufwand
- Mehrarbeit für jeden Einzelnen
- Kosten

Es wurden 23 Einzelaufgaben festgelegt:
- Geschäftsleitung:
  Umweltpolitik festlegen, Umwelterklärung im Team erstellen, Kunden, Öffentlichkeit und Mitarbeiter informieren, Planung und Durchführung
- Betriebsbeauftragter:
  Umweltleitlinien vorgeben, Umwelterklärung im Team erstellen, Umweltziele erstellen
- Leiter Verkauf:
  Umwelterklärung im Team erstellen, Kunden, Öffentlichkeit und Mitarbeiter informieren
- Leiter Personal:
  Kunden, Öffentlichkeit und Mitarbeiter informieren
- Technische Leitung:
  Kunden, Öffentlichkeit und Mitarbeiter informieren, Planung und Durchführung
- Leiter Vorstufe:
  Kunden, Öffentlichkeit und Mitarbeiter informieren, Umweltziele erstellen, Planung und Durchführung
- Leiter Druck und Druckweiterverarbeitung:
  Kunden, Öffentlichkeit und Mitarbeiter informieren, Umweltziele erstellen, Planung und Durchführung
- Leiter Einkauf:
  Planung und Durchführung

8.4 Matrix-Erstellung

1 Erstellen Sie aus dem vorigen Protokoll eine Matrix, welche die Aufgaben auf einen Blick verdeutlicht.

Aufgaben	Geschäftsleitung	Betriebsbeauftragter Umweltschutz	Leiter Verkauf	Leiter Einkauf	Leiter Personal	Technische Leitung	Leiter Vorstufe	Leiter Druck und Druckweiterverarbeitung
Umweltpolitik festlegen	x							
Umweltleitlinien vorgeben		x						
Umwelterklärung erstellen	x	x	x					
Kunden, Öffentlichkeit, Mitarbeiter informieren	x		x		x	x	x	x
Umweltziele festlegen		x					x	x
Audits planen und durchführen	x			x		x	x	x

8.5 Englisch: Übersetzungen und Fragen

Hilfsmittel: zweisprachige Wörterbücher und Fachwörterbücher

1 Sie haben einen neuen Laserdrucker gekauft, im Verpackungskarton befinden sich folgende englische Warnhinweise. Geben Sie die nachfolgenden Aussagen sinngemäß wieder.

Safety Instructions

Read all of these instructions before operating your printer.

- Follow all warnings and instructions marked on the printer.
- Unplug the printer from the electrical outlet before cleaning. Use a clean, dry, lintfree cloth for cleaning and do not use liquid or aerosol cleaners.
- Do not use printer near water.
- Never spill liquid of any kind onto the printer.
- Do not place the printer on an unstable surface.
- Never push objects of any kind through the slots as they may touch high voltage points or short out parts that could result in fire or electric shock.

→

- Be sure to keep the consumable components out of the reach of children.

Sicherheitshinweise

Lesen Sie alle Anweisungen vor Inbetriebnahme des Druckers.
- Befolgen Sie alle auf dem Drucker angebrachten Warnungen und Hinweise.
- Trennen Sie den Drucker vor dem Reinigen vom Stromnetz. Verwenden Sie ein sauberes, trockenes, fusselfreies Tuch zum Reinigen und verwenden Sie keine Flüssigkeitsreiniger oder Reinigungssprays.
- Verwenden Sie den Drucker niemals an Standorten, an denen die Gefahr besteht, dass Wasser eindringen könnte.
- Achten Sie darauf, dass keine Flüssigkeiten jeglicher Art ins Innere gelangen können.
- Stellen Sie den Drucker auf eine stabile Unterlage.
- Führen Sie niemals Gegenstände durch die Öffnungen am Gerät, sie könnten spannungsführende Teile berühren und dadurch einen elektrischen Stromschlag erhalten oder einen Gerätebrand verursachen.
- Achten Sie darauf, Verbrauchsmaterialien von Kindern fern zu halten.

(Quelle: Epson Laserprinter EPL 5800 Installationshandbuch)

2 Situationsbeschreibung:
Sie haben im Internet nach Programmen gesucht, die in der Lage sind, Mac-Datenträger und Dateien auf Windows-Rechnern anzuschauen bzw. zu verwenden. Über ein Programm erhalten Sie den folgenden englischen Informationstext, der Ihnen Antwort zu folgenden Fragen gibt (Hinweis: auf Apple-Rechnern wird das Hierarchische File-Format (HFS) verwendet.):
1. **What kind of a software is HFV Explorer and how much does it cost?**
2. **On which operating systems can you directly read from Mac-formatted CDs?**
3. **What kind of structure is used by HFV Explorer to display the files which Windows applications is it comparable to?**
4. **Once you have read a Mac-formated file you want to rename it to use it on your Windows systems. How can you manage this?**

Beantworten Sie die Fragen in grammatikalisch korrektem Deutsch.

HFV/DSK Explorer v. 1.3.0 – a tool for Mac OS/Win32 users. Experimental freeware software.

Features of HFV Explorer

- A read/write, Explorer-like.
- A tree representation of the corresponding HFS file structure.
- Direct access to floppies, works in both Windows 95 and NT 4.0.
- Direct access to CDs, works under Windows 95, 98, NT 4, NT 5.
- You can launch the applications or documents by double-clicking them.
- After you have run the program once, you can start it by double-clicking HFV file name.
- Drag & drop a HFV file to open it.
- Drag & drop file copy/move. If target volume is the same as source, the file will be moved, otherwise it will copied. Override by holding down Shift or Control keys - again, just like in Explorer. Drop item on top of the „up“ button and it goes to parent directory.
- Rename by clicking the highlighted name, or by pressing F2. Just like in Windows Explorer.
- Delete by pressing the „Delete“ button.
- Create new folder: right mouse click in an empty window area.
- Enter or double-click opens Application/Document/Folder.
- Format floppies. File menu.
- Create and format new HFS/DSK files. File menu.

Antworten:

1. Bei HFV-Explorer handelt es sich um so genannte Freeware, die sich noch im experimentalen Zustand befindet. Freeware ist frei zugänglich und kostet nichts.
2. Unter den Betriebssystemen Windows 95, 98, Windows NT 4 und NT 5 hat man direkten Zugriff auf CDs.
3. HFV-Explorer verwendet zur Darstellung eine Baumstruktur ähnlich wie der Windows Explorer.
4. Dateien werden umbenannt, indem man auf sie klickt oder die F2-Taste verwendet.

3 a) Sie wollen auf einem älteren PC (166 MHz, 128 MB RAM, Prozessor AMD K5, jetziges Betriebssystem Windows 95 B) das Betriebssystem Windows ME installieren, das Sie als vollwertige Einzelplatzlizenz gekauft haben. Der Installationsvorgang wird mit der Meldung „Windows ME benötigt mindestens einen 150 MHz Prozessor“ abgebrochen. Sie sind mit der Meldung →

nicht ganz einverstanden, da Ihr Prozessor 166 MHz hat und somit doch den Ansprüchen genügt. Im Internet finden Sie auf der Homepage von AMD keine Hilfe. Sie entscheiden sich, eine E-Mail auf englisch an AMD (support@amd.processor.com) zu schreiben. Sie beschreiben das Problem und bitten, falls vorhanden, um ein Programm oder Processor Update, das das Problem löst. Vergessen Sie nicht, einen sinnvollen Betreff zu verwenden, damit der Leser der E-Mail Ihre Frage gleich richtig einordnen kann.

Musterlösung:

Subject: Running Windows ME on AMD K5 Installation aborted

I tried to install a new full version of Windows ME on my PC with processor AMD K5, 166 MHz, 128 MB RAM under Windows 95 B. But I always received the information that Windows ME needs a processor with a minimum of 150 MHz. I think that the processor K5 runs with 166 MHz. It should therefore work. If you have a patch for the processor or any other program which solves this problem, please send it to me.

b) Sie erhalten nach kurzer Zeit folgende Antwort:

Subject: Well-known Problem with Windows ME on AMD K5

When the processor AMD K5 was built in 1995 it was as fast as the Intel Pentium II with 150 MHz. But the actual processor speed is only 100 MHz. AMD does not have any existing patches or further supports for the K5 processor.

Übersetzen Sie die E-Mail sinngemäß.

Musterlösung:

Betreff: Bekanntes Problem mit Windows ME und AMD K5

Als der Prozessor AMD K5 1995 gebaut wurde, war er so schnell wie der Intel Pentium II Prozessor mit 150 MHz. Die echte Prozessorgeschwindigkeit beträgt aber nur 100 MHz. Es gibt von AMD keine Programme und weitere Unterstützung für den K5 Processor.

8.6 Präsentation

1 Was versteht man unter einer Präsentation?

Eine Präsentation soll aufbereitete Informationen darstellen, vorlegen und/oder vorzeigen. Eine Präsentation schließt immer eine bildhafte Darstellung der Inhalte ein, d. h. nicht nur das gesprochene Wort wie bei einem Vortrag.

2 Welche Vorteile hat eine Präsentation im Gegensatz zu einem Vortrag?

Die Vorteile der Präsentation gegenüber einem Vortrag sind:
- kurzweilig
- interessant
- höhere Behaltensquote durch Hören und Sehen.

3 Wie sollte im Allgemeinen eine gute Präsentation Schritt für Schritt aufgebaut werden?

1. Genaue Kenntnisse der Zielgruppe
2. Interesse wecken
3. Ziele formulieren
4. Inhalte sammeln
5. Inhalte gewichten
6. Inhalte darstellen
7. Fazit ziehen / Ausblick

4 Welche Inhalte sollte eine Checkliste zur Organisation einer Präsentation beinhalten? Nennen Sie fünf.

- Sind alle Personen, die teilnehmen sollen, eingeladen?
- Sind alle „Referenten“ eingeladen und über den Ablauf informiert?
- Reicht der Raum und die Sitzgelegenheiten für das Auditorium?
- Ist der Raum ausreichend beleuchtet bzw. ist der Raum zu verdunkeln?
- Sind die zu verwenden Medien funktionsfähig?
- Wann und wie lange dauert die Präsentation?
- Sind Pausen geplant?

5 Es gibt verschiedene Arten der Präsentation, die in einem Medienbetrieb vorkommen können. Erläutern Sie die folgenden Präsentationsformen:
a) Agentur-Präsentation
b) Konkurrenz-Präsentation
c) Etat-Präsentation
d) Akquisitions-Präsentation

a) *Agentur-Präsentation:* Sie dient der Selbstdarstellung eines Medienbetriebes und der Gewinnung neuer Kunden.
b) *Konkurrenz-Präsentation:* Klassische Form der Produktvorstellung. Mehrere Agenturen bewerben sich um einen Werbeetat bzw. Werbeauftrag, i. d. R. unter erheblichem Zeit- und Kostendruck. Die Konkurrenz-Präsentation dient der Gewinnung eines Kunden z. B. nach einer Ausschreibung oder einem Wettbewerb.
c) *Etat-Präsentation:* Bei einer bestehenden Geschäftsverbindung wird der Etat (Werbeetat) für das folgende Etatjahr festgelegt. Damit verbunden ist die Entwicklung einer Strategie für die Werbung und die Präsentation des Kunden. Ziel der Etatpräsentation ist es, die Geschäftsbeziehungen zwischen Kunden und Agentur auf eine neue tragfähige Basis zu stellen.
d) *Akquisitions-Präsentation:* Hier wird versucht, einem potenziellen Kunden einen Lösungsvorschlag für seine Probleme anzubieten. Diese Präsentation wird in der Regel bei Firmen durchgeführt, zu denen keine Geschäftsbeziehung besteht. Sie dient der Gewinnung von Neukunden.

6 Der Ablauf einer Präsentation bei einem Kunden vollzieht sich nach einem gewissen Grundschema. Zählen Sie diesen Grundablauf einer Präsentation in der richtigen Reihenfolge auf.

1. Begrüßung/Vorstellung des Teams und die Aufgaben der einzelnen Teammitglieder.
2. Behandlung der Probleme und Chancen des Kunden auf dem Markt.
3. Marketing- und Werbeziele für den Kunden.
4. Kennzeichen der Strategie.
5. Vorstellung verschiedener geplanter Aktionen.
6. Vorstellung der Gestaltungskonzeption.
7. Vorstellung der geplanten Medien.
8. Diskussion der Teilnehmer.
9. Schlussworte und Danksagung.

7 Bei einer Präsentation spricht man von einer Dreier-Gliederung. Was versteht man darunter?

Die Dreier-Gliederung soll ausdrücken, dass die Präsentation in eine Einleitung, einen Hauptteil und ein Fazit/Ausblick eingeteilt wird.

8 Gewichten Sie die Anteile von Einleitung, Hauptteil und Fazit prozentual bei einer gewöhnlichen Präsentation.

Der prozentuale Anteil sollte 10 % für die Einleitung, 80 % für den Hauptteil und 10 % für das Fazit in Anspruch nehmen.

9 Nennen Sie die Grundregel für die Präsentation eines Entwurfs.

Die Grundregel lautet: Der beste Entwurf schlecht präsentiert bringt keinen Erfolg. D. h. man kann weniger gute Entwürfe, die gut präsentiert werden, verkaufen. Nichts verkauft sich von selbst.

10 An welchem Ort findet eine Präsentation am sinnvollsten statt? Begründen Sie.

Am besten im eigener Betrieb, da gute Vorbereitung möglich ist. Zum Beispiel Empfang, Bewirtung, Präsentationsmedien usw.

11 Man spricht von der Ich-, Er-, Es-Präsentation. Was versteht man darunter?

Ich-Präsentation: Ich lege meine Arbeit vor und präsentiere (wie bei der Abschlussprüfung Fachrichtung Medienberatung).
Er-Präsentation: Man spricht die Präsentation im Dialog durch.
Es-Präsentation: Die Arbeit wird mit einem Erklärungs-, Begleitbrief übermittelt (Wie bei Ihrer Abschlussprüfung Fachrichtung Mediendesign).

12 Warum ist der erste Eindruck so wichtig?

Man hat nie eine zweite Möglichkeit einen ersten Eindruck zu machen. Aus diesem Grund werden die wenigen ersten Augenblicke darüber entscheiden. Es entscheiden also die ersten Augenblicke darüber, ob das Gefühl der Zuhörer positiv oder negativ ist. Ist das Gefühl negativ, so ist das äußerst schwer zu korrigieren.

13 Was versteht man unter einer Suggestivfrage?

Der Fragende stellt die Frage so, dass die Antwort mit der Meinung des Präsentators übereinstimmt. Die Suggestivfrage ist in einer Präsentation zu vermeiden, da sie auf den Zuhörer Druck ausübt und nicht für die Professionalität des Präsentators spricht.

14 Was versteht man unter einer geschlossenen Frage?

= Entscheidungsfrage. Die geschlossene Frage dient hauptsächlich dazu, dass Entscheidungen getroffen werden und somit ein Punkt erledigt wird.

15 Was versteht man unter einer offenen Frage?

= W-Frage. Offene Fragen bestehen aus den Fragewörtern wer, wie, was, wo, wann, welche, wie viel, warum. Offene Fragen bewirken bei den Zuhörern, dass die Präsentation auch andere Meinungen und Ideen zulässt.

16 Nennen Sie drei persönliche Faktoren, die eine Präsentation beeinflussen.

Persönliche Einflussfaktoren sind:
- Gestik
- Mimik
- Sprache und Dialekt
- Stimme
- Freies Sprechen
- Kleidung
- Blickkontakt
- Auftreten

17 Zählen Sie drei Bewertungskriterien für die Qualität einer Präsentation auf.

Bewertungskriterien für eine Präsentation sind:
- Sprache und Ausdrucksfähigkeit
- Nonverbale Aktivität
- Veranschaulichung
- Ablauf u. Aufbau der Präsentation
- Beantwortung von Fragen bzw. Eingehen auf das Auditorium

18 Es gibt mehrere Präsentationsmedien. Nennen Sie vier.

Präsentationsmedien sind:
- Tafel / Whiteboard
- Flipchart / Pinnwand / Meta-Plan
- Overhead-Projektor
- Beamer

19 Welche Präsentationsmedien eignen sich bestens für ein Auditorium mit mehreren hundert Zuhörern?

Für ein großes Auditorium eignen sich ein Overhead-Projektor oder ein Beamer am besten.

20 Welche Vorteile bietet das Präsentationsmedium Tafel bzw. Whiteboard?

Die Vorteile einer Tafel bzw. eines Whiteboards sind:
- Tafelbild wird Stück für Stück entwickelt und ist nachvollziehbar.
- Durch das Entwickeln eines Tafelbildes kann man spontan auf das Publikum reagieren und neue Ideen umsetzen.
- Einfache Handhabung, keine besonderen Kenntnisse erforderlich.

21 Welche Vorteile bietet das Präsentationsmedium Meta-Plan?

Die Vorteile einer Meta-Plan-Präsentation sind:
- Gedankengänge werden Stück für Stück entwickelt und sind dadurch nachvollziehbar.
- Durch das Entwickeln einer flexiblen Struktur mit Kasten kann man spontan auf neue Ideen reagieren und sie umsetzen.
- Die anzupinnenden Karten können vorher geschrieben und durch die Kartenfarben und -formen Gliederungen und Wertigkeiten erzeugt werden.
- Eine aktive Beteiligung des Auditoriums ist möglich.

22 Welche Vorteile bietet das Präsentationsmedium Overhead-Projektor?

Die Vorteile eines Overhead-Projektors sind:
- Einfache und schnelle Herstellung von Overhead-Folien.
- Professionelle Vorbereitung der Folien mittels Computer-Ausdrucken möglich.
- Mittels Einzeichnen mit Folienstiften kann man spontan reagieren.
- Einfache Transportmöglichkeit.

23 Welche Vorteile bietet das Präsentationsmedium Beamer?

Die Vorteile einer Beamer-Präsentation sind:
- Professionelle Vorbereitung mittels Computers.
- Einbinden von Sound, Video und Animation sind möglich.
- Einfache Transportmöglichkeit.
- Modernes Präsentationsmedium.

9 Medienrecht

1 Welche grundsätzlichen Rechtsbereiche regelt das Presse-, Verlags- und Urheberrecht?

- Recht der Kommunikation und Massenkommunikation
- Recht für das Funktionieren der Massenmedien
- Recht für die Kontrolle der Massenmedien

2 Nennen Sie die gesetzlichen Grundlagen für das Presserecht in der Bundesrepublik Deutschland.

Artikel 5 Grundgesetz (GG) und § 3 der Landespressegesetze (LPG) der einzelnen Bundesländer.

3 Welche Werke schützt das Urheberrecht?

Persönliche geistige Schöpfungen und Leistungen auf dem Gebiet der Kunst, Musik, Wissenschaft und Literatur. Dabei beinhaltet der Begriff Schöpfung, dass es sich dabei um etwas Neues oder um etwas Künstlerisches handeln muss.

4 Das Urheberrecht schützt die Schöpfungen bestimmter Personen und Personengruppen. Zählen Sie mögliche Personen der Medienbranche auf, welche durch das Urheberrecht betroffen sein können.

Fotografen, Schriftsteller, Designer, Grafiker, Programmierer, Regisseure, Medieninformatiker, Autoren, Komponisten usw.

5 Nennen Sie mindestens sechs Werkarten, welche durch das Urheberrecht geschützt sind.

- Sprachwerke (Reden, Schriftwerke, Computerprogramme)
- Musikwerke
- Werke der Tanzkunst (z. B. Ballettaufführungen)
- Werke der bildenden Kunst und deren Entwürfe
- Werke der Baukunst und deren Entwürfe →

▷ *Fortsetzung der Antwort* ▷

- Werke der angewandten Kunst (z. B. Gebrauchsgrafik) und deren Entwürfe
- Lichtbildwerke (Fotos, Filme, Videos)
- Wissenschaftliche oder technische Darstellungen
- Datenbanken
- Sammelwerke, die aus Einzelwerken oder unterschiedlichen Beiträgen zusammengestellt sind und eine eigene geistige Schöpfung darstellen.
- Übersetzungen

6 Das Urheberrecht unterscheidet zwischen einem immateriellen und einem materiellen Rechtsschutz. Wo liegt der Unterschied zwischen diesen beiden Schutzarten?

Immaterieller Rechtsschutz = geistiger Rechtsschutz an einer Idee (z. B. an einer Komposition).
Materieller Rechtsschutz = Rechtsschutz an einer Sache (z. B. an einer Plastik, einem Bild).

7 Das Urheberrecht umfasst
1. das Urheberpersönlichkeitsrecht und
2. das Verwertungsrecht.
Nennen sie die wichtigsten Inhalte dieser zwei Rechtsbereiche.

1. Urheberpersönlichkeitsrecht: Veröffentlichungsrecht – Recht des Urhebers, darüber zu bestimmen, ob, wie und wo sein Werk veröffentlicht wird. Weiter hat ein Urheber das Recht, ein Verbot gegen eine Entstellung oder eine Beeinträchtigung seines Werkes auszusprechen.
2. Verwertungsrecht unterteilt sich in
   - Vervielfältigungsrecht
   - Verbreitungsrecht
   - Ausstellungsrecht
   - Vortragsrecht
   - Aufführungsrecht
   - Vorführungsrecht
   - Senderecht

8 Nennen Sie Werkarten, für die grundsätzlich ein Urheberrecht besteht?

Sprachwerke, Schriftwerke, Musikwerke, Werke der bildenden Kunst, Lichtbilder, lichtbildähnliche Bilder, Digitalbilder, Filmwerke/Laufbilder, Datenbanken, Sammelwerke, Bearbeitungen (z. B. Übersetzungen).

9 Welche Werkarten umfassen Schrift- und Sprachwerke?

Schriftwerke: Romane, Erzählungen, Gedichte, Drehbücher, Liedertexte, wissenschaftliche und politische Abhandlungen, Zeitungs- und Zeitschriftenartikel.
Sprachwerke: Vorträge, Ansprachen, Vorlesungen, Predigten, Interviews, Reportagen.

10 Geben Sie für die folgenden Werke die im Urheberrecht genannten Schutzfristen an.

Lichtbildwerke
70 Jahre nach dem Tod des Urhebers

Lichtbilder
50 Jahre nach dem Erscheinen des Lichtbildes
50 Jahre nach dem Herstellen des Lichtbildes, wenn es nicht veröffentlicht wurde

Darbietung von Künstlern
25 Jahre (z. B. Zaubertricks)

Rechte von Sendeunternehmen
25 Jahre (Rundfunk- und Fernsehanstalten)

Rechte von Filmherstellern
70 Jahre (gilt auch für Videos)

Rechte von Bildfolgen
50 Jahre

Rechte von Tonfolgen
50 Jahre

Rechte an Tonträgern
25 Jahre

Rechte an digitalen Präsentationen
25 Jahre

§

11 Das Urheberrecht regelt auch die Verwertung geistigen Eigentums. Dabei wird zwischen einer Verwertung in körperlicher Form und einer Verwertung in unkörperlicher Form unterschieden. Verdeutlichen Sie die Unterschiede dadurch, dass Sie entsprechende Beispiele benennen.

- Verwertung in körperlicher Form = Vervielfältigung, Verbreitung, Ausstellung, Bearbeitung
- Verwertung in unkörperlicher Form = Vortrag, Aufführung, Sendung, Wiedergabe durch Bild- und Tonträger, Wiedergabe durch Funksendungen

12 Welche Bedeutung haben folgende Zeichen:
a) ©
b) ®
c) @

a) Copyrightzeichen. Mit diesem Copyright-Vermerk wird das Urheberrecht dokumentiert. Durch das Welturheberrechtsabkommen ist das Urheberrecht vereinheitlicht worden. Es gilt in nahezu allen Ländern dieser Welt. Wenn das ©-Zeichen in Verbindung mit dem Namen des Urhebers und der Jahreszahl der Veröffentlichung in die Titelei eines Werkes aufgenommen wurde, gilt das Werk als geschützt. In den USA und Kanada muss zusätzlich noch ein Eintrag in das Register of Copyright in Washington D. C. erfolgen.
b) Registrated Trademark = Eingetragenes Warenzeichen, Schutz mit Hinterlegung durch Bildnachweis beim deutschen oder internationalen Patentamt in München. Es findet keine Prüfung statt, ob bereits ein ähnliches oder gleiches Werk vorhanden ist.
c) @-Zeichen (at) aus dem Internet. Notwendiges Zeichen im Namen einer Internetanschrift, um Mails zu versenden. Darf nach deutscher Rechtsprechung →

▷ Fortsetzung der Antwort ▷

nicht Bestandteil eines Namens sein und dort einen Buchstaben ersetzen. Das Wort „Name“ darf also nicht „N@me“ geschrieben werden.

13 Beschreiben Sie den Aufbau eines Buchimpressums.

Copyright, Erscheinungsjahr, Name des Urhebers, Name des Autors, Verlag mit Anschrift. Auflagenzahl und Kurztitelaufnahme in die deutsche Bibliothek (Grundlage Pflichtexemplargesetz). Innerhalb der EU ist die ISBN auf der Copyrightseite abzudrucken.

14 ISBN – Was ist das?

ISBN = Internationale-Standard-Buch-Nummer (International Standard Book Number)

15 Erklären Sie folgende 10-stellige ISBN-Nummer und die Bedeutung der einzelnen Nummergruppen: ISBN-Nummer: 3-7782-6060-X (dies ist übrigens die Nummer des Werkes, das Sie gerade lesen. Die Nummer finden Sie auf der Seite nach dem Haupttitel).

3	=	Gruppennummer für Deutschland
7782	=	Nummer für den Holland + Josenhans Verlag, Stuttgart
6060	=	Titelnummer für das einzelne Buch des Verlages, hier Buch Nr.: 6060 von 0 bis 9999 Titelnummern.
X	=	Computerprüfziffer

16 Beschreiben Sie den Aufbau eines Zeitungs-/ Zeitschriftenimpressums.

- Name der Firma
- Drucker mit Anschrift
- Verleger oder Herausgeber mit Anschrift
- Verantwortlicher Redakteur mit vollständigem Vor- und Zunamen
- Bei mehreren Redakteuren muss die Verantwortlichkeit exakt angegeben werden
- Verantwortlicher für den Anzeigenteil →

§

▷ *Fortsetzung der Antwort* ▷

- Verantwortlicher für die Mantelausgaben (Zeitungsmantel)
- Wirtschaftliche Beteiligungsverhältnisse müssen offengelegt werden (gilt nur für Bayern, Sachsen und Hessen nach dem dortigen Landespressegesetz).

17 Die GEMA ist ein allseits bekanntes Unternehmen in der Medienindustrie.
a) Erklären Sie, was die Abkürzung GEMA bedeutet?
b) Welche Funktion hat die GEMA in der Musik- und Medienindustrie?

a) GEMA = Gesellschaft für musikalische Aufführungs- und mechanische Vervielfältigungsrechte.
b) Im Bereich der so genannten unkörperlichen Verwertung von Musikstücken soll der Urheber, also in der Regel der Komponist, angemessen am wirtschaftlichen Nutzen seiner Musikstücke beteiligt werden. Die GEMA nimmt die urheberrechtlichen Interessen der meisten Musikautoren war, indem sie Verwertungsgebühren z. B. beim Produzenten einer CD-ROM erhebt und diese, zumindest teilweise, an den Komponisten weitergibt.

18 GEMA-freie Musik-CDs werden in vielen Katalogen angeboten, die Bild- und Tonmaterial für Multimediaproduktionen anbieten. Sind diese Musik-CDs tatsächlich ohne Gebühren nutzbar?

Nur die GEMA besitzt in jedem einzelnen Fall das Recht festzulegen, ob ein Musiktitel lizenzfrei ist oder nicht. Der Aufdruck „GEMA-freie Musik" ist also mit Vorsicht zu betrachten.

19 Nennen Sie weitere Verwertungsgesellschaften, die Ihnen neben der GEMA noch bekannt sind.

- Verwetungsgesellschaft Wort
- Verwertungsgesellschaft Bild-Kunst
- GÜFA
- GWFF und noch etwa weitere 100 Gesellschaften im deutschsprachigen Raum.

Siehe auch www.gema.de

20 Das Recht am eigenen Bild umfasst jede Art der Darstellung von Personen, also Darstellungen in Druckwerken, auf der Bühne, im Film (Video/CD/DVD) oder im Fernsehen. Darf ein Bild einer Privatperson nach dem gültigen Bildrecht in einem der genannten Medien veröffentlicht werden?

Eine unbefugte Anfertigung und eine unbefugte Veröffentlichung eines Bildes einer Privatperson sind verboten, da hier eindeutig Persönlichkeitsrechte verletzt werden.

21 Wann ist die Veröffentlichung eines Bildes einer Privatperson zulässig, ohne dass die Privatperson gefragt wurde?

Bei einer erkennbaren stillschweigenden Einwilligung. Dies ist nach gängiger Meinung gegeben bei der Teilnahme einer Privatperson an öffentlichen Veranstaltungen wie z. B. einer Wahlveranstaltung, einem Stadtfest u. Ä. Durch die Teilnahme an einer öffentlichen Veranstaltung gibt ein Bürger mehr oder weniger automatisch eine stillschweigende Einwilligung, dass er z. B. bei einem Bericht über die Veranstaltung in der Zeitung kommt.

22 Bilder bekannter Politiker oder Sportler können auch ohne deren Einwilligung in den Medien veröffentlicht werden. Warum ist dies so?

Ohne Einwilligung ist die Aufnahme und Veröffentlichung eines Bildes dann zulässig, wenn es sich um eine Person der Zeitgeschichte handelt. Die Abbildung selbst muss aber auch einen Vorgang der Zeitgeschichte betreffen.

23 Was versteht man im medienrechtlichen Sinn unter einer Person der Zeitgeschichte?

- Person, die im öffentlichen Interesse steht.
- Person, an der die Allgemeinheit ein Informationsbedürfnis hat.
- Teilnehmer an öffentlichen Veranstaltungen.

24 Sie haben für eine Firma einen Schriftzug mit völlig neuen grafischen Schriftzeichen entworfen. Können Sie diesen Schriftzug schützen lassen? Begründen Sie.

Ja, es muss ein Geschmacksmusterrecht für Schriftzeichen erworben werden (z. B. Patentamt München). Dies schützt die Gesamtheit aller Schriftzeichen, man muss also nicht für jeden einzelnen Buchstaben einen Rechtstitel erwerben. Dies gilt ebenso, wenn eine neue Schrift entwickelt wurde.

25 Sie haben eine sehr gute Grafik erstellt, deren zeitlicher Aufwand in der Herstellung erheblich über dem normalen Zeitrahmen lag. Sie erhalten für die Arbeit allgemeine Anerkennung in Ihrem Betrieb. Wem gehört diese Zeichnung eigentlich, wer hat das Urheberrecht?

Das Urheberrecht ist bei einer überdurchschnittlichen Grafik gegeben, da in diesem Fall eine eigene geistige Leistung des Mediengestalters deutlich erkennbar ist. Besitzer des Urheberrechts wird, im Rahmen des Arbeitsvertrages, der Arbeitgeber bzw. das Unternehmen, da er/es Mittel, Zeit und Werkzeuge zur Erstellung der Grafik zur Verfügung stellt.

26 Sind Computerprogramme eigentlich geschützt?

Programme sind individuelle Werke in dem Sinn, dass sie das Ergebnis einer eigenen geistigen Leistung ihres Urhebers sind. Der Urheber ist in diesem Fall der Programmierer. Arbeitet der Programmierer im Rahmen eines Arbeitsverhältnisses, liegen die Urheberrechte beim Arbeitgeber oder Auftraggeber.

27 Ab wann sind Computerprogramme geschützt?

Computerprogramme sind dann geschützt, wenn das Können eines Durchschnittsprogrammierers übertroffen wird, keine handwerksmäßige Programmierung vorliegt und keine mechanisch-technische Aneinanderreihung von Programmiermaterial gegeben ist. Dies trifft auf nahezu alle Programme zu, die wir in der Druck- und Medien- →

▷ *Fortsetzung der Antwort* ▷

industrie verwenden. Daher dürfen Programme wie z. B. Photoshop, QuarkXPress oder Macromedia Director nicht einfach kopiert werden, da hier Programmierleistungen vorliegen, die deutlich über dem Durchschnitt liegen.

28 Dürfen Sie nach dem Urheberrecht von einem neu gekauften Programm eine Sicherungskopie auf CD-ROM oder einen anderen Datenträger erstellen? Erläutern Sie.

Jede Vervielfältigung, Verbreitung oder Bearbeitung eines schützenswerten Computerprogrammes ist von der Zustimmung des Urhebers oder seiner Vertreters (z. B. des Vertriebspartners) abhängig. Lediglich **eine** Sicherungskopie kann ohne Zustimmung erstellt werden.

29 Welche Personen schließen in der Regel einen so genannten Verlagsvertrag ab?

Urheber (z. B. Autor, Komponist, Herausgeber, Übersetzer, Bearbeiter) und Herausgeber/Verleger schließen einen Vertrag ab, mit dem Ziel, ein Medienprodukt zu veröffentlichen.

30 Welche Hauptinhalte hat ein solcher Verlagsvertrag?

- Vervielfältigung und Verbreitung eines Werkes der Literatur, der Wissenschaft, der Musik.
- Der Urheber räumt dem Verlag ein Nutzungsrecht zur Vervielfältigung und Verbreitung ein.
- Der Inhaber der Urheberrechte verpflichtet sich, von einer anderen Vervielfältigung abzusehen.
- Der Verleger verpflichtet sich, das Werk zu vervielfältigen und zu verbreiten.

31 Eine Werbeagentur erbringt Leistungen an die Kunden auf Grund von Verträgen. Welche Vertragsarten können hier vorkommen?

- Agenturvertrag
- Honorarvertrag
- Dienstvertrag
- Werkvertrag
- Präsentationsvertrag
- Einzelfallbeauftragung schriftlich oder mündlich

32 Was ist das Kennzeichen eines Dienstvertrages in einer Agentur?

Im Dienstvertrag ist eine Agentur verpflichtet, Dienste der verschiedensten Art zu leisten, für die der andere Vertragspartner (Kunde) eine Vergütung zu bezahlen hat. Hierzu gehören zum Beispiel Beratung, Planung, Marketing u. Ä. Faustregel: Wird nach Zeit bezahlt, handelt es sich in der Regel um einen Dienstvertrag.

33 Was ist das Kennzeichen eines Werkvertrages in einer Agentur?

Im Werkvertrag ist eine Agentur verpflichtet, ein „Werk" herzustellen, dafür hat der andere Vertragspartner (Kunde) eine Vergütung zu bezahlen. Hierzu gehören zum Beispiel Gestaltung, Produktion, Mediaschaltung, Abrechnung, Film-, Funk-, Fernsehproduktion, Verpackungsgestaltung, Kataloge, Sales Promotion-Material, Printproduktion. Faustregel: Wird nach Leistung bezahlt, handelt es sich in der Regel um einen Werkvertrag.

34 Welche Formen sollten Agenturverträge aufweisen?

Formvorschriften bestehen nicht. Eine Agentur oder Druckerei ist an das allgemeine Recht gebunden. Agenturverträge werden aus der allgemeinen Rechtspraxis heraus abgeschlossen. In der Regel ist dies ein schriftlicher Vertrag. Des Weiteren sind Bestätigungsschreiben von mündlichen Absprachen möglich und üblich, denen der Kunde oder die Agentur nicht widerspricht. Die Schriftform dient der Klarheit der Beziehung und ist dringend anzuraten. Wird ein mündlicher Vertrag geschlossen, sind Beweisschwierigkeiten dabei nicht auszuschließen.

35 Aus welchen drei Elementen besteht ein Agenturvertrag üblicherweise?

a) Er definiert und legt die Leistungen der Agentur fest.
b) Er regelt die Vergütung der Agentur.
c) Er enthält eine Fülle technischer und gestalterischer Absprachen.

36 Welche Inhalte können sich im Teil über technische Absprachen eines Vertrages wiederfinden?

Leistungskatalog, Nutzungsrechte, Verschwiegenheitspflichten, Konkurrenzklauseln, Protokolle, Haftung, Kündigungsvereinbarungen, CI-Richtlinien, Farbdefinitionen, Mediaanalyse, Marktforschung, Werbekonzeption, Fotografie- und Bildbeschaffung, Druck, Lieferung u. a.

37 Was ist eine Datei im Sinne des Bundesdatenschutzgesetzes?

Eine Datei ist eine Sammlung personenbezogener Daten, die

- durch automatisierte Verfahren nach bestimmten Merkmalen ausgewertet werden kann,
- gleichartig aufgebaut ist und nach bestimmten Merkmalen geordnet, umgeordnet und ausgewertet werden kann.

38 Welche Vorgänge umfasst das Verarbeiten personenbezogener Daten im Sinne des Bundesdatenschutzgesetzes? Erläutern Sie diese Vorgänge in Stichworten.

Verarbeiten personenbezogener Daten umfasst:
Speichern, Erfassen, Aufnehmen und Aufbewahren personenbezogener Daten auf einem Datenträger zum Zweck ihrer weiteren Verarbeitung oder Nutzung.
Verändern personenbezogener Daten umfasst: Inhaltliches Umgestalten gespeicherter personenbezogener Daten.
Übermitteln personenbezogener Daten umfasst: Bekanntgeben gespeicherter oder durch Datenverarbeitung gewonnener personen- →

§

▷ *Fortsetzung der Antwort* ▷

bezogener Daten an einen Dritten.
Sperren personenbezogener Daten umfasst: Kennzeichnen gespeicherter Daten, um eine Verarbeitung oder Nutzung einzuschränken.
Löschen personenbezogener Daten umfasst: Unkenntlichmachen gespeicherter persönlicher Daten.

39 Geben Sie den Anwendungsbereich des Bundesdatenschutzgesetzes an.

Das Bundesdatenschutzgesetz gilt nach § 1 (2) „für die Erhebung, Verarbeitung und Nutzung personenbezogener Daten durch

1. öffentliche Stellen des Bundes
2. öffentliche Stellen der Länder, soweit der Datenschutz nicht durch die Länder geregelt ist und soweit sie
   a) Bundesrecht ausführen oder
   b) als Organe der Rechtspflege tätig werden und es sich nicht um Verwaltungsangelegenheiten handelt,
3. nicht öffentliche Stellen, soweit sie Daten in oder aus Dateien geschäftsmäßig oder für berufliche oder gewerbliche Zwecke verarbeiten oder nutzen."

40 Werden personenbezogene Daten automatisiert verarbeitet, sind durch geeignete technische und organisatorische Maßnahmen bestimmte Vorgänge zu kontrollieren. Was ist bei den angegebenen Kontrollen zu verhindern?

- **Zugangskontrolle**
- **Benutzerkontrolle**
- **Transportkontrolle**

Zugangskontrolle: Verhindert den Zugang Unbefugter zu den Datenverarbeitungsanlagen, mit denen personenbezogene Daten verarbeitet werden.
Benutzerkontrolle: Verhindert, dass Datenverarbeitungssysteme von Unbefugten genutzt werden können.
Transportkontrolle: Verhindert, dass bei der Übertragung personenbezogener Daten sowie beim Transport von entsprechenden Datenträgern die Daten von Unbefugten gelesen, verändert oder gelöscht werden können.

41 Wann spricht man von Datensicherheit?

Wenn
- eine missbräuchliche Verwendung der Daten ausgeschlossen werden kann.
- Daten vor Verlust geschützt sind.
- eine unberechtigte Veränderung, Einsichtnahme und Entnahme von Daten ausgeschlossen werden kann.

42 Nennen Sie drei Datenschutzkontrollbehörden.

- Der Bundesbeauftragte für den Datenschutz.
- Die Landesbeauftragten für den Datenschutz.
- Die Aufsichtsbehörden der Länder für den Datenschutz.

43 Wodurch kann die Sicherheit von Daten gefährdet werden?

- Menschliches Fehlverhalten (Fehlbedienung, Speicherfehler, fahrlässige Zerstörung von Hard-/Software)
- Computerviren
- Installationsfehler von Hardware, Betriebssystem, Programm
- Stromausfall
- Datendiebstahl durch unerlaubte Zugriffe (Hacker)
- Unsachgemäße Handhabung von Hardware (Staub, Magnetisierung u. Ä.)

44 Was versteht man unter einem einfachen Lizenzvertrag?

Eine einfache Lizenz gestattet die Nutzung eines Werkes durch einen Verlag. Eine weitere Nutzung durch einen oder mehrere Lizenznehmer ist gestattet (z. B. für Hardcover und Taschenbuchausgabe).

45 Erläutern Sie den Begriff des ausschließlichen Lizenzvertrages?

Ein ausschließlicher Lizenzvertrag gestattet eine ausschließliche Nutzung eines Werkes z. B. für einen Buchclub.

46 Der Begriff der gesetzlichen Lizenz spielt vor allem im Bildungsbereich ein bedeutende Rolle. Erläutern Sie.

Die gesetzliche Lizenz gilt vor allem für den Kirchen-, Schul- und Unterrichtsgebrauch. Die Nutzung von Werken ist durch eine angemessene Gebühr zu ermöglichen. Dies wird durch die Verwertungsgesellschaft WORT durchgeführt, das bekanntere Gegenstück zu dieser Gesellschaft ist die GEMA für die Verwertung von Musikrechten.

10 Lösungswege

1 Gestaltung

1.4 Typografie

98 12 cm entspricht 8 Teilen. Daher entspricht die Höhe 13 Teilen.

Also: 8 Teile = 12 cm
1 Teil = 12 cm/8 Teile = 1,5 cm/Teil
13 Teile = 1,5 cm/Teil × 13 Teile = 19,5 cm

99 15 cm entspricht 3 Teilen. D. h. die Breite entspricht 2 Teilen.

Also: 3 Teile = 15 cm
1 Teil = 15 cm/3 Teile = 5 cm/Teil
2 Teile = 5 cm/Teil × 2 Teile = 10 cm

100 *Breite:*

Papierbreite – Satzspiegelbreite = Weißraum links und rechts
148 mm – 96 mm = 52 mm.
52 mm entsprechen 5 Teilen links und 8 Teilen rechts, also 13 Teilen.

Also: 13 Teile = 52 mm
1 Teil = 52 mm/13 Teile = 4 mm/Teil
→ 5 Teile = 4 mm/Teil × 5 Teile = 20 mm Weißraum links
→ 8 Teile = 4 mm/Teil × 8 Teile = 32 mm Weißraum rechts

Höhe:

Papierhöhe – Satzspiegelhöhe = Weißraum oben und unten
210 mm – 132 mm = 78 mm
78 mm entsprechen 5 Teilen oben und 8 Teilen unten, also 13 Teilen

Also: 13 Teile = 78 mm
1 Teil = 78 mm/13 Teile = 6 mm/Teil
→ 5 Teile = 6 mm/Teil × 5 Teile = 30 mm Weißraum oben
→ 8 Teile = 6 mm/Teil × 8 Teile = 48 mm Weißraum unten

101 Bei 12 Textzeilen sind es 11 Zeilenabstände und eine Versalhöhe.
Also: $11 \times 4{,}5$ mm + 3 mm = 52,5 mm.

1.6 Screendesign

7 a) $1\,000 \times 800$ Pixel $\times$ 4 Byte = 3 125 KB (Dateiheader kann vernachlässigt werden)

8 b) 60 L/cm $\times$ 2,54 $\times$ 1,5 x 1 = 229 gerundet 200 ppi

2 Physikalische Grundlagen

2.3 Akustik und Sound

26 Datenmenge = (Auflösung $\times$ Abtastfrequenz in Hz $\times$ Anzahl der Kanäle $\times$ Aufnahmezeit in Sekunden) / 8 Datenmenge = $(16 \times 22\,050 \times 2 \times 120) / 8$ = 10 584 000 Byte = 10,1 MB.

3 Informationstechnologie

3.1 Hard- und Software

3

2^5	2^4	2^3	2^2	2^1	2^0	
32	16	8	4	2	1	Dezimalwert
1	0	1	1	0	0	Dualzahl

$32 + 0 + 8 + 4 + 0 + 0 = 44$

4 59 : 2 = 29 Rest 1
29 : 2 = 14 Rest 1
14 : 2 = 7 Rest 0
7 : 2 = 3 Rest 1
3 : 2 = 1 Rest 1
1 : 2 = 0 Rest 1

Die Restwerte von unten nach oben ergeben die Dualzahl 111011.

6

dezimal	binär	hexadezimal
0	0000	0
1	0001	1
2	0010	2
3	0011	3
4	0100	4
5	0101	5
6	0110	6
7	0111	7
8	1000	8
9	1001	9
10	1010	A
11	1011	B
12	1100	C
13	1101	D
14	1110	E
15	1111	F

7 Dualzahl: 11110001
Vierergruppe: 1111 0001
Hexadezimal: F 1

13 8 × 1 024 × 1 024 = 8 388 608 KB;
6,5 × 1 024 × 1 024 = 6 815 744 KB;
500 × 1 024 = 512 000 KB, Gesamt: 15 348 MB

33 16 × 150 KB/s = 2 400 KB/s = 2,34 MB/s

34 20 KB = 20 480 Byte = 163 840 Bit
163 840 Bit : 9 600 Bit/s = 17,1 Sekunden bei serieller Übertragung
17,1 : 8 = 2,1 Sekunden bei paralleler Übertragung

35 Full-Speed = 12 Mbit/s;
5 MB × 1 024 = 5 120 KB × 1 024 = 5 242 880 Byte × 8 Bit = 41 943 040 Bit
41 943 040 Bit : 9 600 Bit/s = 4 369,066 Sekunden = **72 Minuten 49 Sekunden serielle Dauer**
5 MB × 8 Bit = 40 MBit : 12 MBit/sec = **3,33 Sekunden USB-Dauer;** Hinweise: Abweichend von der DIN 1301-1 (Vorsätze für Einheiten) wird im EDV-Bereich für M (Mega) der Wert 1024 × 1024 verwendet statt 10^6; bei der Angabe der Übertragungsgeschwindigkeiten beim USB wird ebenfalls mit dem Faktor 1024 gerechnet.

36 b) 1-fach CD = 150 Kbyte/s; 8-fach = 1 200 Kbyte/s
c) Die Grafikkarte muss mindestens 2^{16} = 65 536 Farben darstellen können.
d) Angabe über die Auflösung des digitalen Sounds, 2^{16} = 65 536 Stufen je Kanal

3.4 Monitor

8 317 mm : 0,28 = 1 132 Pixel, 238 mm : 0,28 = 850 Pixel.

9 1 024 Zeilen + 48 Zeilen = 1 072 Zeilen × 75 Hz = 80,4 kHz.

11 b) 786 Zeilen × 1,05 = 825 Zeilen (abgerundet);
825 Zeilen × 86 Hz = 70,95 kHz.

12 90 000 Hz : (1 150 + 48) Zeilen = 75 Hz liegt unter 85 Hz, folglich ist vom Kauf abzuraten;
oder: (1 150 + 48) Zeilen × 85 Hz = 101 kHz wäre die Soll-Zeilenfrequenz, da aber nur 90 kHz erreicht werden ist vom Kauf abzuraten.

4 Medienkonzeption

4.2 Kalkulation

4 a) 77.000 € : 1 200 = 64,17 €
b) 75.750 € : 1 500 = 50,50 €

6 Neuwert in Prozent : Nutzungsdauer = Abschreibungssatz

100 % : 5 Jahre = 20 % Abschreibungssatz. Die jährliche Abschreibung beträgt 20 % vom Anschaffungswert.
20 % von 80.000 € = 16.000 €

7 Neuwert – Abschreibung = Buchwert
80.000 € – 32.000 € = 48.000 €

8 **a)** 100 % : 6 Jahre = 16,66 % Abschreibungssatz/Jahr

b) Jährliche Wertminderung (Abschreibung) beträgt 16,66 % vom Anschaffungspreis des Autos.
16,66 % von 30.000 € = 5.000 € Abschreibung pro Jahr.

c) Wertminderung nach 2,5 Jahren:
5.000 € × 2,5 = 12.500 € Wertminderung nach 2,5 Jahren.

d) Buchwert des Autos nach 3,5 Jahren berechnen:
5.000 € × 3,5 = 17.500 € Wertverlust des Autos nach 3,5 Jahren.

	Neuwert	= 25.000 €
–	Wertverlust	= 17.500 €
=	Buchwert	= 12.500 €

29 **b)**

- Texterfassung der Rückseite:
  1.1.1 b) Rüsten = 7 Min.,
  Codierung je Seite = 2 Min./S. × 1 S. = 2 Min. → 9 Min.
  Erfassung bei Manuskriptklasse I und Textklasse 1,
  da Manuskript gut lesbar und Textschwierigkeit einfach
  → 3,6 Min./1 000 Zeichen × 4 000 Zeichen = 14,4 Min.
  Gesamtsumme =
  9 Min. + 14,4 Min. = 23,4 Min. × 0,81 €/Min. = **18,95 €**.

- Textgestaltung der Rückseite:
  1.1.1 a) Rüsten Erstauftrag = 18 Min.
  Seitenaufbau Fließtext Strukturklasse A = 4 Min./S. × 1 S. = 4 Min.
  Gestaltung bei Fließtext Textklasse 1 und Manuskriptklasse I:
  3,5 Min./1 000 Zeichen × 4 000 Zeichen = 14 Min.
  Gesamtsumme =
  18 Min. + 4 Min. + 14 Min. = 36 Min. × 1,08 €/Min. = **38,88 €**.

- Textgestaltung Vorderseite:
  1.1.1 a) Rüsten = 0 Min., da bereits bei Rückseite gerüstet.
  Seitenaufbau Formular Strukturklasse A =
  23 Min./S. × 1 S. = 23 Min.
  Erfassung/Gestaltung bei Formular Textklasse 2
  (da kein fließender Text), Manuskriptklasse I:
  25 Min./1000 Zeichen × 800 Zeichen = 20 Min.
  Gesamtsumme =
  0 Min. + 23 Min. + 20 Min. = 43 Min. × 1,08 €/Min. = **46,44 €**.

L

- Proof von Vorder- und Rückseite:
  1.1.4 a) Laserdrucker bei 20 000 Druck p. a.:
  0,20 €/S. DIN A4 × 2 S. = **0,40 €**.

- Korrektur lesen von Vorder- und Rückseite:
  1.1.3) Vorderseite, Fließtext, Textklasse 1, Manuskriptklasse I:
  4,4 Min./1 000 Zeichen × 4 000 Zeichen = 17,6 Min.
  Rückseite, Formular, Textklasse 2, Manuskriptklasse I:
  8,0 Min./1 000 Zeichen × 800 Zeichen = 6,4 Min.
  Gesamtsumme =
  17,6 Min. + 6,4 Min. = 24 Min. × 0,85 €/Min. = **20,40 €**.

- Proof von Vorder- und Rückseite für Kunde:
  1.1.4 a) Laserdrucker bei 20 000 Druck p. a.:
  0,20 €/S. DIN A4 × 2 S. × 2 Stück = **0,80 €**.

- Filmbelichtung/Entwicklung:
  1.1.6) Text ohne Bilder je DIN A4-Film 1,35 €/Film × 2 Filme
  (Vorder- und Rückseite) = **2,70 €**.

- Bogenmontage:
  1.3.1) Rüsten = 10 Min.
  Einteilungsbogen erstellen bis Format 37 cm × 52 cm: 12 Min.
  + Zuschlag je Seite: 1 Min./S. × 2 S. = 2 Min.
  Einfarbige Form montieren bis Format 37 cm × 52 cm: 10 Min.
  + Zuschlag je Seite: 2 Min./S. × 2 S. = 4 Min.
  Gesamtsumme: 10 Min. + 12 Min. + 2 Min. + 10 Min.
  + 4 Min. = 38 Min. × 1,03 €/Min. = **39,14 €**.

- Lichtpause:
  1.3.2 a) Lichtpause von Bogenmontage zweiseitig ungefalzt:
  11 Min.
  Gesamtsumme: 11 Min. × 1,09 /Min. = **11,99 €**.

- Rahmenkopie mit maschineller Druckplattenentwicklung bis Format 52 cm × 74 cm:
  1.3.3 a) Druckplattenkopie bis 37 cm × 52 cm: 15 Min. + 1,2 Min./
  Filmteil × 2 Filmteile = 2,4 Min.
  Gesamtsumme:
  15 Min. + 2,4 Min. = 17,4 Min. × 1,09 €/Min. = **18,97 €**.

  Papierzuschuss-Berechnung:
  5.3.1) Einrichtezuschuss. Einfarbendruck je Maschine:

40 Bogen + Einfarbendruck je Platte: 20 Bogen → 60 Bogen
Fortdruckzuschuss bei einem Druckwerk und einem Durchgang
0,6 % × 5 000 Bogen × 2 Durchgänge = 60 Bogen
Gesamtsumme = 60 Bogen + 60 Bogen = **120 Bogen.**

- Druck zum Umschlagen:
  2.2.1 a) Rüsten:
  – Grundeinrichten der Maschine = 7 Min.
  – 1 Platten- und 1 Farbwechsel = 21 Min.
  Ausführen:
  – Grundwert je Druckgang = 8 Min. × 1 (da Umschlagen) = 8 Min.
  – Fortdruck bei Papier bis 150 g/qm = 11,3 Min./1 000 Bogen × 10 120 Druck = 114,4 Min.
  Gesamtsumme: 7 Min. + 21 Min. + 8 Min. + 114,4 Min. = 150,4 Min.
  150,4 Min. × 1,09 €/Min. = **163,94 €**.

- Druckweiterverarbeitung Schneiden:
  3.1.1) Rüsten:
  – 1. Schnitt = 5 Min.
  – jeder weitere Schnitt = 1 Min./Schnitt × 4 Schnitte = 4 Min.
  (4 Schnitte für Rundum-Beschnitt, und einem Schnitt als Trennschnitt)
  3.1.1 a) Ausführen:
  ungestrichene Papiere 60 bis 80 g/qm bis 50 cm × 70 cm,
  2 Nutzen 1 Schnitt = 3,1 Min.
  + 4 weitere Schnitte × 0,3 Min./Schnitt = 1,2 Min. bei 8 cm Schneidlagenhöhe.
  Schneidlagenhöhe bei 70 g/qm = 0,07 mm pro Blatt → 8 cm : 0,07 cm = 1 142 Bogen. Bei 10 000 Auflage : 1 142 Bogen/Schneidlage = 8,76 Schneidlagen, d. h. 9 Schneidlagen
  → (3,1 Min. + 1,2 Min.) × 9 = 38,7 Min.
  Gesamtsumme:
  5 Min. + 4 Min. + 38,7 Min. = 47,7 Min. × 1,17 €/Min. = **55,81 €**.

- Druckweiterverarbeitung Verpacken:
  3.7.2) 1 000-stückweise Einzelblätter DIN A4 verpacken.
  Rüsten = 5 Min.
  Verpacken = 4 Min./1 000 Stück × 10 000 Stück = 40 Min.
  Gesamtsumme: 5 Min. + 40 Min. = 45 Min. × 0,64 €/Min. = **28,80 €**.

- Gesamtkosten für Fertigungszeit:
  18,95 € + 38,88 € + 46,44 € + 0,40 € + 20,40 € + 0,80 € + 2,70 € + 39,14 € + 11,99 € + 18,97 € + 163,94 € + 55,81 € + 28,80 € = **447,22 €**.

30 b)

- Texterfassung:
  1.1.1 b) Rüsten = 7 Min., Codierung je Seite = 2 Min./S
  2 Min./S. × 113 S. = 226 Min. → 233 Min.
  Erfassung bei Manuskriptklasse I und Textklasse 2, da Manuskript gut lesbar und Textschwierigkeit Fachwörter. → 4,6 Min./1 000 Zeichen × 54 × 113 × 27 Zeichen = 757,9 Min.
  Gesamtsumme =
  233 Min. + 757,9 Min. = 990,9 Min. × 0,81 €/Min. = **802,63 €**.

  Anzahl Layout-Seiten:
  Manuskriptzeichen: 54 × 113 × 27 = 164 754 Zeichen
  Layout-Seiten: 164 754 Zeichen : (2 × 50 × 35) = 47,1 S. → 48 S., also 24 Blatt.

- Textgestaltung:
  1.1.1 a) Rüsten Erstauftrag = 18 Min.
  Seitenaufbau Fließtext Strukturklasse A =
  4 Min./S. × 48 S. = 192 Min.
  Gestaltung bei Fließtext Textklasse 2 und Manuskriptklasse I:
  3,5 Min./1 000 Zeichen × 164 754 Zeichen = 576,6 Min.
  Gesamtsumme = 18 Min. + 192 Min. + 576,6 Min. = 786,6 Min.
  786,6 Min. × 1,08 €/Min. = **849,53 €**.

- Proof:
  1.1.4 a) Laserdrucker bei 20 000 Druck p. a.: 0,20 €/S.
  DIN A4 × 48 S. = **9,60 €** (die DIN A5-Blätter werden jeweils auf DIN A4 ausgedruckt, ansonsten nur 24 S. Proof).

- Korrektur lesen:
  1.1.3) Fließtext, Textklasse 2, Manuskriptklasse I:
  6,4 Min./1 000 Zeichen × 164 754 Zeichen = 1 054,4 Min.
  Gesamtsumme = 1 054,4 Min. × 0,85 €/Min. = **896,24 €**.

- Proof für Kunden:
  1.1.4 a) Inkjet-Druck Farbproof DIN A4 bei 20 000 Druck p. a.:
  1,20 €/S. DIN A4 × 48 S. × 2 Stück = **115,20 €**.

- Bogenmontage (digitales Ausschießen):
  1.4.1) Rüsten = 7 Min.
  Ausführen je Form: Min. × 6 Formen
  (48 S. : 8 S./Form = 6 Formen) = 30 Min.
  Neues Ausschießschema erstellen = 6,5 Min.
  Gesamtsumme =
  7 Min. + 30 Min. + 6,5 Min. = 43,5 Min. × 1,16 €/Min. = **50,46 €**.

- Digitaler Formproof:
  1.4.2) Vierfarbformen Klasse I: 7,00 € × 6 Formen = **42,00 €**.
- Computer-to-Plate:
  1.4.4.1 a) Text ohne Bilder Klasse I:
  16,00 €/Platte × 6 Formen × 2 Platten/Form = **192,00 €**.

  Papierzuschuss-Berechnung:
  5.3.1) Zweifarbendruck je Maschine: 40 Bogen + Zweifarbendruck je Platte: 30 Bogen × 2 Platten × 6 Formen = 360 Bogen.
  Fortdruckzuschuss bei einem Druckwerk 0,8 % × 3 000 Auflage × 6 Formen = 144 Bogen
  Gesamtsumme = 40 Bogen + 360 Bogen + 144 Bogen = **544 Bogen.**
- Druck Schön und Wider:
  2.2, 2 a) Rüsten:
  - Grundeinrichten der Maschine = 8 Min.
  - 2 Platten- und 2 Farbwechsel = 58 Min.
  - weitere 2 Plattenwechsel:
    37 Min × 5 weitere Formen = 185 Min.

  Ausführen:
  - Grundwert je Druckgang = 8 Min./Druckgang × 6 Druckgängen = 48 Min.
  - Fortdruck je 1 000 Bogen bei Papier bis 69 g/qm = 8,9 Min./1 000 Bogen × (3 000 × 3 Druckbogen × 2 für S+W + 544 Bogen) = 165,0 Min.

  Gesamtsumme: 8 Min. + 58 Min. + 185 Min. + 48 Min. + 165,0 Min. = 464,0 Min. × 1,78 €/Min = **825,92 €**.
- Druckweiterverarbeitung Schneiden:
  3.1.1) Rüsten:
  - 1. Schnitt = 5 Min.
  - jeder weitere Schnitt = 1 Min./Schnitt × 7 Schnitte = 7 Min.
    (4 Schnitte für Rundum-Beschnitt, 4 Schnitte als Trennschnitte).

  3.1.1 a) Ausführen:
  ungestrichene Papiere 60 bis 80 g/qm bis ca. 50 cm × 70 cm, 8 Nutzen 4 Schnitte = 4,2 Min. + 4 weitere Schnitte × 0,3 Min./Schnitt = 1,2 Min. bei 8 cm Schneidlagenhöhe.
  Schneidlagenhöhe bei 60 g/qm = 0,06 mm pro Blatt →
  8 cm : 0,06 cm = 1 333 Bogen. Bei 3 000 Auflage : 1 333 Bogen/Schneidlage = 2,25 Schneidlagen, d. h. 3 Schneidlagen je Bogen.
  Also 3 Schneidlagen/Bogen × 3 Bogen = 9 Schneidlagen.
  → (4,2 Min. + 1,2 Min.) × 9 = 48,6 Min.
  Gesamtsumme:
  5 Min. + 7 Min. + 48,6 Min. = 60,6 Min. × 1,17 €/Min. = **70,90 €**.

- Druckweiterverarbeitung Zusammentragen mit 30 Stationen (da 24 Blatt):
  3.3.1 d) Rüsten:
  – bis zu 10 Stationen = 20 Min.
  – je weitere 10 Stationen = 10 Min. × 2 = 20 Min.
  Ausführen:
  bis 30 Blatt DIN A 5 = 37 Min./1 000 Blatt × 3 000 Blatt = 111 Min.
  Gesamtsumme: 20 Min. + 20 Min. + 111 Min. = 151 Min. × (1,13 + 0,19 + 0,59 €) = **288,41 €**;.

- Druckweiterverarbeitung Verpacken
  3.7.2) stückweise Blocks DIN A5 verpacken
  Rüsten = 5 Min.
  Verpacken = 273 Min./1 000 Stück × 3 000 Stück = 819 Min.
  Gesamtsumme:
  5 Min. + 819 Min. = 824 Min. × 0,64 €/Min. = **527,36 €**.

- Gesamtkosten für Fertigungszeit:
  802,63 € + 849,53 € + 9,60 € + 896,24 € + 115,20 € + 50,46 € + 42,00 € + 192,00 € + 825,92 € + 70,90 € + 288,41 € + 527,36 € = **4.670,25 €**.

5 Medienproduktion – allgemein

5.2 Bilddatenerfassung

5.2.2 Scanner und Digitalkameras

33 Scannerauflösung = (60 × 2,54) × 1,5 × 2
Scannerauflösung = **457,2** gerundet ca. 460 ppi bzw. 500 dpi

34 300 dpi = Rasterw. × 1,5 × 1
Rasterw. = 300 / 2; Rasterw. = 150 Lpi = **59 L/cm**, gerundet: 60er Raster

35 800 dpi = (60 × 2,54) × 1,5 × AbbF.
AbbF. = 800 / 228,5
AbbF. = 3,5; Abbildungsmaßstab = **350%**

36 Scannerauflösung = Auflösung Ausgabegerät × Abbildungsfaktor (nach AGFA)
Scannerauflösung = 600 × 3,5
Scannerauflösung = **2 100 dpi**

37 1200 dpi = (48 × 2,54) × 2 × AbbF
AbbF = 1200 / 243,84
AbbF = **4,92** gerundet ca. 500%

38 2 400 = (80 × 2,54) × 1,5 × AbbF
AbbF = 2 400 / (80 × 2,54 × 1,5)
AbbF = 7,87 gerundet 8
24 mm × 8 = 19,2 cm; 36 mm × 8 = **28,8 cm**

39 Ausgabegerät = Bildschirm = 72 dpi;
Scannerauflösung = 72 dpi × 2 = **144 dpi**

5.3. Bildbearbeitung

5.3.2 Format und Maßstabsänderung

25 VB : VH = RB : RH
RB = (VB × RH) / VH
RB = (24 mm × 210 mm) / 36 mm
RB = 140 mm
148 mm – 140 mm = **8 mm (Ansatz in der Breite)**

26 a) DIN A5: 148 mm × 210 mm
14,8/2,54 = 5,83 inch

5,83 inch × 72 ppi = 419,5 = 420 px
21,0/2,54 = 8,27 inch

8,27 inch × 72 ppi = 595,3 = 595 px
Neues Endformat: **420 px × 595 px**

b) (420 × 595 × 24) / 8 × 1 024 = **733 Kilobyte**

5.3.3 Densitometrie

38 $O = 10^D$ $O = I_0/I_1$ Rasterprozentwert = 100 % – I_1
$O = 10^{1,3}$ I_1 = 100 %/20 Rasterprozentwert = 100 % – 5 %
I_1 = 5 % **Rasterprozentwert = 95 %**

42 $O = 10^D$ $O = I_0/I_1$
$O = 10^{4.0}$
O = 10 000

I_1 = 100 %/10 000
I_1 = 0,01 %

6 Medienproduktion – print

6.1 RIP und Belichtungstechnologie

6.1.4 Ausgabeberechnungen

39 Anzahl der Tonwertstufen = $(2\,400/150)^2$ = 256

40 Anzahl der Tonwertstufen = $(600/150)^2$ = 16
Anzahl der Tonwertstufen = $(1\,270/150)^2$ = 72

41 $256 = (\times/91{,}44)^2$
$16 = \times/91{,}44$
× = 1 463 gerundet 1 460 bzw. 1 500

44 $I_1 = I_0$ – Rasterprozentwert $O = I_0/I_1$ $D = \log O$
I_0 = 100 %

I_1 = 100 % – 90 % O = 100 %/10 % D = log10
I_1 = 10 % O = 10 % **D = 1.0**

45 60 L/cm × 16 d/L = 960 d/cm
960 d/cm × 2,5 cm/inch = **2 400 dpi**

46 100 % ≙ 256 Tonwerte
90 % ≙ ×

× = (90 % × 256)/100 %
× = **230 Tonwerte**

47 80 L/cm × 2,54 cm/inch = 203,2 lpi
2 540 dpi/203,2 lpi = 12,5 Dots/Rasterpunkt, benötigt werden aber 16 Dots/Rasterpunkt, $16^2 = 256$

48 3 600 dpi/16 Dots/Rasterpunkt = 225 lpi
225 lpi/2,5 cm/inch = **90 *L*/cm**

49 70 L/cm × QF 2 = 140 p/cm
140 p/cm × 2,5 cm/inch = **350 ppi**

50 100 % ≙ 100 mm^2
5 % ≙ 5 mm^2

60 *L*/cm

5 mm^2 ≙ 3 600 Rasterpunkte
× ≙ 1 Rasterpunkt

$\times = 5\ mm^2/3\,600$
$\times = 0{,}0013889\ mm^2$

$A = \pi r^2$

$d = 2\sqrt{A/\eta}$

$d = 0{,}042$ mm
$\boldsymbol{d = 42}\ \eta$

120 *L*/cm

5 mm^2 ≙ 14 400 Rasterpunkte
× ≙ 1 Rasterpunkt

$\times = 5\ mm^2/14\,400$

$\times = 0{,}0003472\ mm^2$

$A = \pi r^2$
$d = 2\sqrt{A/\pi}$
$d = 0{,}021$ mm
$d = 21\ \mu$

7 Medienproduktion – NonPrint

7.1 Internet

27 b) 320 × 240 × 3 Byte = 230 400 Byte × 0,25 = 57 600 Byte = 56,25 KB
c) 3,5″-Diskette: 1,44 MB = 1 474,56 KB : 56,25 = 26,21 ca. **26 Bilder**

L

28 a) $2^6 = 64$ Farben
b) 120 × 80 = 9 600 Pixel × 6 Bit/Pixel = 57 600 Bit (unkomprimiert) × 0,25 = 14 400 Bit (komprimiert) / 8 = 1 800 Byte = 1,75 KB

30 400 KB × 1 024 = 409 600 Byte = 3 276 800 Bit: 5 200 Bit/s = **652,749 s**

31 10 MB × 1 024 × 1 024 × 8 = 83 886 080 Bit × 0,75 = 62 914 560 Bit
300 KB × 1 024 × 8 = 2 457 600 Bit gesamt also 65 372 160 Bit
65 372 160 Bit : 64 000 Bit/s = 1 021,44 s = **17 Minuten 1,44 Sekunden**
Hinweise: Abweichend von der DIN 1301-1 (Vorsätze für Einheiten) wird im EDV-Bereich für M (Mega) der Wert 1 024 X 1 024 verwendet statt 106; ebenso wird bei der Angabe kBit/s von 1 000 Bit/s ausgegangen, da das Vorzeichen k (Kilo) gemäß DIN 1301-1 (Vorsätze von Einheiten) für 10^3 steht.

7.2 CD-ROM und DVD

32 **BOOKLET**

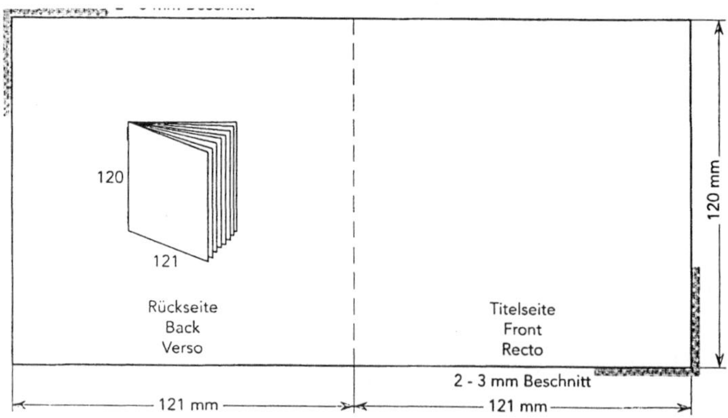

INLAYCARD

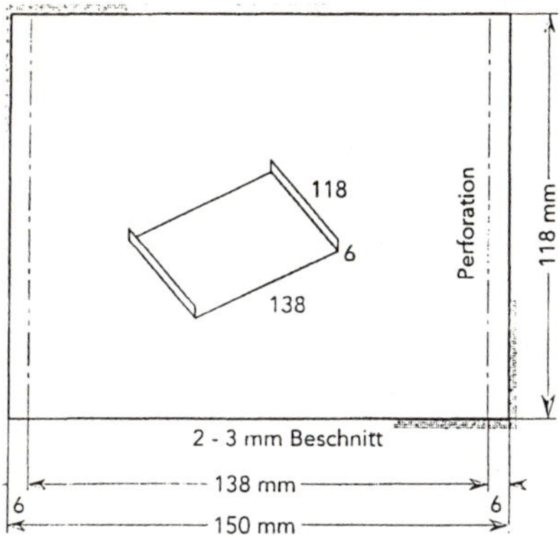

36 Übertragungsrate = Geschwindigkeit × 150 KByte/Sekunde
Übertragungsrate = 24 × 150 KB/Sekunde = **3 600 KB Daten/Sekunde**

37 48 × 150 KB/Sekunde = **7 200 KB/Sekunde**
55 × 150 KB/Sekunde = **8 250 KB/Sekunde**

7.3 Video

36 b) 320 × 240 Pixel × 24 fps × 3 Byte = **5 400 KB/s**

8 Kommunikation

8.1 DIN 16511

6 Lösung des Übungs-Korrektur-Textes nach DIN 16 511:

Siebdruck-Formenherstellung

Beim Siebdruckverfahren wird die Druckfarbe durch eine Schablone auf den Bedrucksto hindurchgeückt. Sibdruck-Forherstellung bedeutet in erster Linie Schablonenherstellung. Das Siebgewebe erfüllt nur eine Hilfsfunktion, es hält die einzelne Schablonenteile unverrückbar an ihrem Platz fest. Will man den Buchstaben „O" von einer Schablone ohne untergelegtes Gewebe drucken, so muss man den Innentail des Buchstaben durch Stege befestigen, die nach dem Druck sichtbar sind. Wird eine solche Schablone jedoch auf ein Geweabe geklebt, so können die wenigen stapilen und breiten Stege entfallen. Sie sind durch viele feine Fäden ersetzt. Diese lassen die Druckfarbe hindurch und bilden sich nicht auf dem Bedruckstoff ab, die da unter Farbe ihnen zusammenfließt wieder.

Das Sieb besteht aus einem rechtwinkligen Rahmen, auf den ein farbundurchlässiges Gewebe in der Art eines ganz feinen Siebes aufgespannt ist. Der Siebdruckrahmen ist in der Regel aus Leichtmetall- oder Stahlrohrprofielen hergestellt.

Er hat den früher allgemein üblichen Holzrahmen weitgehend verdrängt. Wichtige Anforderungen muss der Siebdruckrahmen erfüllen:

1. Die Rahmenleisten dürfen sich nicht unter der Zugkraft des aufgespannten Gewebes verziehen.
2. Der Rahmen muss beim Druck völlig plan aufliegen, er darf sich unter der Spannung n i c h t verwinden (Torsonsfestigkeit).
3. Das Material muss gegen die Druckfarbe und die verwendeten Chemiekalien ausreichend wiederstandsfähig sein.

Mit einem Wort, Siebdruckrahmen müssen stabil sein. Holz erfüllt diese Anforderungen bei kleinen Formaten bedingt, bei großen nicht mehr. Leichtmetallrahmen haben gegenüber den Stahlrahmen den Vorteil eines geringeren Gewichtes. Das ist für die Handhabung der Rahmen und für daß Auf- und Abschwingen beim Druck günstig.

18.01.92

7 Lösung des Übungs-Korrektur-Textes nach DIN 16 511:

Kommunikation für die Sinne

Menschen sehnen sich heute wieder zunehmend nach sensorischen, endschleunigten Sinneseindrücken die sie greifen und begreifen können. Im Gegensatz zu den visuellen und auditiven Eindrücken, die die schnelle, flüchtige virtualle Welt des Internets und des E-Commerce vermittelt, greifen viele gerne wieder zu hochwertig gestalteten Büchern, Broschüren oder Geschäftsberichten. Gerade hier sieht man die Möglichkeiten für den Einsatz der konventionellen Drucktechniken.

Bei Geschäftsberichten und -ausstattungen Akzidenzen, Büchern oder Zeitschriften, aber auch bei Verpackungen für Zigaretten und Parfüm sowie bei Etiketten, CD-Hüllen und Klarsichtverpackungen nutzen Designer, Werbe- und Marketingspezialisten die hochwertige Anmutung. Mit dem Bedürfnis nach einer besonderen Qualität und emotionaler Ansprache wird in dem Lifestyleszenarien geworben. Der Einkauf soll zum Erlebnis werden.

Die Produkte sind dabei die Botschafter. Sie transportieren ein Mehr an Informationen, Image und vor allem Wertigkeit. Am Point-of-Sale entscheidet der Kunde bis zu 60 Prozent aus dem Bauch heraus, für welche Marke er sich entscheidet. Durch die verschärfte Wettbewerbssituation von Produkten mit vergleichbarem Profil kommt der Verpackung bei der Kaufentscheidung eine wichtige Rolle zu. Sie ist zu einem aktiven, karismatischen Verkaufshelfer in dem dicht bepackten Regalen geworden. Die habtische Erfahrung der Verpackung lässt den Kunden das Produkt fühlen und durch die Sinnesreize erleben.

11 Prüfungsvorbereitung

Wir möchten Ihnen in diesem Kapitel eine Orientierungshilfe zur Prüfungsvorbereitung geben. Die kurze Vorstellung der Handlungskompetenz und der Lernfelder zeigt die Zielsetzung des Unterrichts und daraus folgend die Intention der Prüfung. Mit der Prüfungsstruktur (Mediengestalter/in für Digital- und Printmedien, Stand 01. 08. 2002) soll Ihnen die Vorplanung und das Zeitmanagement Ihrer Prüfung erleichtert werden. Und zu guter Letzt erhalten Sie bewährte Leitlinien zur effektiven Prüfungsvorbereitung.

11.1 Handlungskompetenz

Die Ziele des Berufschulunterrichts sind auf die Entwicklung von Handlungskompetenz gerichtet. Diese wird hier verstanden als die Bereitschaft und Fähigkeit des Einzelnen, sich in beruflichen, gesellschaftlichen und privaten Situationen sachgerecht durchdacht sowie individuell und sozial verantwortlich zu verhalten. Handlungskompetenz entfaltet sich in den Dimensionen von Fachkompetenz, Personalkompetenz und Sozialkompetenz.

Fachkompetenz bezeichnet die Bereitschaft und Fähigkeit, auf der Grundlage fachlichen Wissens und Könnens Aufgaben und Probleme zielorientiert, sachgerecht, methodengeleitet und selbstständig zu lösen und das Ergebnis zu beurteilen.

Personalkompetenz bezeichnet die Bereitschaft und Fähigkeit, als individuelle Persönlichkeit die Entwicklungschancen, Anforderungen und Einschränkungen in Familie, Beruf und öffentlichem Leben zu klären, zu durchdenken und zu beurteilen, eigene Begabungen zu entfalten sowie Lebenspläne zu fassen und fortzuentwickeln. Sie umfasst personale Eigenschaften wie Selbstständigkeit, Kritikfähigkeit, Selbstvertrauen, Zuverlässigkeit, Verantwortungs- und Pflichtbewusstsein. Zu ihr gehören insbesondere auch die Entwicklung durchdachter Wertvorstellungen und die selbstbestimmte Bindung an Werte.

Sozialkompetenz bezeichnet die Bereitschaft und Fähigkeit, soziale Beziehungen in beruflich oder privat begründeten Teams zu leben und zu gestalten, Zuwendungen und Spannungen zu erfassen, zu verstehen sowie sich mit anderen rational und verantwortungsbewusst auseinander zu setzen und zu verständigen. Hierzu gehört insbesondere auch die Entwicklung sozialer Verantwortung und Solidarität.

Das vorliegende Prüfungsbuch soll Ihnen vor allem zu einer Steigerung Ihrer Fachkompetenz verhelfen. Dies wollen Sie durch ein gutes Ergebnis in der Zwischen- oder Abschlussprüfung im Beruf des Mediengestalters/in dokumentieren. Diese Steigerung Ihrer Fachkompetenz hat direkte Auswirkungen auf die anderen, oben angesprochenen Kompetenzfelder, da nur ein Mitarbeiter mit hoher Fachkompetenz in einem Medienbetrieb auch als wichtiger Teamplayer akzeptiert und anerkannt wird.

11.2 Handlungsorientierung

Den Ausgangspunkt des Lernens bilden Handlungen, die möglichst selbst ausgeführt oder aber gedanklich nachvollzogen werden (Lernen durch Handeln). Alle Handlungen im Zusammenhang mit Lernleistungen müssen von den Lernenden möglichst selbstständig geplant, durchgeführt, überprüft, ggf. korrigiert und schließlich bewertet werden. Diese Art des handlungsorientierten Lernens sollte ein ganzheitliches Erfassen der beruflichen Wirklichkeit fördern und z. B. technische, sicherheitstechnische, ökonomische, rechtliche, ökologische sowie soziale Aspekte einbeziehen.

11.3 Lernfelder

Im Lernfeldkonzept ist das traditionelle Strukturprinzip der Unterrichtsfächer nach fachsystematischen Gesichtspunkten aufgegeben. An die Stelle der traditionellen Fächer treten die Lernfelder. Sie sind aus Handlungsfeldern (Tätigkeitsfeldern) abgeleitet. Daraus ergibt sich ein Fächer übergreifender Lehrplan. Die bisherigen Fächer wie Technologie (Theorie), Technische Mathematik, Computertechnik und Technologiepraktikum sind an den meisten beruflichen Schulen in Deutschland aufgelöst. Die traditionellen Fächer werden zusammen mit dem neuen Bereich Kommunikation und Englisch in den Lernfeldern integriert.

In Lernfeldern sind zusammengehörige Aufgabenkomplexe mit beruflichen Handlungssituationen so zusammengefasst, dass fachtheoretische, fachpraktische, wirtschaftliche und soziale Kompetenzen gefördert werden. Lernfelder sind didaktisch begründete, schulisch oder betrieblich aufbereitete Handlungsfelder, in denen Lernsituationen dazu führen sollen, eine vielseitige Kompetenzsteigerung so zu ermöglichen und zu fördern, dass nach einer Ausbildungszeit von drei Jahren die Qualifikation erreicht wird, die notwendig ist, um die Prüfung in dem komplexen Beruf des Mediengestalters zu bestehen.

11.4 Prüfungsstruktur

Unter den folgenden Adressen finden Sie im Internet die jeweils aktuellsten Informationen zu den Prüfungen der Mediengestalter/in für Digital- und Printmedien:

www.zfamedien.de
www.mediengestalter2000plus.de
www.bvd-online.de

11.4.1 Struktur der Zwischenprüfung: Mediengestalter/in für Digital- und Printmedien

Prüfungsbogen 1: Kommunikation/Arbeits- und Sozialrecht
Kommunikation

- Zeit: 45 Minuten
- Gleiche Aufgabenstellung für alle Fachrichtungen
- Kommunikation (z. B. Korrekturtext) (50 % Gewichtung)
- Englischaufgabe (50 % Gewichtung)

Wirtschafts- und Sozialkunde

- Zeit: 15 Minuten
- Gleiche Aufgabenstellung für alle Fachrichtungen
- Drei offene wissensorientierte Aufgaben

Prüfungsbogen 2

- Zeit: 90 Minuten
- Gleiche Aufgabenstellung für alle Fachrichtungen.

- Vier Prüfungungsbereiche mit jeweils einer Print- und einer Nonprint-Aufgabe.
  2.1 Betriebliche Leistungsprozesse und Arbeitsorganisation, Qualitätsmanagement
  2.2 Informations- und kommunikationstechnische Systeme, Datenhandling
  2.3 Gestaltung
  2.4 Medienproduktion

11.4.2 Struktur der schriftlichen Abschlussprüfung: Mediengestalter/in für Digital- und Printmedien – Teil B

Konzeption und Gestaltung
- Zeit: 120 Minuten
- Gleiche Aufgabenstellung für alle Fachrichtungen,
- 10 von 12 wissensorientierten Aufgaben à 6 Punkte (60 % Gewichtung)
- 4 von 5 handlungsorientierten Aufgaben à 10 Punkte, differenziert nach Fachrichtung und Schwerpunkt (40% Gewichtung)
- Sperrprüfungsbereich für die Fachrichtungen Medienberatung und Mediendesign, d. h. mindestens die Hälfte der erforderlichen Punktzahl zum Bestehen nötig.

Medienintegration und -ausgabe
- Zeit: 120 Minuten
- Gleiche Aufgabenstellung für alle Fachrichtungen,
  10 von 12 wissensorientierten Aufgaben à 6 Punkte, (60 % Gewichtung)
- 4 von 5 handlungsorientierten Aufgaben à 10 Punkte, differenziert nach Fachrichtung und Schwerpunkt (40 % Gewichtung)
- Sperrprüfungsbereich für die Fachrichtungen Medienoperating und Medientechnik, d. h. mindestens die Hälfte der erforderlichen Punktzahl zum Bestehen nötig.

Kommunikation
- Zeit: 45 Minuten
- gleiche Aufgabenstellung für alle Fachrichtungen
- Kommunikation (z. B. Korrekturtext) (50 % Gewichtung)
- Englischaufgabe (50 % Gewichtung)

Wirtschafts- und Sozialkunde
- Zeit: 45 Minuten
- gleiche Aufgabenstellung für alle Fachrichtungen
- eine handlungsorientierte Aufgabenstellung (50 % Gewichtung)
- 20 Multiple-Choice-Aufgaben (50 % Gewichtung)

Hinweis: Wirtschafts- und Sozialkunde wird in manchen Kammerbezirken aus der Berufsschulabschlussprüfung übernommen, d. h. es ist keine zusätzliche Wirtschafts- und Sozialkunde-Prüfung nötig. Wenn in Ihrem Bundesland keine Berufsschulabschlussprüfung stattfindet, so kann auch keine Leistungsbewertung in das Kammer-Zeugnis übernommen werden.
Tabelle Abschlussprüfung Mediengestalter für Digital- und Printmedien siehe S. 334.

Die Gesamtpunktzahl berechnet sich aus:

- 30 % Konzeption und Gestaltung
- 30 % Medienintegration und -ausgabe
- 20 % Kommunikation
- 20 % Wirtschafts- und Sozialkunde.

11.4.3 Struktur der praktischen Abschlussprüfung: Mediengestalter/in für Digital- und Printmedien Prüfungsteil A

Die Konzeptionsphase der praktischen Abschlussprüfung beträgt 10 Arbeitstage.

Gesamtprüfungszeit 7 Stunden.

Dabei unterscheidet man Aufgabe 1.1 z. B. Konzeption und Gestaltung eines Propektes und in Aufgabe 1.2 die so genannte W3-Wahlqualifikationseinheit.

Aufgabe 1.1 ist abhängig von der Fachrichtung und dem Schwerpunkt, welcher im Ausbildungsvertrag vereinbart wurde. Bewertungskriterien sind dabei:

- Idee/Grafische Originalität der Gesamtkonzeption
- Typografie
- Logo
- Bilder (Platzierung, Bildauswahl, -ausschnitt, Grafische Elemente)
- Technische Ausführung / Einhaltung der Vorgaben
- Schriftliche Erläuterungen zur Gestaltungsform (Bewertung des Inhaltes und der Begründungen – Fachrichtung Mediendesign)

Abschlussprüfung Mediengestalter für Digital- und Printmedien

(3) Der Prüfungsteil B besteht aus den vier Prüfungsbereichen Konzepzion und Gestaltung, Medienintegration und Medienausgabe, Kommunikation sowie Wirtschafts- und Sozialkunde. Es kommen Aufgaben, die sich auf praxisbezogene Fälle beziehen sollen, insbesondere aus folgenden Gebieten in Betracht:

§ 9 Abschlussprüfung in der Fachrichtung Medienberatung	**§ 10 Abschlussprüfung in der Fachrichtung Mediendesign**	**§ 11 Abschlussprüfung in der Fachrichtung Medienoperating**	**§ 12 Abschlussprüfung in der Fachrichtung Medientechnik**
1. im Prüfungsbereich Konzeption und Gestaltung: a) Arbeitsorganisation, b) kaufmännische Grundlagen, c) Kosten- und Leistungsrechnung, d) Auftragsbearbeitung, e) Projektmanagement, f) Produkte und Produktionsabläufe, g) Marketing, Werbung, h) Kundenbetreuung, i) Urheber-, Verwaltungs- und Vertragsrecht	1. im Prüfungsbereich Konzeption und Gestaltung: a) Layout, b) Storyboard, c) Gestaltungsmittel und -elemente, d) Farbe und Farbsysteme, e) Typografie und Normen, f) Produktionsprozesse, g) Wirkung von Medienkomponenten, h) zielgruppen- und produktorientierte Mediengestaltung	1. im Prüfungsbereich Konzeption und Gestaltung: a) Layout, b) Storyboard, c) Gestaltungsgrundlagen, d) Gestaltungsmittel und -elemente	1. im Prüfungsbereich Konzeption und Gestaltung: a) Vorlagenarten und -beurteilung, b) Gestaltungsgrundlagen, c) Gestaltungsmittel und -elemente, d) Produktionsprozesse
2. im Prüfungsbereich Medienintegration und Medienausgabe: a) Medienintegration, b) Datenhandling, c) Telekommunikation, d) Datenbearbeitung, e) Qualitätsmanagement, f) Sicherheit und Gesundheitsschutz bei der Arbeit, g) Umweltschutz	2. im Prüfungsbereich Medienintegration und Medienausgabe: a) Informations- und Übertragungsprozesse, b) Prozesssteuerung, c) Datenformate, Datenorganisation, Datenkonvertierung, d) gigitale Datenein- und -ausgabe, e) Zusammenführen digitaler Daten, f) Zusammenführen analoger Daten, g) Hard- und Softwarekomponenten, h) Qualitätsmanagement, i) Sicherheit und Gesundheitsschutz bei der Arbeit, k) Umweltschutz	2. im Prüfungsbereich Medienintegration und Medienausgabe: a) Datenhandling, b) produktionstechnische Verfahren, c) Medienprodukte, d) Netzwerke, e) Eingabesysteme, f) Ausgabesysteme, g) elektronische Bildbearbeitung, h) Audio-/Videobearbeitung, i) Datenbankanwendungen, k) Qualitätsmanagemet, l) Sicherheit und Gesundheitsschutz bei der Arbeit, m) Umweltschutz	2. im Prüfungsbereich Medienintegration und Medienausgabe: a) Materialien, b) Messen und Prüfen, c) Ausgabegeräte und -techniken, d) Text-, Bild- und Grafikübernahme, e) Eingabegeräte und -techniken, f) Betriebssysteme, Hardware und Netzwerke, g) Verfahrenswege zur Text-, Bild- und Grafikverarbeitung, h) Qualitätsmanagement, i) Sicherheit und Gesundheitsschutz bei der Arbeit, k) Umweltschutz

3. im Prüfungsbereich Kommunikation:
   a) Nutzung englischsprachiger Medien,
   b) schriftliche Unterlagen,
   c) Kommunikationsformen, Kommunikationsregeln, Teamarbeit,
   d) Kommunikationswege und -mittel
4. im Prüfungsbereich Wirtschafts- und Sozialkunde:
   allgemeine wirtschaftliche und gesellschaftliche Zusammenhänge der Berufs- und Arbeitswelt

Aufgabe 1.2 ist abhängig von der fachrichtungsbezogen W3-Wahlqualifikationseinheit, welche wiederum im Ausbildungsvertrag dokumentiert ist.

Hierbei kann es sich um Aufgaben hinsichtlich:

- Kundenspezifische Medienberatung
- Projektdurchführung
- Werbeorientierte Gestaltung
- Storyboarderstellung
- Redaktionstechnik II
- Digitalfotografie II
- Fotogravurzeichnung III
- Text-, Grafik-, Bilddatenverarbeitung
- Bewegtbild- und Audiosignalbearbeitung III
- Datenbankanwendung II
- Herstellung interaktiver Medienprodukte
- Reprografie
- Mikrografie
- Digitaldruck
- Tiefdruckformherstellung
- Digitale Druckformherstellung

handeln.

Der Bewertungsschlüssel der Zwischen- und Abschlussprüfung:

100 – 92 Punkte:	sehr gut
unter 92 – 81 Punkte:	gut
unter 81 – 67 Punkte:	befriedigend
unter 67 – 50 Punkte:	ausreichend
unter 50 – 30 Punkte:	mangelhaft
unter 30 Punkte:	ungenügend

11.5 Leitlinien zur Prüfungsvorbereitung

Die derzeitigen schriftlichen Prüfungen können der Komplexität der Handlungskompetenz nur in Teilaspekten gerecht werden. Im Wesentlichen wird die Fachkompetenz mit Wissensfragen und mit handlungsorientierten Aufgaben zur Problemlösefähigkeit abgeprüft. Die Personal- und Sozialkompetenz können mit schriftlichen Einzelprüfungen nicht qualifiziert geprüft werden.

Bei der Prüfungsvorbereitung allerdings hilft die in der Ausbildung erworbene Personal- und Sozialkompetenz. Die Vielfalt der fachlichen Inhalte, von der Druckform bis zur Website, und die komplexen praktischen Problemstellungen lassen sich im Austausch und der Zusammenarbeit einfacher erarbeiten. Dabei ergänzen sich die Arbeit im Team, in der Lerngruppe und das Einzellernen.

Vorteile der Lerngruppe

- Arbeitsteilung
- Lernen durch Lehren, Vortrag eines Themas in der Gruppe
- Diskussionen über schwierige Themen schaffen Klarheit
- Austausch über Lernstrategien
- Austausch über Gelerntes
- Wissen auch umsetzen und vortragen können
- Soziale und psychische Stabilität durch die Gruppe

Organisation einer Lerngruppe

- Lernbedarf und Themen ermitteln und festlegen
- Regeln zum Arbeiten in der Gruppe aufstellen
- Protokoll führen
- Aufgabenverteilung
- Zeitplan, Termine festlegen
- Gestaltung, Struktur und Inhalt der Sitzungen festlegen
- Verantwortlichkeiten, Verbindlichkeiten klären

Zusammensetzung der Lerngruppe

- drei bis fünf Teilnehmer/innen scheinen die für den Lernerfolg optimale Gruppengröße zu sein
- Moderator und Protokollant müssen immer vor der Sitzung feststehen
- „Häuptlinge“ und „Trittbrettfahrer“ wird es immer geben. Keine falsch verstandene Solidarität!

Einige allgemeine Hinweise zum Lernen:

Was Sie tun sollten:

- kleine Zwischenziele
- Lernen, Pausen, Wiederholungen, Erfolgskontrollen
- Abwechslung schaffen verschiedene Lernarten
- Lernstoff strukturieren
- Lerngewohnheiten entwickeln
- Prüfungsvorbereitung kontinuierlich über die gesamte Ausbildung
- Angenehme Lernatmosphäre

- Störungen, Motivationshemmnisse vermeiden bzw. entfernen
- Lerngruppe organisieren

Was Sie vermeiden sollten:

- Stur und immer wieder Prüfungssätze „durchspielen“, bis es irgendwann sitzt.
- Prüfungsvorbereitung reduzieren auf Kenntnisse und Fertigkeiten.
- Prüfungsvorbereitung geballt vor der Prüfung
- Nur alleine lernen

Sachwortverzeichnis

A/D-Wandler 188
Abbildungsfehler 63
Abbildungsmaßstab 61, 199
Abfrage 209
Ablauf einer Präsentation 293
Ablaufplan 283
Ablaufschema 143
Ablaufstruktur 144
Abmusterung 237
Abschreibung 132
absolut farbmetrisch 182
absorbieren 65
Absorption 63
Abstraktion 14
Abtastfrequenzen 73
Abtasttheorem 72
Achsensprung 45
Acrobat Reader 230
Acrobat-PDF-Format 124
Active Server Pages 209
additive Farbmischung 66
additiver Farbaufbau 167
Adobe 122
ADSL 251
Agentur-Präsentation 292
Agenturvertrag 305-307
AIF-Format 73
AIFF 117
Akquisitions-Präsentation 292
Aktivitäten 139
Akustik und Sound 68
Akzentbuchstaben 37
Allgemeinempfindlichkeit 219
Alpha-Kanal 198
Altpapier 226
Amplitude 58, 69
Amplituden-Modulation 218
Amplituden-Zeit-Diagramm 71
Analog-/Digital-Wandlung 190
analoger Zugang zum Internet 250
Andruck 229
Angebotskalkulation 131
Angebotspreis 141
animierte Bilder 55, 254
ANSI-Lumen 105
Anstrich 27
Anti-Aliasing 47, 203
AP-Papiere 226
Application Service Provider 209
Arbeitsfarbraum 168
Arbeitskosten 134
Arbeitsplanung 154
Arbeitsspeicher (RAM) 84
Arbeitssteuerung 154
Arbeitsvorbereitung 153-155
Arten der Präsentation 292
ASCII-Code 83
ASCII-Zeichensatz 263
ASP 209, 252
asphärische Linsen 63
Astigmatismus 63
asymmetrische Anordnung 14
Außenrand 17
Außentrommelbelichter 222
Audio-CD 75, 258
Audio-DVD 75
Aufführungsrecht 298
Auflagenpapier 229
Auflösung 49, 122, 221
Auflösungsvermögen 10, 219
Aufnahmeformat 277
Aufsichtsbehörden der Länder für den Datenschutz 309
Aufsichtsmessung 200
Aufsichtsvorlage 186
Aufsteller 22
Auftragsabrechnung 131
Auftragsbearbeitung 154
Auftragstasche 158
Auge 11, 34, 64
Augenpunkt 41
Ausnahmewortlexikon 33
Ausschießen 156, 230
ausschließlicher Lizenzvertrag 309
Ausstellungsrecht 298
Austastlücke 274
Auszeichnung 25
Auszeichnungsschriften 26
Autofocus-Systeme 43
Autorenkorrektur 156
autotypische Rasterung 218
AV 153
AVI 276

Backup 210
Base 260
Base/4 260
Base/16 260
Baumstruktur 147
Beamer 107-108, 296
Bebilderung 213
Bedeutungslehre 36
Bedruckbarkeit 236
Beleuchtungsarten 40
Beleuchtungsstärke 61-63, 213
Belichter 122, 213
Belichtung 62, 213
Belichtungszeit 213
Benutzerkontrolle 308
Berufsschulabschlussprüfung 333
Beschnittmarken 200, 239
BetacamSP 276
Betriebssysteme 89
Beugung 58
Bewertungsschlüssel 335
Beziérkurven 112
Bildaufbau 42
Bildauflösung 46, 260
Bildbearbeitung 194
Bilddatei 221
Bilddatenausgabe 213
Bilddatenerfassung 185

Bilder 155
Bildfeldwölbung 63
Bildformate 38, 249, 255
Bildführungslinien 43
Bildgestaltung 39, 42
Bildgestaltungsmittel 43
Bildkomposition 42
Bildrecht 303
Bildschirmauflösung 101
Bildschirmdiagonale 101
Bildschirmdreieck 175
Bildschirme 167
Bildschirmformat 17
Bildschirmmaske 100
Bildschirmpräsentation 53
Bildschirmwiederholfrequenz 101
Bildwinkel 60
Binary Digit 79
Bit 73, 79
Bitmap 113-114
Bitmap-Bilder 116
Bitmap-Bildformat 113
Bitmap-Font 202
Bitmap-Grafiken 112
Blau 66
Blende 60, 62
Blendenreihe 60, 62
Blendensprung 62
Blendenzahl 62
Blindtext 17
Blitzer 216
Blocksatz 31
Blooming 189
BMP-Format 111
Bogen 12
Booklet 265
Bottom-up 207
Brechung 58
Breitbahn 224
Brennpunktstrahl 61
Brennweite 60
Bridge 96
Briefblatt 12
Briefbogen 12
Briefing 129
Brotschrift 33
Browser 249
Browser Farbprofile 168
Bruch 239
Buchschrift 23
Buchimpressum 301
Bund 17
Bundesbeauftragte für den Datenschutz 309
Bundesdatenschutzgesetz 307-308
Buntheit 179
Buntton 67
Bustopologie 94, 97

C 252
C++ 252
Cascading Style Sheets 252
CAV-Verfahren 259
CCD-Zeilensensor 188
CCD (Charge Coupled Device) 188
CD-Arten 258
CD-Brennsoftware 261
CD-Dateiformat 261
CD-R 85
CD-ROM 50, 75, 150, 258, 260-262
CD-ROM-Fertigung 265
CD-ROM-Produktion 273
CD-ROM/DVD 259
CGI 208
chlorarm 223
chlorfrei 223
Chroma C* (Sättigung) 176
CIE 175, 178
CIE-L*a*b*-System 174-175
CIE-Normvalenzsystem 174-175
CIELUV 174
Cinema 4D 262
Cinepak 272, 277
CIP 159
CIP3 159
CIP4 159
CISC-Prozessor 82
Client-Server 98
CLUT 183
CLV-Verfahren 259
CMS 210
CMYK 48, 113-114, 117
CMYK-Farbtiefe 114
CMYK-Modus 48
CMYK-System 167, 169
Co-Prozessor 81
Codec 257, 270-272, 277
Color Look-up Table 183
Color-Management 67, 180
Color-Management-System (CMS) 181
Color-Under-Verfahren 276
ColorSync 181
Commission Internationale de l'Eclairage 175
Composing 194
Composite Workflows 126
Computer-to-Film 154, 157, 213
Computer-to-Plate 154, 157, 213
Computer-to-Press 154, 157, 213
Computermonitor 104 f.
Computerprogramme 304
Content Management System 210
Controller 268
Copydot-Scanner 191
Copyrightzeichen 300
CRT-Monitor 100
CSS 252
Cyan 66, 237

Dachansatz 27
Darbietung von Künstlern 299
DAT (Digital Audio Tape) 75
DAT-Magnetband 85
Data Base Management System 206
Database Publishing 206
Datei 307
Dateiformate 111, 276
Dateinamenlängen 263
Dateinamen 262-263
Dateinamenskonvention 89
Dateitypen 262
Datenbanken 209, 298
Datenbanksystem 206
Datenbereich 264
Datenkomprimierung 270
Datenschutzkontrollbehörden 309
Datensicherheit 309
Datenspeicherung 259
Datenstrom 78
DBMS 206
DCS = Desktop-Color-Separation-Format 126

DCS-Format 113
De-Inking 224
Definieren 65
Dekomprimierung 271
Deleatur 280
Delta-E*-Wert 175, 177
Deltabilder 273
Deltaframe 272
Densitometer 171
Densitometrie 200
Dezimalsystem 173
Dezimalzahl 80
Diagonalen-Teilung 18
Dichte 201-202
Dichteumfang 202
Dicke 225
Dickte 29
Dienste des Internets 250
Dienstvertrag 305-306
Differenzbild 273
Digitaldruck 236
digitaler Videoclip 270-271
Digitalfotografie 117
Digitalisierung 72
Digitalkameras 188
Digitalproofs 228
DIN 16 511 279-280, 282
DIN 1301-1 313
DIN A4-Normbriefblatt (DIN 676) 12
DIN-Formate 38
Direct Memory Access 86
Direktor-Datei 262
Display 22
Distiller 125
DLP-Projektor 107
DLP-Technologie 107
DMA 86
Domain Name 249
Dot 214
Dot-Pitch 104
dpi 122, 214
Drehbuch 275
Drehbuchkonzept 144
Dreier-Gliederung 293
Dreimesserautomat 239
Druckbereich 22
Drucker 213
Druckfarbe 169, 227
Druckfarbentrocknung 227
Druckform 213, 232
Druckformbelichtung 238
Druckformkopie 238
Druckkennlinie 236
Drucklack 237
Druckplatten 216
Druckseiten 231
Druckverfahren 230
Druckvorlage 171
Druckweiterverarbeitung 154, 239
Dualzahl 80
Duplex 113
Durchdruck 231
Durchmesser 221
Durchschuss 28, 32
Durchsichtsmessung 200
Durchsichtsvorlage 185-186
DVD 258
DVD-R 85
DVD-WORM 276
dynamisches HTML 252

E-Mail 250
Eindeutigkeit 208
einfacher Lizenzvertrag 309
eingebettetes Profil 168
Einschläge 22
Einstellung 43, 46
Einstellungsgrößen 44
Einteilungsbogen 231
Einzelfallbeauftragung 305
elektromagnetische Strahlung 65
elektromechanische Gravur 233
Endstrich 27
Entrastern 191
Entscheidungsfrage 294
Entstehung des Lichts 57
Entwurf 17
EPS = Encapsulated PostScript Format 112
EPS-Format 111-112
Er-Präsentation 294
Ergonomie 111
Es-Präsentation 294
Etat-Präsentation 292
Ethernet 95
European Color Initiative (ECI) 178
Euroskala 169
EVA-Prinzips 81
exakt 172

Falzarten 239
Falzmarken 239
Farbabstand 177
Farbart 179
Farbauswahlsysteme 171
Farbauszüge 170
Farbdichte D 171
Farbenlehre 65
Farbensehen 64
Farbfehler 63
Farbfiltersystem 188
Farbführung 238
farbige Bücher 258
Farbkanäle 170
Farbkontraste 152
Farbkreis 67
Farbmaßsysteme 174
Farbmessung 178
Farbmetrik 65, 178
Farbmischsysteme 167
Farbmischungen 65
Farbmodus 171
Farbort 179
Farbproofs 92
Farbraum 67, 168
Farbraumtabellen 123
Farbreihenfolge 237
Farbreiz 64
Farbsatz 171
Farbseparation 170
Farbstoffe 180
Farbsystem 68
Farbtafel 67
Farbtemperatur 42, 179
Farbtheorie 64
Farbtiefe 114, 167
Farbton 175, 179
Farbtripel 102
Farbumfang 168, 184
Farbvalenz 64, 175
Farbwahrnehmung 9, 41
Feindaten 215
Feinpapiere 224
Feinstrich 186
Feinststrich 186
Fenster-Briefhüllen 12
Fernsehmonitore 104
Fernsehnorm 277
Fertigungsstunde 131, 135
Festplatte 81, 84
File 210

Filmbelichtung 156
Filmscanner 188
Filmschnitt 45
Finishing 239
Firewire 87
First-Level-Cache 84
Flachbettbelichter 222
Flachbettscanner 188
Flachdruck 231, 233
Flächendeckungsgrad 217
Flash-Dateien 255
Flattersatz 31-32
Fließtext 47, 53
Flimmerfreiheit 101
Flying Window 149
Fogra 181
FOGRA-Messkeil 238
Format 11
Formatänderungen 199
Formblatt 20
Fotografie 41
fotografische Optik 60
fotometrisches Entfernungsgesetz 61
Frame 268, 270, 272
Framegröße 269
Frametechnik 254-255
Freistellung 198
Fremdleistungskosten 134
Frequenz 58, 69
frequenzmodulierte Raster 218
FTP 250
Fuß 17
fünf Sinne 9

Gamma 219
Gamut 184
Gamut-Mapping 184-185
Gateway 97
GCR 170
Gefährdungsermittlung eines Stoffes 284
Geführte Kamera 44
Gelb 66, 237
GEMA 302
GEMA-freie Musik-CDs 302
Gemeine 37
geometrische Mitte 15
geometrische Optik 58, 61
geometrische Grundformen 13
Gesamtdrehbuch 144
geschlossene Frage 294
Geschmacksmusterrecht 304
Gesetz des gemeinsamen Schicksals 10
gesetzliche Lizenz 310
Gesichtsfeld 11
Gestaltung 9
Gestaltungsgrundsätze 21
Gestaltungsraster 18
Geviert 28
Gewinn 131
GIF 249, 254-255
Gif-Format 48, 115, 117
glänzend gestrichene Papiere 225
Glasfaserkabel 94
Goldener Schnitt 18, 38
Gradation 219
Gradationskurve 194, 219
Gradationsverlauf 197
Grafikkarte 89, 106
Grafikprozessor 106
grafischer Film 218
Graustufen 64, 113
Graustufen-Farbtiefe 114
Graustufenbilder 114
Green-Book 261
Greifer 237
Greiferrand 237
Grobdaten 215
Grobstrich 186
Grotesk 25
Groupware 209
Grün 66
Grundfarben 66
Grundgesetz 297
Grundregel für die Präsentation 293
Grundschrift 25
GÜFA 302
gussgestrichene Papiere 225
Gutenberg 30
GWFF 302

Haarstrich 23, 27
Halbbild 104
Halbtonbild 186, 216
Halbtonskala 238
Halbtonvorlagen 185, 186
Hard-Disk 75
Harddiskrecording 76
Hardwarevoraussetzungen 270
Hauptdruckverfahren 231
Hauptmotiv 42
Hauptregeln der DIN 16 511 279
Hauptüberschrift 19
Hauskorrektur 156
Header 112, 120
Headline 19
Helligkeit 67, 175, 178
Herausgeber/Verleger 305
Hexadezimalsystem 80, 173
Hickethier 167
Hifi 77
Hilfsstunden 135
Hintergrund 42
Hintergrundbild 54
Histogramm 195
HKS-Farben 173
Hochdruck 231
holzfrei 224
holzhaltig 224
Holzschliff 223
Honorarvertrag 305
Hörbereich 69
Hören 70
Hörgrenze 70
Horizontlinie 41
Hot-Spots 151
HotSpot-Technologie 278
HTML = Hypertext Markup Language 120
HTML Tags 253
HTML-Code 249, 251, 254
HTML-Dokumente 117
HTML-Generator 251
Hub und Switch 96
Hue H* (Buntton) 176
Hybridproduktion 272, 276
hyperbasierende Navigationsstruktur 254
Hypertext Preprocessor 209

ICC 181
ICC-Profil 182
Ich-Präsentation 294
Identifikation 10
IEEE 1394 87

immaterieller Rechtsschutz 298
Imprimatur 156, 280
Inch 122
Index 209
index.htm 120
index.html 120
indirekter Druck 236
indiziert 172
indizierte Farben 113, 172
indizierte Farbbilder 114-115
Informatik 79
Ink-Jet-Drucker 92
Inlaycard 265
Innentrommelbelichter 222
integrale Dichte 221
Inter-Frame-Kompression 277
interaktives Medium 145
Interface-Design 149
Interferenz 58
interlaced 254
Interlaced Modus 104
intermodale Wahrnehmung 9
International Color Consortium 181
Internet 250, 300
Internet-Site 46
Internetauftritt 48
Internetformular 50
Internetpräsentation 150
Interpunktionen 37
Intra-Frame-Kompression 277
ISBN 301
ISDN 98, 251
ISO 9660 261
ISO-9660 Level 2 263
ISO-9660 Level 3 263
ISO-9660-Konventionen 262
ISO-Konvention 263
Itten 167

Java DataBase Connectivity 209
JavaScript 253
JDBC 209
Job-Ticket-Formate 160
Jobticket 159-160
JPEG 249, 255-256, 277
JPEG 2000 128
JPEG-Bilder 117
JPEG-Format 48-49, 111, 117
jumplineare Struktur 147

Kalander 223-224
Kalibrierung 183
Kammer-Zeugnis 333
Kampagne 129
Kapitälchen 25-26, 37
Kapitalkosten 134
Karton 225
Kehlung 27
Kennwerte Ton 69
Keyframe 272-273, 277
Kiosksystem 211
Klammern 37
Klang 70-71
Klangfarbe 71
Klangspektrum 71
Kodak-Photo-CD 260
kohärentes Licht 260
Koma 63
Kombinationsfalz 240
Komplementärfarbe 65
Komponisten 302
Kompressionsverfahren 118
Komprimierungstechnologie 271
Konkurrenz-Präsentation 292
Konsultationsgröße 34
Kontaktkopie 214
Kontrastelemente 35
Kontrollfeld 196
Konzeption 139
Kopf 17
kopierfähig 202
Körperfarbe 65, 178
Korrektur 279
Korrekturzeichen 279
Kostenarten 137
Kostengruppe 136
Kostenstellen 134-135
Kreuzbruchfalz 240
Kunstlicht 42
Kursivschrift 25

L*C*H* 176
LAB 113-114
LAB-Farbkorrektur 196
LAB-Farbtiefe 114
Landesbeauftragter für den Datenschutz 309
Landespressegesetz 297
Lands 260
LASER 260
Laserdrucker 91
Laufrichtung 224
Laufweite 28-30
Lauflängencodierung 271
Layout 34
LCD-Flachbildschirm 104
LCD-Projektor 107
LCD-Technologie 107
Lead-In 266
Lead-in-Bereich 259, 264
Lead-out-Bereich 259, 264
LED-Drucker 91
Lesbarkeit 23, 30, 153
Lesegewohnheiten 21
Leuchtkraft 105
Licht 57
Lichtart 179
Lichtbilder 299
Lichtbildwerke 298-299
Lichtbrechung 59
Lichtdurchlässigkeit 201
Lichtechtheit 228
Lichtempfindung 178
Lichter 238
Lichtgeschwindigkeit 57
Lichtreflexion 178
Lichtsensor 188
Lichtstärke 62
Lichtstrom 62
lichttechnische Grundgrößen 62
Lichtundurchlässigkeit 201
lichtempfindliche Schichten 213
Lignin 223
lineares Multimediaprodukt 143
Linien 35
Link 124, 254
Linsen 59, 63
Lochabstand 102
logische Auflösung 102
logische Topologie 94
Lohnkosten 134
Lokalisation 10
Luminanz L* (Helligkeit) 176

Maßstabsänderungen 199
MAC Dateien 261
Mac OS 168
MAC Volume 261
MAC/ISO-Hybrid 261
Macromedia Director 53
Magenta 66, 237
Magic Numbers 120
magnetische Speichermedien 84
magneto-optische Speichermedien 84
Makrotypografie 20
Makulatur 237
Manuskript 155
maschinenglatte Papiere 226
Masse 225
Master 276
Masterband 275
Mastering 275
Materialkosten 134
materieller Rechtsschutz 298
mathematische Zeichen 37
Matrix 287
Matrix-Erstellung 287
matt gestrichene Papiere 226
Mediävalziffern 29
Medienintegration 210
medienintegrative Web-Editoren 212
medienintegratives Autorensystem 212
Medienkonzeption 129
Mehrfarbendruck 169
menschliches Gesichtsfeld 11
Messerfalz 240
Messkeil 238
Meta-Plan 296
Meta-Tag-Befehl 253
Meta-Tags 252-253
Metamerie 180
Metamerieindex 180
Microsoft Internet Explorer 172
Mikrofone 76
Mikrotypografie 21
MiniDisk 75
Mischlicht 42
mittelfeine Papiere 226
Mittellänge 28
Mittelpunktstrahl 61
MJPEG 277
MM-Kalkulation 139
MODEM 251
Moiré 217
Monitor 38, 213
Montage 46, 216, 231
MP3 117
MP3-Format 73
MPEG 117, 273, 277
MPEG 1 273
MPEG 7 273
MPEG-1 118
MPEG-2 118
MPEG-4 118
MPEG-7 118
MSCDEX 261
Multi-Session-CD 264-265
Musikwerke 297

Nachbilder 10
Nachkalkulation 131
Näpfchen 233
Naturpapier 226
Navigation 254
Navigationselemente 151
Navigationsplanplan 144
Negativ 198
Netscape Communicator 172
Nettopreis 131
Netzstruktur 147
Netzwerkkarte 96
Netzwerktechnik 93
nicht reprofähig 186
Normalbrennweite 63
Normalisierung 208
Normalziffern 29
Normlicht 237
NTSC-System 267
Nutzen 231
Nutzungsgrad 135-136
Nutzungsrecht 305

Oberflächenleimen 222
Oberlänge 28
Objekt 10
Objektiv 60, 63
ODBC 207
offene Frage 294
Öffnungsfehler 63
Offsetdruck 48, 233
Offsetdruckplatte 234
Ohr 68
Opazität 201
OpenType 204
OPI = Open Prepress Interface 215
Optik 57
Optiksystem 188
optische Dichte 187
optische Mitte 15
optische Speichermedien 84
optische Wahrnehmungen 14
optischer Kontrast 187
Organisation einer Präsentation 291
OSI-Referenzmodell 96
Outline-Fonts 203
Overhead-Projektor 296

PAL-System 267
Pantone-Farben 173
Papier 222, 225
Papiermaschine 226
Papiervolumen 225
Pappe 225
parallele Schnittstelle 88
Parallelfalz 240
Parallelstrahl 61
Pascal 252
Passer 215
Passkreuze 216
Patentamt 300
Patentamt München 304
PCD-Format 260
PCI 86
PDF = Portable Document Format 123-124
PDF-Datei 123, 230
PDF-Dokumente 123
PDF-Format 111, 124
Peer to Peer Netz 98
Periode 58
Peripheral Computer Interconnector 86
PERL 209, 252
Person der Zeitgeschichte 303
personenbezogene Daten 307
Persönlichkeitsrechte 303
Perspektive 40
perzeptiv 182
Pflichtenheft 138, 144
Photoshop-Datei 262
PHP 209, 252
physikalische Topologie 94

physikalische Auflösung 102
Pica-Point 27
Pigmente 180
Piktogramme 48
Pits 260
Pixel 48, 167, 190
Pixelorientierte Datenspeicherung 112
Plakat 270
Planungskarten 144
Platzkostenrechnung 136
PMT: Photo Multiplier Tube 188
PNG = Portable Network Graphic 116, 255
PNG-Format 49
PoI = Point of Information 212
Point 27
Polarisation 58
Polfilter 105
Portable Job Ticket Format 162
Positiv 197
Poster 270
PostScript 121, 189, 220
Postscript-Dateien 230
PostScript-Font 204
PostScript-Grafiken 112
PostScript-Level-1 122
PostScript-Level-2 123
PostScript-Level-3 123
Powerpoint 53
PPF = Print Produktion Format 161
ppi 46
PPML = Personalized Print Markup Language 164
Practical Extraction and Report Language 209
praktische Abschlussprüfung 333
Präsentation 291
Präsentationsmedien 295
Präsentationsvertrag 305
Presserecht 297
primäre Bildregion 39
Primärfarbe 66, 167
Primärstrahler 65
Printing-on-Demand 211
Privatdrucksache 22
Privatperson 303
Produktionsmanagement-System 165
Produzenten 302
Profilkonvertierung 182
Programmbereich 259
Programmierer 304
Proof 228
Proportionen 11, 13
Proportionsregeln 13
Prozessdatenfreiheit 208
Prozesse 139
PSD = Photoshop Datei 119
Pulldown-Menüs 50
Punktzuwachs 218

QTVR 269, 277
Qualität einer Präsentation 295
quantité négligeable 21
Quark-XPress-Datei 262
QuickTime-Movie 262

RAL-Farben 174
RAM-Speicher 81
RAMDAC 106
randabfallend 200
Raster Image Processor 215
Rastern 216
Rasterprozentwert 322
Rasterpunkt 221, 323
Rastertonwert 201, 217, 221
Rasterweite 217, 219, 221
Rasterwinkel 217
Rasterwinkelungen 217
Rasterzelle 218
Rausatz 32
Rauschabstand 79
RBMS 207
Rechte an digitalen Präsentationen 299
Rechte an Tonträgern 299
Rechte von Bildfolgen 299
Rechte von Filmherstellern 299
Rechte von Sendeunternehmen 299
Rechte von Tonfolgen 299
Rechtsbereiche 297
Recorderelement 214
Recycling-Papier 226
Red Book 258
Redakteur 301
Redundanzfreiheit 208
Referenzsystem 182
Reflexion 58
Register 84
Register of Copyright 300
Registrated Trademark 300
Reinlayout 16
Rel 214, 218
relationale Datenbank 207
relativ farbmetrisch 182
relative Feuchte 226
Remission 58
remittieren 65
Repeater 96
reprofähig 186
reproreif 186
Retusche 194
Rezeptoren 10, 64
RGB 113-114, 117, 167
RGB-, indizierte Farb-, Graustufen 116
RGB-Farbtiefe 114
RGB-System 167
Rheologie 227
Ries 223, 226
Ringtopologie 94
RIP 205, 215
RISC-Prozessor 82
RJ-45 99
Robots 252
Rohlayout 16
ROM-Speicher 81
Rot 66
Router 96

S-VHS 276
S-VHS-Videoclip 270
Sammelverpackung 22
Sammelwerke 298
Sample and Hold 72
Sampling 72
Samplingrate 73
Satinieren 224
Sättigung 67, 175, 179
Satzanweisung 19
Satzart 32
Satzbreite 32
Satzspiegel 17-18, 32
Scannen 49
Scanner 167, 188

Schall 68
Schallverarbeitung 68
Schaltplan 144
Schärfeeinstellung bei Kameras 43
Schärfentiefe 60-61
Scharfzeichnen 198
Schattenfelder 238
Schieben/Dublieren 238
Schmalbahn 224
Schmucklinien 37
Schnitt 275
Schnittanweisungen 46
Schnittstellentechnik 87
Schön- und Widerdruck 238
Schöpfung 297
Schrift 52
Schrift-Animation 37
Schriftart 23
Schriftbelichtungskontrolle 238
Schriften mischen 34
Schriftenklassifikation 24
Schriftfamilie 25
Schriftgröße 15, 26-27
Schriftschnitte 25
Schrifttechnologie 202
Schriftverwaltungsprogramme 205
Schriftweite 29
Schriftwerke 299
Schriftzeichensatz 37
Schuss und Gegenschuss 45
Schutzarten 298
Schutzfristen 299
Schwarz 237
Schwarzpunkt 191
Schwellwert 191
Schwenkarten 44
Schwertfalz 240
Screendesign 46
Screengestaltung 152
Screenpräsentation 46
Screens 144
Scribble 13, 16, 146
SCSI 86
SD-Papiere 226
SECAM-System 267
Second-Level-Cache 84
See-and-Point-Struktur 149
Segmentierung 10
Sehen 11
Seitenverhältnis 11, 38
seitenverkehrt 198
sekundäre Bildregion 39
Sekundärfarbe 66
Sekundärstrahler 65
selbst durchschreibende Papiere 226
Selbstkosten 131-132
selektive Farbkorrektur 195
selektive Wahrnehmung 9
Semantik 36
semantische Typografie 36
Senderecht 298
sensitometrische Filmeigenschaften 219
Sensorentypen 188
Separated Workflows 126
Separation 197
serielle Schnittstelle 88
Serife 23, 27
Server 98
Server (DNS) 249
Shannon-Theorem 72
Sicherheit von Daten 309
Sicherungskopie 305
Siebdruck 235
Silbentrennung 33
Single Speed CD-ROM 88
Single-Frame-Struktur 148
Single-Session-CD 264
Single-Speed-CD-ROM-Laufwerke 266
Sinnesorgane 9
Sinnestäuschung 9
Sinusschwingung 71
Sitzungsprotokoll 285
Skalenfarben 169
Skelettschwarz 197
Sonderzeichen 37
Sorensen 277
SorensonVideo 272
Soundauflösung 73
Soundformate 74
Soundkarte 89
Spaltenbreite 32
Spannung 108
Spationieren 28
Speicherhierarchie 84
Speichermedien 84
Spektrale Empfindlichkeit 219
Spektrogramm 219
Spektrum 65-66
sphärische Linsen 63
Sportler 303
Sprachwerke 297, 299
SQL 207
Stäbchen 64
Standbogen 231
Startseite 49, 54
Sterntopologie 94, 98
Steuerframe 254
Stichwortkarten 144
Stilisierung 14
stillschweigende Einwilligung 303
Storybord 275
STP-Kabel 94
Strahlungsteiler 63
Streamer 84
Streaming 257
Streichen 223-224
Strichvorlagen 185-186
Stromstärke 108
Sub-Level-Domain 250
subtraktive Farbmischung 66
Suffix 113, 262
Suggestivfrage 294
Supersampling 189
SWA 117
SWA-Format 73
Symmetrie 14
symmetrische Anordnung 14
Synchronisationszeilen 103
Systemtreiber FFA 261
Szene 46

Table of Contents (TOC) 264
Tafel 295
Tageslicht 42
Tageszeitung 52
Tageszettel 140
Taktfrequenz 80
TCP/IP 97, 249
technische Absprachen 307
Teleprompter 63
Terminsteuerung 154
Tertiärfarbe 66
Text-/Bild-Integration 153
Textdatei 262
Texte 155
Textura 30

TFT-Transistoren 104
Thermosublimationsdruck 93
Thixotropie 227
Thumbnails 48
Tiefdruck 231
Tif-Format 48, 111, 113
Timebase 268, 274-275
Token-Ring 95
Ton 70
Tonaufzeichnung 75
Tonwert 187, 221
Tonwertcharakterisierung 187
Tonwertkorrektur 194
Tonwertstufen 219-220, 238
Tonwertumfang 187, 220
Tonwertzunahme 218
Tonwertzuwachs 238
Top-down 207
Top-Level-Domain 250
Topologie 94
Totalreflexion 59
Touch-Screen 211
Touchscreen (POI) 49
Tracking-System 165
Tracks 266
Transmission 63
Transparenz 201
Transportkontrolle 308
Treatment 144
Trennfuge 33
Trommelscanner 188
Truecolor 106
TrueType 204
TrueType-Format 204
Twisted Pair Kabel 94
Type 1 204
Type 3 204
Typografie 20
typografische Gestaltungsmittel 21
Typosymbole 37

Überdrucken 216
Überfüllen 216
Übersetzungen 298
Übertragungsgeschwindigkeit 256
Übertragungsleistung 88
Übertragungsraten 266

UCR 170
Umbruch 230
Umrandung 35
Umschlagen 237
Umstülpen 237
unbestechliches Format 12
Unbunt 65
Unbuntaufbau 170
UNICODE (Universal Multiple-Octet Coded Character Set) 83, 205
Unicode-Zeichensatz 263
UNIX 91
unkörperliche Verwertung 302
Unterfarbenreduzierung 170
Unterlänge 28
Unterschneiden 28
Urheber 305
Urheberpersönlichkeitsrecht 298
Urheberrecht 297-299, 304-305
URL 250
USB 86
UTP-Kabel 94

Vektororientiertes Datenformat 111
Verbreitungsrecht 298
Verdruckbarkeit 236
Verfremdung 14
Verkaufsverpackung 22
Verlagserzeugnisse 22
Verlagsvertrag 305
Verlaufsarten 198
Verleger 301
Verlust 131
verlustbehaftete Komprimierung 271
verlustfreie Komprimierung 271
Verpackung 22
Versalhöhe 27
Versalien 23, 37
Verstärker 76
Vervielfältigungsrecht 298
Verwendungszweck 236
Verwertung 300
Verwertung in körperlicher Form 300
Verwertung in unkörperlicher Form 300
Verwertungsgesellschaft Bild-Kunst 302
Verwertungsgesellschaft Wort 302
Verwertungsgesellschaften 302
Verwertungsrecht 298
Verzeichnungsfehler 63
verzweigtes Multimediaprodukt 144
Video 272
Video-8-Format 276
Videobandbreite 103
Videoclip 268-270
Videocodec 272
Videodatei 275
Videodigitalisierung 82
Videodrehbuch 46
Videofilme 268
Videokameras 167
Videonormen 267
Videos 271
Videoschnittprogramm 269, 274
Videostreaming 271
Videoclipherstellung 273
Visitenkarten 22
Viskosität 227
Visual Basic 252
visuelle Gestaltung 16
Volltondichte 237
Volumen 225
Vor- und Nachbreite 28
Vordergrund 42
Vorführungsrecht 298
Vorkalkulation 131
Vorlagen 185
Vorschaudarstellung 269
Vortragsrecht 298

W-Frage 294
Wahrnehmbarkeit 10
Wahrnehmung 9
Wahrnehmungsergebnis 10
Wahrnehmungsfeld 10
Wahrnehmungsgegenstand 10
Wahrnehmungspsychologie 9
Währungssymbole 37
WAV 117
WAV-Format 73
Web-Palette 172
websichere Farben 173
Weißabgleich 41-42
Weißraum 35
weiche Trennung 33

Wellenlänge 58
Wellenmodell 58
Welturheberrechtsabkommen 300
Werbeanzeige 19
Werbebanner 51
Werbeetat 292
Werbemittel 22
Werbung 129
Werkarten 297, 299
Werke der angewandten Kunst 298
Werke der Baukunst 297
Werke der bildenden Kunst 297
Werke der Tanzkunst 297
Werkvertrag 305-306
Whiteboard 295
Windows-System 168
Wissende Kamera 44
wissenschaftliche oder technische Darstellungen 298
WLAN (Wireless Local Area Network) 100
Wollskala 228
Workflow 215, 220
World Wide Web 124
WORM-Technologie 259
Wortabstand 32
WWW 250

XHTML-Code 254
XML = Extensible Markup Language 164

Zapfen 64
Zeichnung 187
Zeilenabstand 28, 32
Zeitschriftenimpressum 301
Zeitungsimpressum 301
Zellstoff 223
Zentrierter Satz 31
Zielgruppe 51, 150
Zugangskontrolle 308
Zügigkeit 227
Zusammentragen 242
Zuschlagskalkulation 137
Zuschuss 231

4-Base 260
10Base2 95
16-Base 260
24-Speed-Laufwerk 266
64-Base 260
100BaseT 95
216 Farben 172
@-Zeichen 300
© 300
® 300